高等职业教育（本科）机电类专业系列教材

传感器技术

主　编　杨　燕
副主编　贾秀玲　程丽媛　李　镇　朱大伟
参　编　何智勇　徐佳琛　杨代飞　严成成

机械工业出版社

本书根据职业本科人才培养目标与定位编写，面向电子信息工程技术、机械电子工程技术、智能制造工程技术、自动化技术与应用、现代通信工程、物联网工程技术等专业的核心课程。

全书共 8 章。第 1 章为传感器与测量的基础知识；第 2～6 章分别对温度传感器、压力传感器、光传感器、位置和位移传感器、环境传感器的理论知识和工程应用进行介绍；第 7 章为新型传感器应用项目案例，选取车联网、人体体态、智能农业中的典型项目对智能传感器、运动传感器、无线传感器的应用进行分析；第 8 章为传感器综合应用项目案例，选取可穿戴电子产品和 AI 机器人项目对血氧、心率生物传感器和双目视觉传感器加以阐述。

本书可作为职业本科技术大学电子信息类、机电类各专业的传感检测控制类教材，也可作为应用型本科院校相关课程的教材和相关工程技术人员的参考用书。

为方便教学，本书配有电子课件、动画视频（以二维码的形式嵌入）等教学资源，凡选用本书作为授课教材的老师，均可通过 QQ（2314073523）咨询。

图书在版编目（CIP）数据

传感器技术 / 杨燕主编 . -- 北京：机械工业出版社，2025. 2. --（高等职业教育（本科）机电类专业系列教材）. -- ISBN 978-7-111-77852-3

Ⅰ . TP212

中国国家版本馆 CIP 数据核字第 2025RP1873 号

机械工业出版社（北京市百万庄大街 22 号　邮政编码 100037）

策划编辑：曲世海　　　　　　责任编辑：曲世海　　周海越
责任校对：樊钟英　刘雅娜　　封面设计：马精明
责任印制：常天培

河北虎彩印刷有限公司印刷

2025 年 2 月第 1 版第 1 次印刷

184mm×260mm · 16.5 印张 · 419 千字

标准书号：ISBN 978-7-111-77852-3

定价：55.00 元

电话服务　　　　　　　　　　网络服务

客服电话：010-88361066　　机 工 官 网：www.cmpbook.com
　　　　　010-88379833　　机 工 官 博：weibo.com/cmp1952
　　　　　010-68326294　　金 书 网：www.golden-book.com
封底无防伪标均为盗版　　机工教育服务网：www.cmpedu.com

前　言

本书面向电子信息工程技术、物联网工程技术等现代信息技术和智能制造领域相关专业的核心课程"传感器技术"编写，旨在帮助学生深入理解常用传感器的原理，掌握传感器的选型、应用、测试和分析方法，使其具备较强的传感器工程应用能力。本书适应电子应用系统与控制系统智能化和集成化新技术发展需求，融合传感器技术应用和智能控制系统技术，进行创新与改革。本书注重培养职业本科学生的"双创能力"，使其成为具有一定创新能力的高层次技术技能人才；以课程思政理念为指引，着力提升学生的全面素养。本书面向职业本科教学，对教学内容进行革新和架构，努力填补同类课程的空白。

本书遵循"理论适度、培养技能、拓展思维、突出应用"的原则，将理论知识、工程应用、思考与练习有机结合，使知识内容更贴近岗位技能的需要。本书所选内容与现代科技的发展相结合，突出新工艺、新技术，力求内容新颖、叙述简练、应用性强。本书重在理论联系实际，选取典型的应用项目为载体，阐述传感器的基本原理、传感器的选用、信号处理、接口电路、控制系统智能化的实现。书中主要内容都具有实际工程应用背景，各个项目中配套的案例、习题均来源于实际工程应用，实现"教、学、做、创"的统一，体现"教中做，做中学，学中创"的一体化教学模式。

本书内容紧跟传感器技术的发展，内容体系优化源于编者课程建设的经验积累、长期的课程教学实践和持续改进。通过各章的学习，学生可以逐步提高记忆、理解、应用、分析、评价、创造的能力，培养团队合作等职业能力。本书配套有精品在线开放课程（https://mooc.icve.com.cn/cms/courseDetails/index.htm?classld=68891082ddce4fd2a8cf27ae2c09a148），以优质资源建设助力教材建设，进一步提升教学和学习效果。

本书由杨燕任主编，贾秀玲、程丽媛、李镇、朱大伟任副主编，何智勇、徐佳琛、杨代飞、严成成参编。其中，杨燕编写了第7章、第8章，贾秀玲编写了第3章、第5章，程丽媛编写了第2章、第6章，李镇编写了第1章，朱大伟编写了第4章，何智勇、徐佳琛、杨代飞、严成成参与技术资料收集、图表绘制、资源制作，全书由贾秀玲统稿。本书由张登银、常建华协助审稿，在此一并表示衷心的感谢！在本书的编写过程中，编者参阅了多种同类教材、专著、企业实例和网络资料，在此向其作者致谢。

由于技术的发展日新月异，加之编者学识和水平有限，书中错误和不足之处在所难免，敬请广大读者批评指正。

编　者

二维码清单

序号	二维码	页码	序号	二维码	页码
1		5	8		22
2		7	9		58
3		11	10		62
4		14	11		67
5		15	12		75
6		21	13		98
7		22	14		112

（续）

序号	二维码	页码	序号	二维码	页码
15		113	18		145
16		119	19		172
17		144	20		181

目　录

前言

二维码清单

第1章　传感器与测量的基础知识 ……… 1

理论知识 ………………………………… 1

1.1　传感器的基础知识 ………………… 1

1.1.1　传感器的基本概念 …………… 1

1.1.2　传感器的组成 ………………… 1

1.1.3　传感器的分类 ………………… 2

1.1.4　传感器的主要作用及特点 …… 3

1.1.5　传感器的主要功能 …………… 4

1.1.6　传感器的主要特性 …………… 4

1.1.7　传感器的选用原则 …………… 5

1.1.8　小结 …………………………… 6

1.2　测量误差的基础知识 ……………… 7

1.2.1　误差的分类 …………………… 7

1.2.2　误差的表示方法 ……………… 7

1.2.3　准确度等级 …………………… 8

1.2.4　小结 …………………………… 9

1.3　传感器输出信号调理与接口电路 … 9

1.3.1　传感器的输出信号 …………… 9

1.3.2　输出信号的特点 ……………… 9

1.3.3　输出信号的调理方法 ………… 10

1.3.4　传感器的检测电路 …………… 10

1.3.5　传感器与计算机的连接 ……… 11

1.3.6　传感器接口电路应用实例 …… 11

1.3.7　小结 …………………………… 12

思考与练习 …………………………… 13

第2章　温度传感器 ………………… 14

理论知识 ………………………………… 14

2.1　热电阻 ……………………………… 14

2.1.1　热电阻的工作原理 …………… 14

2.1.2　常用热电阻 …………………… 15

2.2　热敏电阻 …………………………… 17

2.2.1　热敏电阻的工作原理 ………… 18

2.2.2　热敏电阻的主要特性 ………… 21

2.2.3　热敏电阻的主要参数 ………… 22

2.3　热电偶 ……………………………… 22

2.3.1　热电偶的工作原理 …………… 22

2.3.2　热电偶的基本定律 …………… 25

2.3.3　热电偶的材料 ………………… 27

2.3.4　热电偶的种类与结构 ………… 28

2.3.5　热电偶的冷端处理方法 ……… 30

工程应用 ………………………………… 33

项目2.1　热电偶温度传感器在炉温测量
　　　　　中的应用 ………………… 33

项目2.2　热电阻温度传感器在石油提炼中
　　　　　的应用 …………………… 43

项目2.3　热敏电阻温度传感器在恒温
　　　　　烧水壶中的应用 ………… 50

思考与练习 …………………………… 57

第3章　压力传感器 ………………… 58

理论知识 ………………………………… 58

3.1　应变式传感器 ……………………… 58

3.1.1　应变式传感器的工作原理 …… 58

3.1.2 电阻应变片的分类与粘贴 ········· 60

3.1.3 测量转换电路 ············ 62

3.2 电容式传感器 ············ 67

3.2.1 电容式传感器的工作原理 ······ 67

3.2.2 电容式传感器的分类及其工作
原理 ············ 71

3.2.3 测量电路 ············ 72

3.3 压电式传感器 ············ 74

3.3.1 压电式传感器的工作原理与
压电材料 ············ 74

3.3.2 压电式传感器的测量电路 ····· 77

工程应用 ············ 78

项目 3.1 压力传感器在称重测量中
的应用 ············ 78

项目 3.2 压阻式传感器在工业自动化中
的应用 ············ 84

项目 3.3 抗冲击型压力传感器在医疗
卫生行业中的应用 ······· 89

思考与练习 ············ 94

第 4 章 光传感器 ············ 95

理论知识 ············ 95

4.1 光敏电阻传感器 ············ 95

4.1.1 光敏电阻传感器的工作原理 ··· 95

4.1.2 光敏电阻传感器的结构特性 ··· 98

4.1.3 光敏电阻的工作电路原理 ···· 101

4.2 光电二极管 ············ 104

4.2.1 光电二极管的工作原理 ····· 104

4.2.2 光电二极管的结构和分类 ···· 104

4.2.3 光电二极管的工作特性和性能
参数 ············ 106

4.2.4 光电二极管的工作电路原理 ··· 108

4.3 热释电传感器 ············ 110

4.3.1 热释电传感器的工作原理 ···· 110

4.3.2 热释电传感器的设计材料和组成
结构 ············ 112

4.3.3 影响热释电传感器效能的因素 ··· 113

4.3.4 热释电传感器的工作电路原理 ··· 115

4.4 颜色传感器 ············ 117

4.4.1 颜色传感器的工作原理 ····· 117

4.4.2 颜色传感器的工作模式 ····· 117

4.4.3 颜色传感器的解析方法 ········· 118

4.4.4 颜色传感器的结构和特性 ······ 119

4.4.5 颜色传感器的工作电路原理 ····· 121

工程应用 ············ 122

项目 4.1 光敏电阻传感器在 LED 自动灯
中的应用 ············ 122

项目 4.2 光电二极管在温室环境中的
应用 ············ 127

项目 4.3 热释电传感器在人体探测
报警中的应用 ············ 138

思考与练习 ············ 141

第 5 章 位置和位移传感器 ············ 142

理论知识 ············ 142

5.1 霍尔式接近开关传感器 ······· 142

5.1.1 霍尔式接近开关传感器的工作
原理、分类和特点 ········ 142

5.1.2 霍尔式接近开关传感器的应用 ··· 144

5.2 超声波接近开关传感器 ······· 145

5.3 电容式接近开关传感器 ······· 146

5.4 光电开关 ············ 146

5.5 光栅位移传感器 ············ 148

5.5.1 光栅位移传感器和光栅 ····· 148

5.5.2 工作原理和测量电路 ······ 149

5.6 磁栅位移传感器 ············ 156

5.6.1 磁栅位移传感器的结构和工作
原理 ············ 156

5.6.2 磁栅的测量方式 ·········· 157

工程应用 ············ 159

项目 5.1 霍尔式接近开关传感器在电动机
转速测试中的应用 ········ 159

项目 5.2 光栅位移传感器在数控机床中
的应用 ············ 163

项目 5.3 超声波接近开关传感器在测距中
的应用 ············ 166

思考与练习 ············ 171

第 6 章 环境传感器 ············ 172

理论知识 ············ 172

6.1 气体传感器 ············ 172

6.1.1 气体传感器的特性参数 ····· 172

6.1.2 气体传感器的分类及工作原理 ······ 174

6.2 湿度传感器 ················ 180

6.2.1 湿度传感器的特性参数 ··········· 181

6.2.2 湿度传感器的工作原理 ··········· 183

6.3 声敏传感器 ················ 188

工程应用 ··················· 194

项目 6.1 气体传感器在家用气体监控

系统中的应用 ··········· 194

项目 6.2 温湿度传感器在工厂温湿度监控

系统中的应用 ··········· 198

项目 6.3 声敏传感器在声光双控路灯中

的应用 ··············· 202

思考与练习 ················· 207

第 7 章 新型传感器应用项目案例 ······ 208

工程应用 ··················· 208

项目 7.1 智能传感器在车联网中的

应用 ················· 208

项目 7.2 运动传感器在人体体态中的

应用 ················· 213

项目 7.3 无线传感网在智能农业中的

应用 ················· 219

思考与练习 ················· 230

第 8 章 传感器综合应用项目案例 ······ 231

工程应用 ··················· 231

项目 8.1 可穿戴电子产品中的传感器

综合应用 ··········· 232

项目 8.2 AI 机器人中的传感器综合

应用 ················· 243

思考与练习 ················· 255

参考文献 ··················· 256

第 1 章

传感器与测量的基础知识

在进入信息化时代的今天，人类社会的各类生产与研究活动离不开对信息的发掘、获取、传输和处理。传感器（Transducer/Sensor）是对客观世界信息的感知、转换与获取，而测量则是对非量化实物的量化过程。传感器是手段，测量是目的，二者共同构成现代信息系统的基础。本章将系统介绍传感器与测量误差的基础知识，以及传感器输出信号调理与接口电路。

理论知识

1.1　传感器的基础知识

通过本节的学习，掌握传感器的基本概念、组成、分类、主要作用及特点、主要功能、主要特性、选用原则等，了解传感器的发展动向及其运用。

1.1.1　传感器的基本概念

传感器是一种检测装置，它能感受到被测量的信息，并能将感受到的信息按一定规律转换成电信号或其他所需形式的信息输出，以满足信息的传输、处理、存储、显示、记录和控制等要求。

传感器的特点包括微型化、数字化、智能化、多功能化、系统化、网络化，它是实现自动检测和自动控制的首要环节。传感器的存在和发展，让物体有了"触觉""味觉"和"嗅觉"等感官，让物体慢慢变得"活"了起来。传感器中的敏感元件通常根据其基本感知功能分为热敏元件、光电器件、气敏元件、力敏元件、磁敏元件、湿敏元件、声敏元件、放射线敏感元件、色敏元件、味敏元件等十大类。

1.1.2　传感器的组成

传感器一般由敏感元件、转换元件、信号调理转换电路和辅助电源四部分组成，如图 1-1 所示。

敏感元件直接感受被测量，并输出与被测量有确定关系的有用非电量；转换元件将敏感元件输出的有用非电量转换为有用电量；信号调理转换电路负责对转换元件输出的有用电量进行放大调制，输出电量；转换元件和信号调理转换电路一般还需要辅助电源供电。

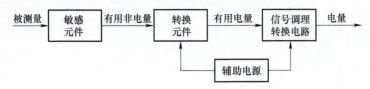

图 1-1　传感器的组成

1.1.3　传感器的分类

1. 按用途分类

按用途分为压力传感器、位置传感器、液位传感器、能耗传感器、速度传感器、加速度传感器、射线辐射传感器、热敏电阻温度传感器等。

2. 按原理分类

按原理分为振动传感器、湿敏传感器、磁敏传感器、气体传感器、真空传感器、生物传感器等。

3. 按输出信号分类

按输出信号分为模拟传感器、数字传感器和开关传感器。

1）模拟传感器将被测量的非电量转换成模拟输出信号。

2）数字传感器将被测量的非电量转换成数字输出信号（包括直接和间接转换）；或将被测量的信号转换成频率信号或短周期信号输出（包括直接和间接转换）。

3）开关传感器在被测量的信号达到某个特定的阈值时，相应地输出一个设定的低电平或高电平信号。

4. 按制造工艺分类

按制造工艺分为集成传感器、薄膜传感器、厚膜传感器和陶瓷传感器。

1）集成传感器是用标准的生产硅基半导体集成电路（Integrated Circuit，IC）的工艺技术制造的，通常还将用于初步处理被测信号的部分电路也集成在同一芯片上。

2）薄膜传感器是通过沉积在介质衬底（基板）上的相应敏感材料的薄膜制成的，使用混合工艺时，同样可将部分电路制造在此基板上。

3）厚膜传感器是将相应材料的浆料涂覆在陶瓷基片上制成的，基片通常由氧化铝（Al_2O_3）制成，然后进行热处理，使厚膜成形。

4）陶瓷传感器采用标准的陶瓷工艺或其某种变种工艺（溶胶、凝胶等）生产。完成适当的预备性操作之后，已成形的元件在高温中进行烧结。厚膜传感器和陶瓷传感器的工艺之间有许多共同特性，在某些方面可以认为厚膜工艺是陶瓷工艺的一种变形。

每种工艺技术都有各自的优点和不足。由于研究、开发和生产所需的资本投入较低，以及传感器参数的高稳定性等原因，厚膜传感器和陶瓷传感器比较常用。

5. 按测量物质分类

按测量物质分为物理量传感器、化学量传感器和生物量传感器。

1）物理量传感器是利用被测量物质的某些物理性质发生明显变化的特性制成的。

2）化学量传感器是利用能把化学物质的成分、浓度等化学量转化成电量的敏感元件制成的。

3）生物量传感器是利用各种生物或生物物质的特性制成的，是用以检测与识别生物体内化学成分的传感器。

6. 按构成分类

按构成分为基本型传感器、组合型传感器和应用型传感器。

1）基本型传感器是最基本的单个变换装置。

2）组合型传感器是由不同单个变换装置组合而成的传感器。

3）应用型传感器是基本型传感器或组合型传感器与其他机构组合而成的传感器。

7. 按作用形式分类

按作用形式分为主动型传感器和被动型传感器。

1）主动型传感器又分为作用型和反作用型两种。主动型传感器能对被测对象发出一定的探测信号，能探测信号在被测对象中所产生的变化，或者由探测信号在被测对象中产生某种效应而形成信号。检测探测信号变化方式的称为作用型，检测产生效应而形成信号方式的称为反作用型。雷达与无线电频率范围探测器是作用型实例，而光声效应分析装置与激光分析器是反作用型实例。

2）被动型传感器只接收被测对象本身产生的信号，例如红外辐射温度计、红外摄像装置等。

1.1.4 传感器的主要作用及特点

人们为了从外界获取信息，必须借助于感觉器官。而单靠人们自身的感觉器官研究自然现象和规律以及进行生产活动，功能远远不够。为适应这种情况，就需要使用传感器。因此可以说，传感器是人类五官的延伸，又称之为电五官。

随着新技术革命的到来，世界开始进入信息时代。在利用信息的过程中，首先要解决的就是获取准确可靠的信息，而传感器是获取自然和生产领域中信息的主要途径与手段。

在现代工业生产尤其是自动化生产过程中，要用各种传感器来监视和控制生产过程中的各个参数，使设备工作在正常状态或最佳状态，并使产品达到最好的质量。因此可以说，没有众多优良的传感器，现代化生产也就失去了基础。

在基础学科研究中，传感器更具有突出的地位。现代科学技术的发展开发了许多新领域，例如宏观上观察上千光年的茫茫宇宙，微观上观察粒子世界，纵向上观察长达数十万年的天体演化，短到瞬间反应。此外，还出现了对深化物质认识、开拓新能源、新材料等具有重要作用的各种极端技术研究，如超高温、超低温、超高压、超高真空、超强磁场、超弱磁场等。显然，要获取大量人类感官无法直接获取的信息，没有相适应的传感器是不可能完成的。许多基础科学研究的障碍首先在于对象信息的获取存在困难，而一些新机理和高灵敏度检测传感器的出现，可能会成为该领域内的突破。一些传感器的发展往往是一些边缘学科开发的先驱。

传感器早已渗透到如工业生产、宇宙开发、海洋探测、环境保护、资源调查、医学诊断、生物工程，甚至文物保护等极其广泛的领域。可以毫不夸张地说，从茫茫的太空，到浩瀚的海洋，以至各种复杂的工程系统，几乎每一个现代化项目，都离不开各种各样的传感器。

由此可见，传感器技术在发展经济、推动社会进步方面的重要作用十分显著。世界各国都十分重视这一领域的发展，相信在不久的将来，传感器技术将会出现一个飞跃，达到与其重要地位相称的新水平。传感器系统实物如图 1-2 所示。

1.1.5 传感器的主要功能

可以将传感器的功能与人类五官相比拟：光电传感器类似于视觉，声敏传感器类似于听觉，气体传感器类似于嗅觉，化学传感器类似于味觉，压敏传感器、温敏传感器、流体传感器类似于触觉。

图 1-2　传感器系统实物

1.1.6 传感器的主要特性

1. 静态特性

传感器的静态特性是指对静态的输入信号，传感器的输出量与输入量之间所具有的相互关系。因为这时输入量和输出量都与时间无关，所以它们之间的关系即传感器的静态特性可用一个不含时间变量的代数方程，或以输入量作为横坐标、以与其对应的输出量作为纵坐标而画出的特性曲线来描述。表征传感器静态特性的主要参数有线性度、灵敏度、迟滞、重复性、漂移、分辨率、阈值等。

1）线性度。线性度是指传感器输出量与输入量之间的实际关系曲线偏离拟合直线的程度，定义为在全量程范围内实际特性曲线与拟合直线之间的最大偏差值与满量程输出值之比。

2）灵敏度。灵敏度是传感器静态特性的一个重要指标，定义为输出量增量与引起该增量的相应输入量增量之比，用 S 表示。

3）迟滞。迟滞是指在输入量由小到大（正行程）和输入量由大到小（反行程）变化期间，传感器输入输出特性曲线不重合的现象。对于同一大小的输入量，传感器的正反行程输出量大小不相等，这个差值称为迟滞差值。

4）重复性。重复性是指相同条件下多次测量同一输入量时，传感器输出值的重复程度。重复性好的传感器能在多次测量中给出一致的结果，传感器的稳定性和可靠性也较好。

5）漂移。漂移是指在输入量不变的情况下，传感器输出量随着时间变化的现象。产生漂移的原因有两个方面：一是传感器自身结构参数；二是周围环境，如温度、湿度等。

6）分辨率。分辨率是指传感器能够检测到的最小输入量变化。高分辨率的传感器能够区分非常接近的输入值，这对于高精度测量非常重要。

7）阈值。当传感器的输入量从零值开始缓慢增加时，在达到某一值后输出量发生可观测的变化，这个值称为传感器的阈值。

2. 动态特性

动态特性是指传感器输入变化时的输出特性。在实际工作中，传感器的动态特性常用它对某些标准输入信号的响应来表示。

1）时间常数。时间常数是描述传感器对阶跃输入信号响应速度的参数，定义为传感器输出达到最终值的 63.2% 所需的时间。时间常数越小，传感器的响应速度越快。时间常数通常用于一阶传感器的动态特性描述。

2）上升时间。上升时间是指传感器输出从 10% 上升到 90% 所需的时间。它反映了传感器对快速变化信号的响应能力。上升时间越短，传感器的动态性能越好。

3）带宽。带宽是指传感器能够准确测量的频率范围。带宽越宽，传感器能够响应的信号频率越高。测量高频信号时，需要选择带宽较宽的传感器。

4）阶跃响应。阶跃响应是指传感器对阶跃输入信号的输出响应。阶跃响应通常用于描述传感器的动态特性，包括时间常数、上升时间和超调量等。阶跃响应的好坏直接影响传感器在动态测量中的准确性。

5）超调量。超调量是指传感器输出在阶跃响应过程中超过最终值的最大幅度，通常用百分比表示。超调量越小，传感器的动态稳定性越好。

6）稳定时间。稳定时间是指传感器输出达到并保持在最终值一定范围内所需的时间。稳定时间越短，传感器的动态性能越好。稳定时间通常用于描述传感器在动态测量中的稳定性和可靠性。

1.1.7　传感器的选用原则

要进行一个具体的测量工作，首先要考虑采用何种原理的传感器，这需要分析多方面的因素才能确定。因为即使是测量同一物理量，也有多种原理的传感器可供选用，哪一种原理的传感器更为合适，则需要根据被测量的特点和传感器的使用条件考虑，具体包括以下问题：量程的大小；被测位置对传感器体积的要求；测量方式是接触式还是非接触式；信号的引出方法是有线还是无线；传感器的来源是国产还是进口，价格能否承受，是否需要自行研制。在考虑上述问题之后，就能确定选用何种类型的传感器，然后再考虑传感器的性能指标，具体如下：

1. 灵敏度的选择

通常，在传感器的线性范围内，希望传感器的灵敏度越高越好。因为只有灵敏度高时，与被测量变化对应的输出信号的值才比较大，有利于信号处理。但要注意的是，传感器的灵敏度高，与被测量无关的外界噪声也容易混入，也会被放大系统放大，影响测量精度。因此，要求传感器本身应具有较高的信噪比，尽量减少从外界引入的干扰信号。

传感器的灵敏度是有方向性的。若被测量是单向量，而且对其方向性要求较高，则应选择其他方向灵敏度小的传感器；若被测量是多维向量，则要求传感器的交叉灵敏度越小越好。

2. 频率响应特性的选择

传感器的频率响应特性决定了被测量的频率范围，必须在允许频率范围内保持不失真。实际上传感器的响应总有一定延迟，延迟时间越短越好。传感器的频率响应越高，可测的信号频率范围就越宽。

在动态测量中，应根据信号的特点（如稳态、瞬态、随机等）选择频率响应特性，以免产生过大的误差。

3. 线性范围的选择

传感器的线性范围是指输出量与输入量成正比的范围。从理论上讲，在此范围内，灵敏度为定值。传感器的线性范围越宽，其量程越大，并且能保证一定的测量精度。选择传感器时，在传感器的类型确定以后首先要看其量程是否满足要求。

但实际上，任何传感器都不能保证绝对的线性，其线性度也是相对的。当所要求的测量精度比较低时，在一定的范围内，可将非线性误差较小的传感器近似看作线性，这会给测量带来极大的方便。

4. 稳定性的选择

传感器使用一段时间后其性能保持不变的能力称为稳定性。影响传感器长期稳定性的因素除传感器本身的结构外，主要是传感器的使用环境。因此，传感器要具有良好的稳定性，必须要有较强的环境适应能力。在选择传感器之前，应对其使用环境进行调查，并根据具体的使用环境选择合适的传感器，或采取适当措施减小环境的影响。

传感器的稳定性有定量指标，超过使用期后，在使用前应重新进行标定，以确定传感器的性能是否发生变化。某些要求传感器能长期使用而又不能轻易更换或标定的场合，对所选用传感器的稳定性要求更严格，要求其能够经受住长时间的考验。

5. 精度的选择

精度是传感器的一个重要性能指标，它关系到整个测量系统的测量精度。传感器精度越高，价格越贵，因此传感器的精度只要满足整个测量系统的精度要求就可以，不必选得过高。因此，可以在满足同一测量目的的诸多传感器中选择比较价廉和简单的传感器作为配件。

若测量目的是定性分析，则选用重复精度高的传感器即可，不宜选用绝对量值精度高的传感器；若测量目的是定量分析，则必须获得精确的测量值，需选用准确度等级能满足要求的传感器。对某些特殊使用场合，若无法选到合适的传感器，则需自行设计制造传感器。

1.1.8 小结

传感器是利用物理、化学和生物等学科的某些效应或原理按照一定的制造工艺研制出来的，由某一原理设计的传感器可以测量多种非电量，而一种非电量又可以用几种不同传感器测量。因此，传感器可以按测量物质分类，也可以按原理分类，各有所长。

传感器的特点包括微型化、数字化、智能化、多功能化、系统化、网络化。传感器不仅促进了传统产业的改造和更新换代，而且还可能建立新型工业，从而成为 21 世纪新的经济增长点。微型化是建立在微电子机械系统（MEMS）技术基础上的，该技术已成功应用在硅器件上做成硅压力传感器。

传感器的静态特性指的是对静态的输入信号，传感器的输出量和输入量之间所具有的相互关系。因为这时输入量和输出量都与时间无关，所以它们之间的关系即传感器的静态特性可用一个不含时间变量的代数方程，或以输入量作为横坐标、以与其对应的输出量作为纵坐标而画出的特性曲线来描述。表征传感器静态特性的主要参数有线性度、灵敏度、迟滞、重复性、漂移、分辨率、阈值等。

1.2　测量误差的基础知识

通过本节的学习，掌握误差的分类、误差的表示方法和准确度，会进行计算，并会分析测量结果。

1.2.1　误差的分类

为了便于对误差进行研究，需要对误差进行分类。对误差的分类可从不同角度进行，例如，从误差产生的原因出发，可将误差分为仪器误差、方法误差、环境误差、人为误差等。然而从计量学的观点出发，根据测量数据处理方法的需要，从测量误差出现的规律来分类是最合适的。因此在误差理论中，通常根据误差出现的规律将误差分为系统误差、随机误差和过失误差，下面将分别加以介绍。

1. 系统误差

系统误差又称为可测误差或规律误差，是指偏离测量规定的条件或测量方法所导致的按某些确定规律变化的误差。这类误差的特征是：在所处测量条件下，误差的大小和符号保持恒定，或遵循一定的规律变化（大小和符号都按一定规律变化）。根据误差出现的规律性，系统误差可分为误差的大小和符号不变的恒定误差、误差的大小和符号变化的变值误差。

2. 随机误差

随机误差又称为未定误差，是指在实际测量条件下多次测量同一量值时，大小和符号以不可预知方式变化的误差。这种误差出现的变化很复杂，只能用统计的方法找出误差的大小与出现次数之间的数字关系，即找出误差的分布规律。当测量次数不断增加时，误差的算术平均值趋向于零。

从概率论和数理统计学的观点可以认为，这类误差是在测量条件下的随机事件，从概率观点来看，它是围绕测量结果的算术平均值（数学期望）随机变化的部分。要分析这类误差，必须了解它的概率分布规律，经典的误差理论认为随机误差出现的概率分布为正态分布，并在这一前提下建立了随机误差的统计分析方法。

3. 过失误差

过失误差又称为粗大误差或操作误差，是指不能正确测量而导致严重歪曲测量结果的误差，其误差值超过规定条件下预期值的误差大小。过失误差是由测量中出现的过失所致，主要原因有以下三个：测量者主观疏忽，或客观条件突变而测量者未能及时加以纠正，导致读数、记录或计算出错；使用的测量仪器本身有缺陷而测量者未能发现；测量者操作测量仪器的方法有错误。过失误差可以根据误差理论判断出来，含有过失误差的测量数据应在数据处理时予以剔除，否则测量结果将不真实，即与真实值有较大的偏差。

1.2.2　误差的表示方法

传感器作为一种把非电量转换为电量的仪器，测量值与真实值之间的差值即为测量误差，它有以下两种表示方法。

1. 绝对误差 Δ

绝对误差指测量值 A_x 与真实值 A_0 之间的差值，它反映了测量值偏离真实值的大小，

用公式表示为

$$\Delta = A_x - A_0 \tag{1-1}$$

因为真实值一般无法得到，所以常用高准确度等级的标准仪器测得的实际值 A 代替真实值，这时绝对误差可表示为

$$\Delta = A_x - A \tag{1-2}$$

实际测量同一被测量时，可以用绝对误差的绝对值来比较不同仪表的准确程度，绝对误差越小的仪表越准确。

【例 1-1】用一只标准电压表来校验甲、乙两只电压表，当标准电压表的指示值为 220V 时，甲、乙两表的读数分别为 220.5V 和 219V，求甲、乙两表的绝对误差。

解：由式（1-2）得

甲表的绝对误差为 $\Delta_1 = A_{x1} - A = 220.5\text{V} - 220\text{V} = 0.5\text{V}$

乙表的绝对误差为 $\Delta_2 = A_{x2} - A = 219\text{V} - 220\text{V} = -1\text{V}$

2. 相对误差

（1）实际相对误差 γ_A 实际相对误差是指绝对误差 Δ 与真实值 A_0 的百分比，用公式表示为

$$\gamma_A = \frac{\Delta}{A_0} \times 100\% \tag{1-3}$$

（2）示值相对误差 γ_x 示值相对误差是指绝对误差 Δ 与测量值 A_x 的百分比，用公式表示为

$$\gamma_x = \frac{\Delta}{A_x} \times 100\% \tag{1-4}$$

对于一般的工程测量，用 γ_x 表示测量的准确度较为方便。

（3）满度相对误差 γ_m 满度相对误差是指绝对误差 Δ 与仪表量程 A_m 的百分比，用公式表示为

$$\gamma_m = \frac{\Delta}{A_m} \times 100\% \tag{1-5}$$

当式（1-5）中的 Δ 取最大值 Δ_m 时，γ_m 称为最大引用误差。

1.2.3 准确度等级

国家标准中规定以最大引用误差表示仪表的准确度等级。

仪表的准确度等级定义为仪表的最大绝对误差 Δ_m 与仪表量程 A_m 比值的绝对值乘以 100，用公式表示为

$$K = \left| \frac{\Delta_m}{A_m} \right| \times 100 \tag{1-6}$$

K 表示仪表的准确度等级，$K\%$ 表示仪表在规定条件下的最大引用误差，$\pm K\%$ 表示仪表的基本误差。最大引用误差越小，仪表的基本误差越小，准确度等级越高。仪表的准确度等级见表 1-1。

表 1-1　仪表的准确度等级

准确度等级	0.1	0.2	0.5	1.0	1.5	2.5	5.0
基本误差（%）	±0.1	±0.2	±0.5	±1.0	±1.5	±2.5	±5.0

1.2.4　小结

测量值与真实值之间的差值称为误差，物理实验离不开对物理量的测量，测量分为直接测量和间接测量。由于仪器、实验条件、环境等因素的限制，测量不可能无限精确，物理量的测量值与客观存在的真实值之间总会存在一定的差值，这个差值就是测量误差。误差不可避免，只能减小。

真实值是一个客观存在的真实数值，但不能直接测量出来。例如，物质中的某一组分含量应该是一个确切的真实数值，但又无法直接确定。由于真实值无法确定，因此往往会进行许多次平行实验，取其平均值或中位值作为真实值，或者以公认的手册上的数据作为真实值。

1.3　传感器输出信号调理与接口电路

通过本节的学习，了解传感器的输出信号及其特点和调理方法、传感器的检测电路、传感器与计算机的连接以及传感器接口电路应用实例。

1.3.1　传感器的输出信号

由于传感器种类繁多，传感器的输出信号也各式各样。例如，尽管同是温度传感器，热电偶随温度变化输出的是不同电压，热敏电阻随温度变化输出不同电阻，双金属温度传感器则随温度变化输出开关信号。传感器的一般输出信号形式见表 1-2。

表 1-2　传感器的一般输出信号形式

输出信号形式	输出量	传感器举例
开关信号型	开关	霍尔开关式集成传感器、双金属温度传感器
模拟信号型	电流	光电二极管
	电压	热电偶、磁敏传感器、气敏传感器
	电阻	热敏电阻、应变片
	电容	电容式传感器
	电感	电感式传感器
其他	频率	多普勒速度传感器、谐振式传感器

1.3.2　输出信号的特点

输出信号的特点如下：

1）传感器的输出信号一般比较微弱，有的传感器输出电压最小仅有 $0.1\mu V$。

2）传感器的输出阻抗都比较高，这样会使传感器输入信号进入测量电路时，产生较大的信号衰减。

3）传感器的输出信号动态范围很宽。

4）传感器的输出信号随着输入物理量的变化而变化，但它们之间的关系不一定是线性比例关系。

5）传感器的输出信号大小会受温度的影响，存在温度系数。

1.3.3 输出信号的调理方法

进行输出信号调理的目的在于提高测量系统的测量精度和线性度，抑制噪声。输出信号的调理由传感器的接口电路完成。处理后的信号应成为可供测量、控制使用且便于向计算机输入的信号形式。典型的传感器接口电路见表1-3。

表 1-3　典型的传感器接口电路

传感器接口电路	功能
阻抗匹配器	在传感器输出为高阻抗的情况下，将其转换为低阻抗，以便于检测电路准确地拾取传感器的输出信号
放大电路	将微弱的传感器输出信号放大
电流/电压转换电路	将传感器的输出电流转换为电压
电桥电路	将传感器的电阻、电容、电感变化转换为电流或电压
频率/电压转换电路	将传感器的输出频率转换为电流或电压
电荷放大器	将压电式传感器输出的电荷变化量转换为电压
有效值转换电路	在传感器为交流输出的情况下，将其转换为有效值，变为直流输出
滤波电路	通过低通滤波和带通滤波器消除传感器的噪声成分
线性化电路	在传感器的特性不是线性的情况下，对其进行线性校正
对数压缩电路	当传感器输出信号的动态范围较宽时，对其进行压缩
模/数（A/D）转换电路	对输入的模拟信号进行采样和量化，并将其转换为数字信号，以便于数字系统的处理、存储和传输

1.3.4 传感器的检测电路

完成传感器输出信号调理的各种接口电路统称为检测电路。

1.检测电路的形式

检测电路的形式主要有以下三种：

1）直接用传感器输出的开关信号驱动控制电路和报警电路工作。

2）当传感器输出信号达到设置的比较电平时，比较器输出状态发生变化，驱动控制电路和报警电路工作。

3）由数字式电压表将检测结果直接显示出来。

2.常用的检测电路

（1）阻抗匹配器　传感器输出阻抗都比较高，为防止信号的衰减，常常采用高输入阻抗的阻抗匹配器作为传感器输入测量系统的前置电路。阻抗匹配器实际上是一个半导体共集电极电路，又称为射极输出器。场效应晶体管是一种电平驱动器件，栅、漏极间电流很小，其输入阻抗可高达 $10^{12}\Omega$ 以上，可用作阻抗匹配器；运算放大器也可用作阻抗匹配器。

（2）电桥电路　电桥电路常作为传感器的检测电路使用，主要用来将传感器的电阻、电容、电感变化转换为电压或电流。电桥包括直流电桥和交流电桥。

（3）放大电路　传感器的输出信号一般比较微弱，因此在大多数情况下都需要放大电路。目前检测系统中的放大电路，除特殊情况外，一般都采用运算放大器。放大电路包括反相放大器、同相放大器和差动放大器。

（4）电荷放大器　压电式传感器输出的信号是电荷量的变化，配上适当的电容后，输出电压可高达几十到数百伏，但信号功率却很小，信号源的内阻也很大。放大器应采用输入阻抗高、输出阻抗低的电荷放大器。电荷放大器是一种带电容负反馈的高输入阻抗、高放大倍数的运算放大器。

3. 噪声的抑制

非电量的检测及控制系统中往往会混入一些干扰噪声信号，它们会使测量结果产生很大的误差，这些误差将导致控制程序的紊乱，从而造成控制系统中的执行机构产生误动作。在传感器的信号调理中，噪声的抑制非常重要。

1）噪声产生的根源有以下两点：

① 内部噪声：由内部带电微粒的无规则运动产生。

② 外部噪声：由传感器检测系统外部人为或自然干扰产生。

2）噪声的抑制方法包括：选用质量好的元器件，进行屏蔽、接地、隔离、滤波。

1.3.5　传感器与计算机的连接

1. 传感器与计算机结合的重要性

在现代技术中，传感器与计算机的结合，对信息处理自动化及科学技术进步起着非常重要的作用，如促进自动化生产水平的提高，有利于新产品的开发，提高企业管理水平，为技术改造开辟新的领域。

2. 检测信号在输入计算机前的处理

检测信号在输入计算机前的处理要根据不同类型的传感器区别对待。

1）触点开关型传感器会产生信号抖动现象，可以采用硬件或软件处理方法消除抖动。

2）无触点开关型传感器具有模拟信号特性，需在计算机的输入电路中设置比较器。

3）模拟输出型传感器分为电压输出变化型、电流输出变化型和阻抗变化型三种。电压输出变化型和电流输出变化型传感器输出信号，经 A/D 转换器转换成数字信号，或经 V/F（电压 / 频率）转换器转换成频率变化的信号。阻抗变化型传感器一般使用 LC 振荡器或 RC 振荡器将传感器输出的阻抗变化信号转换成频率变化信号，再输入计算机。

1.3.6　传感器接口电路应用实例

图 1-3 所示为自动温度控制仪表电路。该系统主要由以下部分组成：传感

器、差分放大器、V/F 转换器、CPU 电路（89C52）、存储器、看门狗与复位电路、显示电路、键盘、隔离驱动电路、继电器无源输出电路、电源。

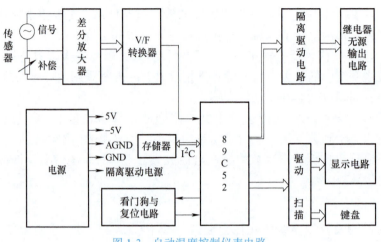

图 1-3　自动温度控制仪表电路

1.3.7　小结

对传感器的接口电路有以下四点要求：

1）尽可能提高包括传感器和接口电路在内的整体效率。虽然能量是传递信息的载体，传感器在传递信息时必然伴随着能量的转换和传递，但传感器的能量变换效率不是最重要的。实际上，为了不影响或尽可能少影响被测对象的本来状态，要求从被测对象上获得的能量越小越好。

2）具有一定的信号处理能力。例如，半导体热敏电阻中的接口电路具有引线补偿的功能，而热电偶的接口电路则应有冷端补偿功能等。若从整个测控系统来考虑，则应根据系统的工作要求，选择功能尽可能全的接口电路芯片，甚至可以考虑将整个系统集成为一个芯片。

3）提供传感器所需要的驱动电源（信号）。按输出信号来划分，传感器可分为电量传感器和电量参数传感器。电量传感器的输出信号为电量，如电动势、电荷等，这类传感器有压电式传感器、光电传感器等，工作时不需要外加驱动电源。电量参数传感器输出的是电量参数，如电阻、电容、电感、互感等，这类传感器需要外加驱动电源才能工作。一般来说，驱动电源的稳定性直接影响系统的测量精度，因此电量参数传感器的接口电路应能提供稳定性尽可能高的驱动电源。

4）尽可能完善的抗干扰和抗高压冲击保护机制。在工业和生物医学的测量中，干扰难以避免，如工频干扰、射频干扰等。而高电压的冲击同样难以避免，这在工业测量中不言而喻，在生物医学的测量中，经常存在几千伏甚至更高的静电，抢救时还有施加到人体的除颤电压。因此传感器的接口电路应尽可能地完善抗干扰和抗高压冲击的保护机制，避免干扰对测量精度的影响，保护传感器和接口电路本身的安全。这种机制包括输入端的保护、前后级电路的隔离、模拟和数字滤波等。

思考与练习

1-1　简述传感器的概念及作用。

1-2　传感器由哪几个部分组成？各组成部分有什么作用？

1-3　传感器有哪几种分类方法？各有什么优缺点？

1-4　什么是系统误差？有什么特点？产生的原因是什么？

1-5　有两台测温仪表，其测量范围分别是 $0 \sim 800 \, ℃$ 和 $600 \sim 1100 \, ℃$，已知其最大绝对误差均为 $\pm 6 \, ℃$，试分别确定它们的准确度等级。

1-6　有一台准确度等级为 0.5 的电桥，下限刻度为负值，是全量程的 25%，该表允许的绝对误差是 $1 \, ℃$，试求该表刻度的上下限。

第2章

温度传感器

温度是表征物体冷热程度的物理量，自然界中的一切过程无不与温度密切相关。温度与人类生活息息相关，空间温度的变化对人类有较大影响。从工业控制到科学研究、从环境气温到人体温度、从宇宙太空到家用电器，各个领域都离不开温度测量。

本章主要介绍的温度传感器有热电阻温度传感器、热敏电阻温度传感器和热电偶温度传感器，重点分析它们的工作原理及其在工程技术中的应用。

理论知识

2.1 热电阻

2.1.1 热电阻的工作原理

采用纯金属为材料制成的感温元件一般称为热电阻，它利用金属导体的阻值随温度升高而增大的原理进行测温。普通热电阻一般用于中低温区（–200～500℃）范围内的温度测量。热电阻材料多为纯铂金属丝，也有铜、镍等金属。热电阻的主要特点是测量精度高、性能稳定。其中，铂热电阻的测量精度最高，它不仅广泛应用于工业测温，而且被制成基准仪。

几乎所有导体和半导体的电阻率都随其本身温度的变化而改变，并且有一个确定的数值，这种物理现象称为热电阻效应。温度是分子平均动能的标志，当温度升高时，金属晶格的动能增加，从而导致振动加剧，使自由电子通过金属内部时所受的阻碍增加，金属导电能力下降，即电阻增大。通过测量导体的电阻变化情况就可以得到温度变化情况。

大多数金属导体的电阻具有随温度变化的特性，其特性方程为

$$R_t = R_0\left[1 + a(t - t_0)\right] \qquad (2\text{-}1)$$

式中，R_t 为任意绝对温度 t 下金属导体的电阻；R_0 为基准温度 t_0 时的电阻；a 为金属导体的温度系数，单位为 ℃$^{-1}$。

由式（2-1）可知，若 a 保持不变（为常数），则金属导体的电阻 R_t 将随温度线性增大，其灵敏度 S 为

$$S = \frac{1}{R_0}\frac{\mathrm{d}R_t}{\mathrm{d}t} = \frac{1}{R_0}R_0 a = a \qquad (2\text{-}2)$$

由式（2-2）可知，a 越大，S 就越大。纯金属的温度系数 a 为（$0.3 \sim 0.6$）/℃。但是对于绝大多数金属导体，a 并不是一个常数，而是关于温度的函数，它也随温度的变化而变化，但在一定的温度范围内，可近似地看成一个常数。不同的金属导体，a 保持常数所对应的温度范围也不同，而且这个范围均小于该导体能够工作的温度范围。

一般选作感温元件的材料必须满足如下要求：

1）电阻温度系数要大，这样在同样条件下可加快热响应速度，提高灵敏度。通常纯金属的温度系数比合金大，一般均采用纯金属材料。

2）在测温范围内，化学、物理性质稳定，以保证热电阻的测温准确性。

3）具有良好的输出特性，即在测温范围内，电阻与温度之间必须有线性或接近线性的关系。

4）具有比较高的电阻率，以减小热电阻的体积，减小热惯性。

5）具有良好的可加工性，且价格便宜。

比较适合的材料有铂、铜、铁、镍等，它们的阻值随温度的升高而增大，具有正温度系数。

2.1.2 常用热电阻

工业用普通热电阻由电阻体、瓷绝缘套管、保护管、接线盒和连接电阻体与接线盒的引出线等部件组成，其结构如图 2-1 所示。绝缘套管一般使用双芯或四芯氧化铝绝缘材料，引出线穿过绝缘套管。电阻体和引出线均装在保护管内。保护管主要有玻璃、陶瓷或金属等类型，主要用于防止有害气体腐蚀，防止氧化（尤其是铜热电阻），防止水分侵入造成漏电影响阻值。热电阻也可以是一层薄膜，采用电镀或溅射的方法涂敷在陶瓷类材料基底上，占用体积很小。

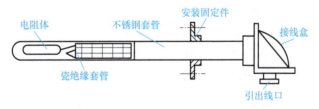

图 2-1 工业用普通热电阻的结构

1. 铂热电阻

金属铂易于提纯，铂热电阻在氧化性介质中甚至在高温下的物理、化学性质都非常稳定，复制性好，有良好的工艺性，电阻率较高，线性度好，因此在温度传感器中得到了广泛应用。铂热电阻的应用范围为 $-200 \sim 650$℃。

在 $0 \sim 650$℃范围内，铂热电阻的阻值与温度的关系可以近似表示为

$$R_t = R_0(1 + At + Bt^2 + Ct^3) \tag{2-3}$$

在 $-200 \sim 0$℃范围内，铂热电阻的阻值与温度的关系为

$$R_t = R_0[1 + At + Bt^2 + C(t-100)^3] \tag{2-4}$$

式中，R_t、R_0 分别为铂热电阻在温度 t、0℃下的阻值；A、B、C 为温度系数，对于电阻比为 1.391 的铂丝，$A = 3.96847 \times 10^{-3}$/℃、$B = -5.847 \times 10^{-7}$/℃²、$C = -4.22 \times 10^{-12}$/℃³。

要确定电阻 R_t 与温度 t 的关系，首先要确定 R_0。当 R_0 不同时，R_t 与 t 的关系不同。工业上将对应于 $R_0=50\Omega$ 和 $R_0=100\Omega$（即分度号 Pt50 和 Pt100）的 R_t–t 关系制成分度表，称为热电阻分度表，供使用者查阅。这样在实际测量中，只要测得热电阻的阻值 R_t，便可从分度表上查出对应的温度值。

铂热电阻中的铂丝纯度用电阻比 W（100）表示，即

$$W(100) = \frac{R_{100}}{R_0} \tag{2-5}$$

式中，R_{100} 为铂热电阻在 100℃下的阻值；R_0 为铂热电阻在 0℃下的阻值。

电阻比 W（100）越大，铂丝纯度越高。按 IEC 标准，工业用铂热电阻的电阻比 W（100）≥1.3850。目前技术水平可达到 W（100）=1.3930，其对应铂丝纯度为 99.99%。工业用铂热电阻的电阻比 W（100）一般为 1.387～1.390。

铂电阻体的结构如图 2-2 所示，其中图 2-2a 为云母骨架，把云母片两边做成锯齿状，将铂丝绕在云母骨架上，然后用两片无锯齿的保护用云母片夹住，再用银绑带扎紧。铂丝采用双线法绕制，以消除电感。图 2-2b 采用石英骨架，具有良好的绝缘和耐高温特性，把铂丝双绕在直径为 3mm 的石英骨架上，为使铂丝绝缘且不受化学腐蚀、机械损伤，在石英骨架外再套一个外径为 5mm 的石英管。铂丝的引出线采用银线，引出线用双孔瓷绝缘套管绝缘。

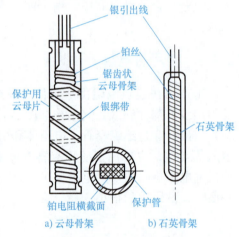

银引出线
铂丝
锯齿状
云母骨架
保护用
云母片
银绑带
石英骨架
铂电阻横截面
保护管
a）云母骨架   b）石英骨架
图 2-2　铂电阻体的结构

铂热电阻除用作一般工业测温外，主要作为标准电阻温度计。它长时间稳定的复现性可达 10^4K，是目前测温复现性最好的一种温度计。在国际实用温标中，铂热电阻作为 –259.34～630.74℃温度范围内的温度基准。

铂热电阻的缺点主要是电阻温度系数较小、成本较高，在还原性介质中易变脆。

2. 铜热电阻

铜热电阻也是一种常用的热电阻。由于铂热电阻价格高，通常一些对测量精度和敏感元件尺寸要求不高而且测量温度较低（如 –50～150℃）的场合普遍采用铜热电阻。铜热电阻的化学、物理性质稳定，灵敏度比铂热电阻高，价格便宜，易于提纯、加工，复制性较好，输入输出特性接近线性，电阻的温度系数比铂高。铜热电阻最主要的缺点是电阻率较小，测温范围较窄，体积较大，热惯性大，而且铜热电阻的电阻丝细且长，机械强度较低，温度稍高时易于氧化，不适宜在腐蚀性介质或高温下工作，一般只用于 150℃ 以下、无水分和无侵蚀性的低温环境中。

铜热电阻的阻值与温度的关系为

$$R_t = R_0(1 + At + Bt^2 + Ct^3) \tag{2-6}$$

式中，R_t、R_0 分别为温度 t 和 0℃下的阻值；A、B、C 为常数，分别为 $4.28899 \times 10^{-3}/℃$、$-2.133 \times 10^{-7}/℃^2$、$1.233 \times 10^{-9}/℃^3$。

在 –50～150℃范围内，铜热电阻的阻值与温度为线性关系，可用二项式表示为

$$R_t = R_0(1 + at) \qquad (2\text{-}7)$$

式中，a 为温度系数，一般取 $4.25 \times 10^{-3} \sim 4.28 \times 10^{-3}/℃$。

我国生产的铜热电阻的代号为 WZC，按其初始电阻 R_0 的不同，有 50Ω 和 100Ω 两种，分度号为 Cu50 和 Cu100。

铜电阻体的结构如图 2-3 所示。它采用直径约 0.1mm 的绝缘铜线，用双线法分层绕在圆柱形塑料支架上，用直径 1mm 的铜丝或镀银铜丝做引出线。

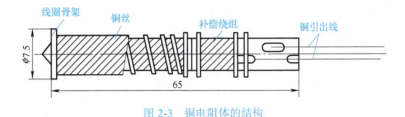

图 2-3　铜电阻体的结构

3. 其他热电阻

由于铂、铜热电阻不适合用于超低温测量，因此一些新颖的热电阻相继被采用。

（1）铟热电阻　铟热电阻用 99.999% 高纯度的铟丝绕成电阻，适宜在 $-269 \sim -258℃$ 温度范围内使用，测量精度高。实验证明，在 $-269 \sim -258℃$ 温度范围内，铟热电阻的灵敏度比铂热电阻高 10 倍。铟热电阻的缺点是材料软、复制性差。

（2）锰热电阻　锰热电阻适宜在 $-271 \sim -210℃$ 温度范围内使用。锰热电阻的优点是在 $-271 \sim -210℃$ 温度范围内电阻随温度变化大、灵敏度高、价格低廉、操作简便，缺点是热稳定性较差、材料脆性高、易损坏。

（3）碳热电阻　碳热电阻适宜在 $-273 \sim -268.5℃$ 温度范围内使用。碳热电阻的优点是热容量小、灵敏度高、对磁场不敏感、价格低廉、操作简便，缺点是热稳定性较差。

另外，铁和镍两种金属也有较高的电阻率和温度系数，也可制作成体积小、灵敏度高的热电阻温度计。它们的缺点是易氧化、不易提纯，且阻值与温度的关系是非线性的，仅用于测量 $-50 \sim 100℃$ 范围内的温度，目前应用较少。

2.2　热敏电阻

在温度传感器中，应用较多的还有由半导体材料制成的热敏电阻温度传感器。热敏电阻温度传感器发展十分迅速，其性能不断改进，稳定性已大为提高，在许多场合中，热敏电阻温度传感器已逐渐取代传统的温度传感器。近年来，几乎所有的家用电器产品都装有微处理器，温度控制完全实现了智能化，这些温度传感器多为热敏电阻温度传感器。

热敏电阻是一种新型的半导体感温元件，它是用阻值随温度显著变化的半导体电阻制成的。与其他感温元件相比，热敏电阻温度系数大、灵敏度高、响应迅速、测量线路简单，有些型号不用放大器就能输出几伏的电压，并且体积小、寿命长、重复性好、工艺简单，便于工业化生产，且价格便宜；由于本身阻值较大，因此可以不必考虑导线带来的误差，适用于远距离的测量和控制；在需要耐湿、耐酸、耐碱、耐热冲击、耐振动的场合可靠性较高，应用很广泛。它的缺点是非线性较严重，在电路上要进行线性补偿，产品一致性差、互换性不好，因此一般不在石油、钢铁、制造业领域使用。

热敏电阻主要用于点温度、小温差温度的测量，远距离、多点测量与控制以及温度补偿和电路的自动调节等，测温范围为 −50 ~ 450℃。

热敏电阻是由一些金属氧化物的粉末（如氧化镍、氧化锰、氧化铜、氧化钛等）按一定比例混合烧结而成的半导体。通过不同的材质组合，能得到热敏电阻不同的阻值 R_0 及不同的温度特性。热敏电阻主要由热敏探头、引线、壳体等构成，其结构如图 2-4a 所示，符号如图 2-4b 所示。热敏电阻外形的大小与电阻的功率有关，差别较大。

热敏电阻一般做成二端器件，但也有的做成三端或四端器件。二端和三端器件为直热式，即热敏电阻直接从连接的电路中获得功率；四端器件则为旁热式。

根据不同的使用要求，可以把热敏电阻做成不同的形状，如图 2-5 所示。常用的热敏电阻有珠形、圆片形、平板形、杆形和薄膜形等，它们各自适用于不同的场合。

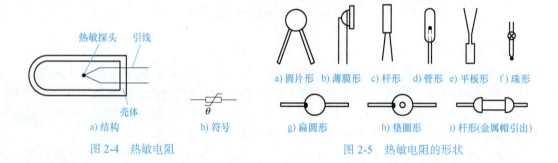

图 2-4　热敏电阻

图 2-5　热敏电阻的形状

2.2.1　热敏电阻的工作原理

半导体和金属具有完全不同的导电机理。由于半导体中参与导电的是载流子，载流子的浓度要比金属中自由电子的浓度小得多，因此半导体的电阻率大。随着温度的升高，一方面，半导体中的价电子受热激发跃迁到较高能级而产生的新的电子 − 空穴对增加，使电阻率减小；另一方面，半导体材料载流子的平均运动速度升高，导致电阻率增大。

热敏电阻按其物理特性分为三大类，即正温度系数（PTC）热敏电阻、负温度系数（NTC）热敏电阻和临界温度系数热敏电阻（CTR）。图 2-6 所示为热敏电阻的电阻 − 温度特性曲线。

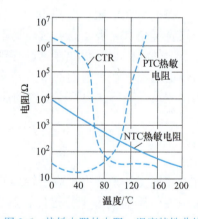

图 2-6　热敏电阻的电阻 − 温度特性曲线

1. PTC 热敏电阻的工作原理

PTC 指材料的电阻会随温度的升高而增加。这种热敏电阻以钛酸钡为基本材料，再掺入适量的稀土元素，利用陶瓷工艺高温烧结而成。

纯钛酸钡是一种绝缘材料，但掺入适量的稀土元素后会变成半导体材料。PTC 热敏电阻当温度达到居里点时，阻值会急剧变化。钛酸钡具有铁电物质的特性，其介电常数随温度而变化。居里点是铁磁体性能丧失的温度，换句话说，当温度低于居里点时，由于高介电常数和电流流动，电子运动平稳，即显示低阻值。但是当温度一旦超过居里点时，物质就会失去磁力，介电常数显著下降，没有电流流过，这就是阻值增大的原因。居里点的温度因物质而异，但一般使用范围在 50 ～ 150℃。一般钛酸钡的居里点为 120℃。

PTC 热敏电阻是一种限流保护器件，它有一个动作温度值 TS，当其本体内温度低于 TS 时，其阻值维持基本恒定，这时的阻值称为冷电阻。当 PTC 热敏电阻本体内温度高于 TS 时，其阻值迅速增大，可以达到的最大阻值，其值是冷电阻值的 10000 倍左右。由于它的阻值可以随温度升高而迅速增大，所以一般串联于线上用作暂态大电流的过电流保护。PTC 热敏电阻在信号线及电源线路上都有应用。

PTC 热敏电阻反应速度较慢，一般在毫秒级以上，因此它的非线性电阻特性在雷击电流通过时基本发挥不了作用，只能按它的常态电阻（冷电阻）来估算它的限流作用。热敏电阻的作用更多地体现在如电力线碰触等出现长时间过电流保护的场合，常用于用户线路的保护。

目前 PTC 热敏电阻主要有高分子材料 PTC 热敏电阻和陶瓷 PTC 热敏电阻两种，其中陶瓷 PTC 热敏电阻的过电压耐受能力比高分子材料 PTC 热敏电阻好，但高分子材料 PTC 热敏电阻的响应速度比陶瓷 PTC 热敏电阻快。通常陶瓷 PTC 热敏电阻不能实现低阻值，低阻值的 PTC 热敏电阻均采用高分子材料。

PTC 热敏电阻的主要特点如下：

1）灵敏度较高，其温度系数是金属电阻的 10 ～ 100 倍，高精度的 PTC 热敏电阻能检测出 10^{-6} ℃的温度变化。

2）工作温度范围宽，常温器件适用于 -55 ～ 315℃的环境，高温器件适用温度高于 315℃（目前最高可到达 2000℃）的环境，低温器件适用于 -273 ～ 55℃的环境。

3）体积小，能够测量其他温度传感器无法测量的空隙、腔体及生物体内血管的温度。

4）使用方便，阻值可在 0.1 ～ 100kΩ 间任意选择。

5）易加工成复杂的形状，可大批量生产。

6）使用寿命长，正常环境下使用寿命可达 10 年以上。

7）稳定性好，利用 PTC 热敏电阻内部特性控温，不会超温。

8）过载能力强，工作电压范围非常宽，当工作电压变化两倍时，外表温度的变化非常小。

PTC 热敏电阻最早出现在 1950 年，之后在 1954 年出现了以钛酸钡为主要材料的 PTC 热敏电阻。PTC 热敏电阻在工业上可用于温度的测量与控制，如汽车部位的温度检测与调节，控制开水器的水温、空调器与冷库的温度，应用于彩电消磁、各种电气设备的过热保护、发热源的定温控制等方面。当 PTC 热敏电阻用于电路自动调节时，为克服或减小其分布电容较大的影响，应选用直流或 60Hz 以下的工频电源。多个 PTC 热敏电阻一起使用时应并联，不可串联。

2. NTC 热敏电阻的工作原理

NTC 指材料的电阻会随温度的升高而减小。NTC 热敏电阻是以氧化锰、氧化钴和氧化铝等金属氧化物为主要原料，采用陶瓷工艺制造而成。这些金属氧化物材料都具有半导体性质，又具有灵敏度高、稳定性好、响应快、寿命长、价格低等优点。NTC 热敏电阻研制得较早，也较成熟，是目前使用最多的热敏电阻。NTC 热敏电阻主要用于实时的温度监控及温度补偿，在各种电子电路中抑制浪涌电流，起保护作用。例如，用作电子温度计的温度传感器，汽车的进气、排放温度检测器。

随着本体的温度升高，NTC 热敏电阻的阻值会呈非线性的下降，这是 NTC 热敏电阻的特性。NTC 热敏电阻的电阻 – 温度特性曲线如图 2-7 所示。图中，R_T 为某温度下阻值，R_{25} 为 25℃时 NTC 热敏电阻的阻值；3435K 为材料常数；3.6%/K 为电阻温度系数。

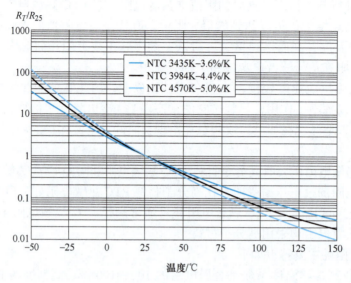

图 2-7　NTC 热敏电阻的电阻 – 温度特性曲线

3. CTR 的工作原理

还有一类热敏电阻是 CTR，具有负电阻突变特性，阻值在某特定温度范围内随温度的升高而降低 3 ～ 4 个数量级，即具有很大的 NTC，主要用于温度开关类的控制。

CTR 的工作原理基于材料的热电阻效应。当温度升高时，材料的阻值会随之增大，这是因为温度升高会导致材料中电子和离子的热运动增加，从而增大了阻值。而 CTR 的特殊之处在于，当温度达到一定的临界值时，由于材料的晶格结构发生相变，材料的阻值会急剧变化。

CTR 构成材料为钒、钡、锶、磷等元素氧化物的混合烧结体，是半玻璃状的半导体，因此也称 CTR 为玻璃态热敏电阻。CTR 的急变温度随添加锗、钨、钼等的氧化物不同而不同，这是由于不同杂质的掺入使氧化钒的晶格间隔不同。若在适当的还原气氛中五氧化二钒变成二氧化钒，则 CTR 的急变温度变大；若进一步还原为三氧化二钒，则急变消失。产生电阻急变的温度对应于半玻璃半导体物性急变的位置，因此产生半导体 – 金属相移。

CTR 的结构大致分为两种，一种是有金属导线和接头的芯式热敏电阻，另一种是贴片热敏电阻。

CTR 的特点主要有以下三个方面：

1）临界温度明显：CTR 的特殊之处在于其有一个明显的临界温度，当温度小于该临界温度时，其阻值变化不大；当温度超过该临界温度时，其阻值迅速增大。

2）灵敏度高：CTR 的温度系数较大，因此对温度变化的响应比较迅速，这使其可以广泛应用于温度测量、控制等领域。

3）制造难度高：由于 CTR 的制造工艺比较复杂，对材料成分和结构也有很高的要求，因此其制造成本比一般热敏电阻要高，同时难以达到高精度和高可靠性的要求。

2.2.2　热敏电阻的主要特性

1. 电阻 – 温度特性

热敏电阻的基本特性是电阻 – 温度特性。用于测量的 NTC 热敏电阻，在较小的温度范围内，其电阻 – 温度特性曲线是一条指数曲线，可表示为

$$R_T = Ae^{BT} \tag{2-8}$$

式中，R_T 为温度为 T 时的阻值；A 为与热敏电阻尺寸、形式及其半导体物理性质有关的常数；B 为与半导体物理性质有关的常数；T 为热敏电阻的热力学温度，单位为 K。

2. 伏安特性

在稳态情况下，通过热敏电阻的电流 I 与其两端之间的电压 U 的关系称为热敏电阻的伏安特性，伏安特性曲线如图 2-8 所示。

当流过热敏电阻的电流很小时，不足以使热敏电阻加热，此时阻值只取决于环境温度，伏安特性曲线是一条直线，遵循欧姆定律，这时热敏电阻主要用来测温。

当电流增大到一定值时，使热敏电阻加热，其温度升高，出现负阻特性。因电阻减小，电流增大，端电压反而下降。热敏电阻所能升高的温度与环境条件（周围介质温度及散热条件）有关。当电流和周围介质温度一定时，热敏电阻的阻值取决于介质的流速、流量、密度等散热条件。

热敏电阻的伏安特性有助于我们正确选择热敏电阻的正常工作范围。例如，用于测温、控温及补偿用时，热敏电阻应当工作在伏安特性曲线的线性段，即测量电流要小，这样就可以忽略电流加热所引起的热敏电阻阻值的变化，而使热敏电阻的阻值变化仅仅与环境温度（被测温度）有关；若利用热敏电阻的耗散原理测量流量、真空、风速时，热敏电阻应当工作在伏安特性曲线的非线性段。

热敏电阻的使用范围一般是在 –100 ~ 350℃之间，如果要求特别稳定，那么最高温度最好是 150℃左右。热敏电阻虽然具有非线性特点，但利用温度系数很小的金属电阻与其串联或并联，也可使热敏电阻的阻值在一定范围内呈线性关系。

3. 电流 – 时间特性

电流 – 时间特性曲线如图 2-9 所示。电流 – 时间特性表示热敏电阻在不同的外加电压下，电流达到稳定最大值所需的时间。热敏电阻受电流加热后，一方面自身温度升高，另

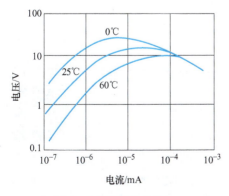

图 2-8　伏安特性曲线

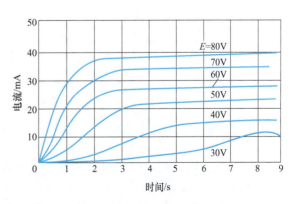

图 2-9　电流 – 时间特性曲线

一方面也向周围介质散热，只有在单位时间内从电流获得的能量与向周围介质散发的热量相等，达到热平衡时，才能有相应的平衡温度，即有固定的阻值。完成这个热平衡过程需要时间，可选择热敏电阻的结构以及采取相应的电路来调整这个时间。对于一般结构的热敏电阻，这个时间在 0.5 ～ 1s 之间。

2.2.3　热敏电阻的主要参数

热敏电阻的主要参数有以下六个：

1）标称电阻值 R_H：在环境温度为（25±0.2）℃时测得的阻值，又称冷电阻，单位为 Ω。

2）温度系数 a：热敏电阻在温度变化 1℃时阻值的变化率，通常指温度为 20℃时的温度系数，单位为 %/℃。

3）耗散系数 H：热敏电阻的温度与周围介质的温度相差 1℃时热敏电阻所耗散的功率，单位为 W/℃。

4）热容 c：热敏电阻的温度变化 1℃所需吸收或释放的热量，单位为 J/℃。

5）能量灵敏度 G：使热敏电阻的阻值变化 1% 所需耗散的功率，单位为 W。

能量灵敏度 G 与耗散系数 H、温度系数 a 之间有如下关系：

$$G= \frac{H}{a} \times 100 \tag{2-9}$$

6）时间常数 τ：温度为 T_0 的热敏电阻突然置于温度为 T 的介质中，热敏电阻的温度增量 $\Delta T=0.63(T-T_0)$ 所需时间，即热容 c 与耗散系数 H 之比：

$$\tau= \frac{c}{H} \tag{2-10}$$

2.3　热电偶

热电偶温度传感器是一种将温度变化转换为电动势变化的温度传感器。热电偶温度传感器主要优点是测温范围广，可以在 −180 ～ 2800℃范围内使用，其精度高、性能稳定、结构简单、动态性能好，能把温度转换为电动势信号，便于处理和远距离传输。热电偶温度传感器属于自发电型传感器，测量时可不外加电源，直接驱动动圈式仪表。热电偶温度传感器的热容量和热惯性都很小，能用于快速测量。它既可以用于流体温度测量，也可以用于固体温度测量；既可以测量静态温度，也可以测量动态温度。

在工业生产中，热电偶是应用最广泛的感温元件之一，在电力冶金、水利工程、石油化工、轻工纺织、科研、工业锅炉、工业过程控制、自动化仪表、温室监测等方面应用非常多。

2.3.1　热电偶的工作原理

把两种不同材料的导体或半导体 A 和 B 组成一个闭合回路，当两个节点处于不同温度 T 和 T_0 时，两导体间产生电动势，回路中会因产生电动势而形成电流；两个节点的温差越大，所产生的电动势越大。组成回路的导体材料不同，所产生的电动势也不一样，这种现象称为热电效应。这样的两种不同导体的组合称为热电偶，热电偶所产生的电动势称为热电动势，组成热电偶的材料 A 和 B 称为热电极。热电偶回路如图 2-10 所示。

热电偶通常用于高温测量，置于被测温度介质中的一端（温度为 T）称为热端或工作端，另一端（温度为 T_0）称为冷端或自由端。热电偶的冷端通过导线与温度指示仪表相连，置于生产设备外；热端一般要插入需要测温的生产设备中。若两端所处温度不同，则测温回路中会产生热电动势。热电动势的大小由两种材料的接触电动势和单一材料的温差电动势所决定。

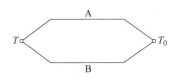

图 2-10 热电偶回路

1. 两种材料的接触电动势

由于不同金属材料内部的自由电子密度不相同，当两种金属材料 A 和 B 接触时，自由电子就要从自由电子密度大的金属材料扩散到自由电子密度小的金属材料中，从而产生自由电子的扩散现象。当金属材料 A 的自由电子密度比金属材料 B 大时，有自由电子从 A 扩散到 B；当扩散达到平衡时，金属材料 A 因失去电子而带正电荷，而金属材料 B 因得到电子而带负电荷。这样，A、B 接触处形成一定的电压，这就是接触电动势（又称为佩尔捷电动势）$E_{AB}(T)$，如图 2-11 所示。

当温度为 T 时，热端的接触电动势可表示为

$$E_{AB}(T) = \frac{kT}{e} \ln \frac{N_A}{N_B} \qquad (2-11)$$

冷端的接触电动势可表示为

$$E_{AB}(T_0) = \frac{kT_0}{e} \ln \frac{N_A}{N_B} \qquad (2-12)$$

式中，k 为坡耳兹曼常数；e 为电子电荷量；T、T_0 分别为热端和冷端的温度；N_A、N_B 分别为导体 A 和 B 的自由电子浓度。

2. 单一材料的温差电动势

在单一金属材料 A 中，当金属材料两端的温度不同时，两端电子能量就不同。若温度高的一端电子能量大，则电子从高温端向低温端扩散的数量多，最后达到平衡。这样在金属材料 A 的两端形成一定的电压，即温差电动势（又称为汤姆孙电动势）$E_A(T, T_0)$，如图 2-12 所示。

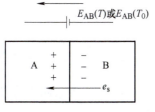

图 2-11 接触电动势

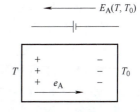

图 2-12 温差电动势

金属材料 A 的温差电动势为

$$E_A(T, T_0) = \int_{T_0}^{T} \sigma_A dT \qquad (2-13)$$

金属材料 B 的温差电动势为

$$E_B(T, T_0) = \int_{T_0}^{T} \sigma_B dT \tag{2-14}$$

金属材料 A、B 构成的闭合回路的总温差电动势为

$$E_A(T, T_0) - E_B(T, T_0) = \int_{T_0}^{T} (\sigma_A - \sigma_B) dT \tag{2-15}$$

式中，σ_A、σ_B 分别为金属材料 A、B 的温度系数，又称为汤姆孙系数，表示单一材料两端温差为 1℃时所产生的温差电动势。例如在 0℃时，铜的温度系数为 $\sigma_A=2\mu V/℃$。

3. 热电偶回路的总热电动势

由金属材料 A、B 组成的闭合回路，其节点温度分别为 T、T_0，若 $T>T_0$，则必存在两个接触电动势和两个温差电动势。由图 2-13 可知，热电偶回路的总热电动势为

$$\begin{aligned} E_{AB}(T, T_0) &= E_{AB}(T) - E_{AB}(T_0) - E_A(T, T_0) + E_B(T, T_0) \\ &= \frac{kT}{e} \ln \frac{N_A}{N_B} - \frac{kT_0}{e} \ln \frac{N_A}{N_B} + \int_{T_0}^{T} (-\sigma_A + \sigma_B) dT \end{aligned} \tag{2-16}$$

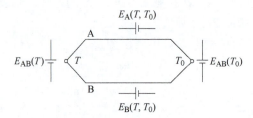

图 2-13　热电偶回路的总热电动势

通过以上分析可以得出如下结论：

1）热电偶的两个热电极必须是两种不同材料的均质导体，否则当两种相同导体组成热电偶时，虽两节点温度不等，但两节点处接触电动势皆为 0，两个温差电动势大小相等、方向相反，因此热电偶回路的总热电动势为 0。

2）热电偶两节点温度必须不等，否则当两节点温度相等时，接触电动势大小相等、方向相反，温差电动势为 0，因此热电偶回路的总热电动势也为 0。

3）热电极 A、B 产生的热电动势只与两个节点的温度有关，而与沿热电极的温度分布无关；与热电极的材料有关，而与热电偶的尺寸、形状无关。

4）当 T_0 保持不变，即 $E_{AB}(T_0)$ 为常数时，总热电动势 $E_{AB}(T, T_0)$ 仅为热端温度 T 的函数，即 $E_{AB}(T, T_0)=E_{AB}(T)-C$；两节点的温差越大，总热电动势也越大，由此可知，$E_{AB}(T, T_0)$ 与 T 有单值对应关系，这就是热电偶的测温原理。

热电极的选材不仅要求热电动势要大，以提高灵敏度，还要求其具有较好的热稳定性和化学稳定性。国际上，按热电偶的热电极 A、B 材料不同分成若干分度号，如常用的 K（镍铬－镍硅或镍铝）、E（镍铬－康铜）、T（铜－康铜）等。组成热电偶的两种材料，写在前面的为正极，写在后面的为负极。

对于不同金属组成的热电偶，温度与热电动势之间有不同的函数关系。因为多数热电偶的输出都是非线性的，国际计量委员会已对这些热电偶的每一摄氏度的热电动势进行了非常精密的测试，并公布了它们的分度表。可以通过测量热电偶输出的热电动势再查分度表得到相应的温度值。分度表每 10℃分一档，中间值按内插法计算。分度号为 S 的热电偶分度表见表 2-1。

表 2-1 热电偶分度表

分度号：S   参考端温度：0℃

测量端温度 /℃	0	10	20	30	40	50	60	70	80	90
	热电动势 /mV									
0	0.000	0.055	0.113	0.173	0.235	0.299	0.365	0.432	0.502	0.573
100	0.645	0.719	0.795	0.872	0.950	1.029	1.109	1.190	1.273	1.356
200	1.440	1.525	1.611	1.698	1.785	1.873	1.962	2.051	2.141	2.232
300	2.323	2.414	2.506	2.599	2.692	2.786	2.880	2.974	3.069	3.164
400	3.260	3.356	3.452	3.549	3.645	3.743	3.840	3.938	4.036	4.135
500	4.234	4.333	4.432	4.532	4.632	4.732	4.832	4.933	5.034	5.136
600	5.237	5.339	5.442	5.544	5.648	5.751	5.855	5.960	6.064	6.169
700	6.274	6.380	6.486	6.592	6.699	6.805	6.913	7.020	7.128	7.236
800	7.345	7.454	7.563	7.672	7.782	7.892	8.003	8.114	8.225	8.336
900	8.448	8.560	8.673	8.786	8.899	9.012	9.126	9.240	9.355	9.470
1000	9.585	9.700	9.816	9.932	10.048	10.165	10.282	10.400	10.517	10.635
1100	10.754	10872	10.991	11.110	11.229	11.348	11.467	11.587	11.707	11.827
1200	11.947	12.067	12.188	12.308	12.429	12.550	12.671	12.792	12.913	13.034
1300	13.155	13.276	13.397	13.519	13.640	13.761	13.883	14.004	14.125	14.247
1400	14.368	14.489	14.610	14.731	14.852	14.973	15.094	15.215	15.336	15.456
1500	15.576	15.697	15.817	15.937	16.057	16.176	16.296	16.415	14.534	16.653
1600	16.771	16.890	17.008	17.125	17.245	17.360	17.477	17.594	17.711	17.826

2.3.2 热电偶的基本定律

1. 中间导体定律

一个由几种不同导体材料连接成的闭合回路，若它们彼此连接的节点温度相同，则此回路各节点产生的热电动势的代数和为 0。也就是说，在热电偶回路中接入第三种导体，只要该导体两端温度相同，热电偶产生的总热电动势就不变。

根据这个定律，可采取任何方式焊接导线，可以将测量仪表通过导线接入回路进行测量，不影响测量精度。同时，利用这个定律，还可以使用开路热电偶测量液态金属和金属壁面的温度。接入中间导体的热电偶测温回路如图 2-14 所示。

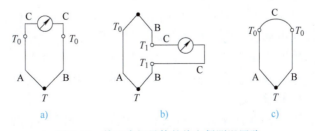

a)   b)   c)

图 2-14 接入中间导体的热电偶测温回路

2. 中间温度定律

在热电偶回路中，若导体 A、B 分别连接导线 a、b，其节点温度分别为 T、T_c 和 T_c、T_0，则热电偶回路的总热电动势 $E_{ABab}(T,T_c,T_0)$ 为热电偶热电动势 $E_{AB}(T,T_c)$ 与连接导线热电动势 $E_{ab}(T_c,T_0)$ 的代数和。图 2-15 所示为中间温度定律原理示意图，连接导体的中间温度定律原理可表示为

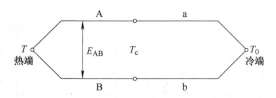

图 2-15　中间温度定律原理示意图

$$E_{ABab}(T,T_0)=E_{AB}(T,T_c)+E_{ab}(T_c,T_0) \tag{2-17}$$

当 A 与 a、B 与 b 的材料分别相同，各节点温度仍为 T、T_c 和 T_c、T_0 时，总热电动势为

$$E_{AB}(T,T_c,T_0)=E_{AB}(T,T_c)+E_{AB}(T_c,T_0) \tag{2-18}$$

中间温度定律表明，节点温度为 T、T_0 时的热电动势为节点温度为 T、T_c（中间温度）与节点温度为 T_c、T_0 的两支同性质热电偶的热电动势的代数和。

利用这一定律，实际测量时可对参考端温度不为 0℃ 时的热电动势进行修正。因为热电偶分度表均以参考端温度 $T_0=0℃$ 为标准，而实际应用中热电偶参考端温度往往不等于 0℃，一般为高于 0℃ 的某个数值，如 $T_0=25℃$，此时可利用中间温度定律对检测的热电动势值进行修正，以获得被测的真实温度。

由于热电偶的热电动势与温度之间通常为非线性关系，当冷端温度不为 0℃ 时，不能利用已知回路实际热电动势 $E(T,T_0)$ 直接查表求取热端温度值，也不能利用已知回路实际热电动势 $E(T,T_0)$，查表得到温度值后，再加上冷端温度来求取热端温度值，必须按中间温度定律进行修正。

中间温度定律为在工业测量温度中使用补偿导线提供了理论基础。只要选配与热电偶热电特性相同的补偿导线，就可使热电偶的参考端延长，使之远离热源，到达一个温度相对稳定的地方，而不会影响测温的准确性。

【例 2-1】用镍铬－镍硅热电偶测炉温时，其冷端温度为 30℃，在直流电位计上测得的热电动势 $E(T,T_0)=30.839mV$，求炉温 T。

答：查镍铬－镍硅热电偶分度表得，$E_{AB}(30℃,0℃)=1.203mV$，因此有

$$E_{AB}(T,0℃)=E(T,30℃)+E_{AB}(30℃,0℃)$$
$$=30.839mV+1.203mV=32.042mV$$

再查分度表得，$T=770℃$。

3. 均质导体定律

由同一种均质导体或半导体两端焊接组成闭合回路，无论导体截面如何以及温度如何分布，都不产生接触电动势，温差电动势相抵消，回路中的总热电动势为 0。可见，热电偶必须由两种不同的均质导体或半导体构成。如果热电极材料不均匀，由于温度梯度存在，将会产生附加热电动势，造成无法估计的测量误差。因此，热电极材料的均匀性是衡量热电偶质量的重要技术指标之一。

根据这一定律，可以检验两个热电极材料的成分是否相同（同名极检验法），也可以检查热电极材料的均匀性。

4. 标准（参考）电极定律

若两种导体 A、B 分别与第三种导体 C 组成的热电偶的热电动势已知，则由这两种导体 A、B 组成的热电偶的热电动势也已知，这就是标准电极定律，又称为参考电极定律，即

$$E_{AB}(T, T_0) = E_{AC}(T, T_0) - E_{BC}(T, T_0) \tag{2-19}$$

根据标准（参考）电极定律，可以方便地选取一种或几种热电极作为标准（参考）电极，确定各种材料的热电特性，从而大大简化热电偶的选配工作。一般选取易提纯、物理和化学性质稳定、熔点高的铂丝作为标准电极，确定出其他各种电极对铂电极的热电特性，便可知这些电极相互组成热电偶的热电动势大小。

【例 2-2】已知铬合金 – 铂热电偶的热电动势 $E(100℃, 0℃) = 3.13mV$，铝合金 – 铂热电偶的热电动势 $E(100℃, 0℃) = -1.02mV$，求铬合金 – 铝合金热电偶的热电动势 $E(100℃, 0℃)$。

解： 设铬合金为 A，铝合金为 B，铂为 C，即

$$E_{AC}(100℃, 0℃) = 3.13mV$$

$$E_{BC}(100℃, 0℃) = -1.02mV$$

则有 $E_{AB}(100℃, 0℃) = E_{AC}(100℃, 0℃) - E_{BC}(100℃, 0℃) = 4.15mV$

2.3.3　热电偶的材料

理论上讲，任何两种不同材料的导体都可以组成热电偶，但为了准确可靠地测量温度，组成热电偶的材料必须经过严格选择。工程上用于热电偶的材料应满足以下条件：热电动势变化尽量大，热电动势与温度尽量接近线性关系；电阻温度系数小，电导率高；热电性质稳定，物理、化学性质稳定；易加工，复制性好，便于成批生产，有良好的互换性。

实际上，没有一种金属材料能满足上述所有要求。一般纯金属热电极复制性好但热电动势小，非金属热电极的热电动势大但熔点高，复制性差，因此许多热电极选择合金材料。目前在国际上公认比较好的热电偶材料只有几种。国际电工委员会（IEC）推荐的标准化热电偶有 8 种。所谓标准化热电偶，就是已列入工业标准化文件中、具有统一的分度表的热电偶。我国已采用 IEC 标准生产热电偶，并按标准分度表生产与之相配的显示仪表。

目前工业上常用的有四种标准化热电偶，即铂铑 30- 铂铑 6、铂铑 10- 铂、镍铬 – 镍硅和镍铬 – 铜镍（我国通常称为镍铬 – 康铜）热电偶。常用热电偶见表 2-2。

表 2-2　常用热电偶

名称	型号（代号）	分度号	测温范围 /℃	允许偏差 /℃
镍铬 – 镍硅	WRN	K	0～1200	±2.5 或 0.75%|t|
镍铬 – 铜镍	WRE	E	0～900	±2.5 或 0.75%|t|
铂铑 10- 铂	WRP	S	0～1600	±1.5 或 0.25%|t|
铂铑 30- 铂铑 6	WRR	B	600～1700	±1.5 或 0.25%|t|
铜 – 铜镍	WRC	T	–40～350	±1.0 或 0.75%|t|
铁 – 铜镍	WRF	J	–40～750	±2.5 或 0.75%|t|

注：t 为实测温度；型号后加 "K" 表示铠装式热电偶。

另外还有一些特殊用途的热电偶，以满足特殊测温的需要。例如，用于测量3800℃超高温的钨镍系列热电偶，用于测量 –271.15 ～ –0.15℃超低温的镍铬 – 金铁热电偶等。

2.3.4　热电偶的种类与结构

将两热电极的一个端点紧密地焊接在一起组成节点就构成热电偶。对节点焊接的要求是焊点具有金属光泽、表面圆滑、无沾污变质、夹渣和裂纹。焊点的形状通常有对焊、点焊、绞纹焊等，焊点尺寸应尽量小，一般为偶丝直径的 2 倍。焊接方法主要有直流电弧焊、直流氧弧焊、交流电弧焊、乙炔焊、盐浴焊、盐水焊和激光焊等。热电偶两热电极之间的导线通常用耐高温绝缘材料做成，如图 2-16 所示。

热电偶广泛用于工业生产中进行温度的测量、控制，根据用途及安装位置、方式的不同，热电偶具有多种结构形式，下面介绍五种比较典型的结构形式。

1. 普通热电偶

普通热电偶主要用于测量气体、液体、蒸汽等物质的温度。由于在基本相似的条件下使用，因此普通热电偶已制成标准形式，主要有棒形、角形、锥形等，还做成无专门固定装置、有螺纹固定装置和法兰固定装置等多种形式。工业上常用的热电偶温度传感器一般由热电极、绝缘管、保护管、接线盒等部分组成。其中，热电极、绝缘套管和接线座组成热电偶温度传感器的感温元件，如图 2-17 所示，一般制成通用性部件，可以装在不同的保护管和接线盒中。接线座作为感温元件和接线盒的连接件，将感温元件固定在接线盒上，其材料一般为耐火陶瓷。

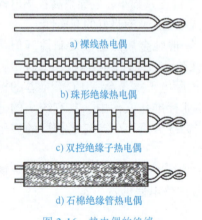

a) 裸线热电偶

b) 珠形绝缘热电偶

c) 双控绝缘子热电偶

d) 石棉绝缘管热电偶

图 2-16　热电偶的绝缘

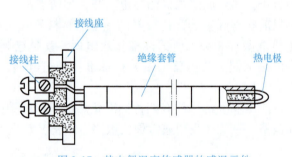

图 2-17　热电偶温度传感器的感温元件

图 2-18 所示为热电偶温度传感器的结构。

1）热电极：作为测温敏感元件，热电极是热电偶温度传感器的核心部分，其测量端一般采用焊接方式构成。贵金属热电极的直径一般为0.35 ～ 0.65mm，普通金属热电极的直径一般为 0.5 ～ 3.2mm。热电极的长

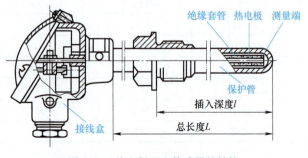

图 2-18　热电偶温度传感器的结构

短由安装条件决定，一般为 250 ～ 300mm。

2）绝缘套管：用于防止两根热电极短路，通常采用陶瓷、石英等材料。

3）保护管：为延长热电偶的使用寿命，使之免受化学和机械损伤，通常将热电极（含绝缘套管）装入保护管内，保护管起到保护、固定和支撑热电极的作用。保护管的材料应有较好的气密性，不使外部介质渗透到保护管内；有足够的机械强度，抗弯抗压；物理、化学性质稳定，不产生对热电极的腐蚀；能在高温环境中使用，耐高温和抗震性能好。

4）接线盒：用来固定接线座和连接外接导线，保护热电极免受外界环境侵蚀，保证外接导线与接线柱良好接触。接线盒一般由铝合金制成，出线孔和盖子都用垫圈加以密封，以防污物落入而影响接线的可靠性。根据被测介质温度和现场环境条件的要求，设计成普通型、防溅型、防水型、防爆型等不同形式的接线盒与感温元件、保护管装配成热电偶产品，即形成相应类型的热电偶温度传感器。

2. 铠装热电偶

铠装热电偶又称为缆式热电偶，它由热电极、绝缘材料和金属套管三者一起拉制成型，根据热端形状的不同，可分为四种形式，其截面的结构如图 2-19 所示。因为内部的热电极与外界空气隔绝，所以铠装热电偶温度传感器具有良好的抗高温氧化、抗低温水蒸气冷凝、抗机械外力冲击的特性。铠装热电偶温度传感器的优点是小型化（直径为 0.25 ～ 12mm）、热惯性小、有良好的柔性，便于弯曲，动态响应快（时间常数可达 0.01s），适用于测量狭长对象上各点的温度。同时，铠装热电偶温度传感器机械性能好、结实牢固、耐振动和耐冲击。测温范围在 1100℃ 以下的有镍铬 - 镍硅、镍铬 - 康铜铠装热电偶。

3. 薄膜热电偶

薄膜热电偶是由两种金属薄膜连接而成的一种特殊结构的热电偶，常用真空蒸镀（或真空溅射）等方法，把热电极材料沉积在绝缘基板上制成热电偶。由于热电偶可以做得很薄，因此测表面温度时不影响被测表面的温度分布，它的测量端既小又薄（微米级），热容量很小，动态响应速度快，热响应时间达到微秒级，可用于微小面积上的表面温度测量以及瞬时变化的动态温度测量，特别适用于对壁面温度的快速测量。

片状薄膜热电偶的结构如图 2-20 所示，它采用真空蒸镀法将两种电极材料蒸镀到绝缘基板上，再蒸镀一层二氯化硅薄膜作为绝缘和保护层。

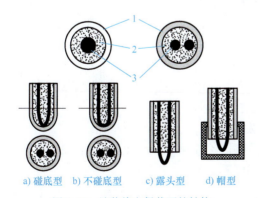

图 2-19　铠装热电偶截面的结构

a）碰底型　b）不碰底型　c）露头型　d）帽型

1—金属套管　2—绝缘材料　3—热电极

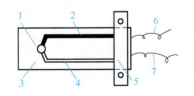

图 2-20　片状薄膜热电偶的结构

1—测量端　2—铁膜　3—衬底　4—镍膜
5—接头夹　6—铁丝　7—镍丝

目前我国试制的有铁-镍、铁-康铜和铜-康铜三种，尺寸为 60mm×6mm×0.2mm，绝缘基板用云母、陶瓷片、玻璃及酚醛塑料纸等；测温范围在 300℃以下；反应时间仅为几毫秒（ms）。

4. 表面热电偶

表面热电偶主要用于测量流动环境的温度，广泛用于纺织、印染、造纸、塑料和橡胶工业。表面热电偶的探头有各种形状（弓形、薄片形等），以适用于不同物体表面测温。表面热电偶的把手上装有动圈式仪表，读数方便。表面热电偶的测量温度范围有 0～250℃和 0～600℃两种。

5. 防爆热电偶

在石油、化工、制药工业中，生产现场有各种易燃、易爆的化学气体，这时需要采用防爆热电偶。它采用防爆型接线盒，有足够的内部空间、壁厚和足够大的机械强度，其橡胶密封圈的热稳定性符合国家防爆标准。因此，即使接线盒内部爆炸性混合气体发生爆炸，其压力也不会破坏接线盒，产生的热能不能向外扩散传播，可达到可靠的防爆效果。

除以上热电偶外，还有专门测量钢水和其他熔融金属温度的快速消耗型热电偶、同时测量几个或几十个点温度的多点热电偶、测量气流温度的热电偶和串并联用热电偶等。

2.3.5　热电偶的冷端处理方法

由热电偶的测温原理可知，为保证热电偶的热电动势与被测温度 T 成单值函数关系，必须使 T_0 端（冷端）温度保持恒定。热电偶分度表及配套的显示仪表都要求冷端温度恒定为 0℃，否则将产生测量误差。然而在实际应用中，由于热电偶的冷、热端距离通常很近，冷端受热端及环境温度波动的影响，温度很难保持稳定，要保持 0℃就更难了。因此必须采取措施，消除冷端温度波动以及不为 0℃时产生的误差，即需进行冷端处理。热电偶的冷端处理方法主要有以下六种。

1. 0℃恒温法（冰点槽法）

把热电偶的冷端置于装有冰水混合物的 0℃恒温容器中，为了避免冰水导电引起两个节点短路，必须把节点分别置于两个玻璃试管中。冰点槽示意如图 2-21 所示。在密封的盖子上插入若干支试管，试管的直径应尽量小，并有足够的插入深度。试管底部有少量高度相同的水银或变压器油。若用水银，则可把补偿导线与铜导线直接插入试管中的水银里，形成导电通路，不过应在水银上面加少量蒸馏水并用石蜡封结，以防止水银蒸发和溢出；

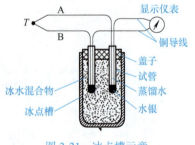

图 2-21　冰点槽示意

若改用变压器油代替水银，则必须使补偿导线与铜导线接触良好。0℃恒温法适合于实验中的精确测量和检定热电偶，工业生产现场使用极不方便。

2. 计算修正法

对于冷端温度不等于 0℃，但能保持恒定不变或能用普通室温计测出的冷端温度 T_0 的情况，可采用计算修正法。热电偶实际测温时，工作于温度 T 与 T_0 之间，实际测得的

热电动势是 $E_{AB}(T,T_0)$。为了便于利用标准分度表由热电动势查相应热端温度值，必须知道热电偶相对于 0℃时的热电动势 $E_{AB}(T,0)$，因此可利用中间温度定律，有

$$E_{AB}(T,0)=E_{AB}(T,T_0)+E_{AB}(T_0,0) \tag{2-20}$$

由此可见，只要加上热电偶工作于 T_0 与 0℃之间的热电动势 $E_{AB}(T_0,0)$，便可将实测热电动势 $E_{AB}(T,T_0)$ 修正为相对于 0℃的热电动势 $E_{AB}(T,0)$。

3. 机械零点调整法

当热电偶与动圈式仪表（动圈式仪表是专门与热电偶配套使用的显示仪表，它的刻度是依分度表而定的）配套使用时，当热电偶冷端不为 0℃但基本恒定时，在测量精度要求不高的场合下，可将动圈式仪表的机械零点调至热电偶冷端所处的温度 T_0 处。由于外接电动势为 0，调整机械零点相当于预先给仪表输入一个电动势 $E(T_0,0)$。当接入热电偶后，热电偶的热电动势 $E(T,T_0)$ 与仪表预置电动势 $E(T_0,0)$ 叠加，使回路总热电动势正好为 $E(T,0)$，仪表直接指示出热端温度 T。

进行机械零点调整时，应先将仪表的电源和输入信号切断，然后用螺钉旋具调整仪表面板上的螺钉，使指针指到 T_0 的刻度。机械零点调整法简单方便，但当冷端温度发生变化时，应及时断电，重新调整仪表的机械零点，使之指示到新的冷端温度上。

4. 补正系数法

补正系数法是把参考端实际温度 T_H 乘上系数 k，加到由 $E_{AB}(T,T_H)$ 查分度表所得的温度上，成为被测温度 T，用公式表示为

$$T=T'+kT_H \tag{2-21}$$

式中，T 为未知的被测温度；T' 为参考端在室温下热电偶的热电动势与分度表上对应的某个温度；T_H 为室温；k 为补正系数。热电偶补正系数见表 2-3。

表 2-3　热电偶补正系数

温度 /℃	补正系数 k	
	铂铑 10–铂（S）	镍铬–镍硅（K）
100	0.82	1.00
200	0.72	1.00
300	0.69	0.98
400	0.66	0.98
500	0.63	1.00
600	0.62	0.96
700	0.60	1.00
800	0.59	1.00
900	0.56	1.00
1000	0.55	1.07
1100	0.53	1.11
1200	0.53	—
1300	0.52	—

（续）

温度 /℃	补正系数 k	
	铂铑 10– 铂（S）	镍铬－镍硅（K）
1400	0.52	—
1500	0.53	—
1600	0.53	—

【例 2-3】用铂铑 10– 铂热电偶测温，已知参考端温度 T_H=35℃，这时热电动势为 11.348mV。查 S 型热电偶的分度表，得出与此相应的温度 T'=1100℃，再从表 2-3 中查出对应于 1100℃的补正系数 k=0.53，因此被测温度为 T=（1100+0.53×35）℃ =1118.55℃。

补正系数法稍简单些，比计算修正法的误差可能大一点，但误差不大于 0.14%。

5. 电桥补偿法

电桥补偿法是用电桥在温度变化时的不平衡电压来补偿因冷端温度变化而引起的热电动势变化，可以自动地将冷端温度校正到补偿电桥的平衡温度上。

补偿电桥如图 2-22 所示。桥臂电阻 R_1、R_2、R_3 和限流电阻 R_w 用锰铜电阻，阻值几乎不随温度变化，R_{Cu} 为铜电阻，其温度系数较大，阻值随温度升高而增大。使用中应使 R_{Cu} 与热电偶的冷端靠近，使两者处于同一温度下。电桥由直流稳压电源供电。

设计时使 R_{Cu} 在 0℃下的阻值与其余三个桥臂 R_1、R_2、R_3 完全相等（通常为 1Ω），这时电桥处于平衡状态，电桥输出电压 U_{ab}=0，对热电动势没有影响。此时温度 0℃称为电桥平衡温度。

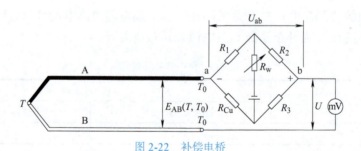

图 2-22 补偿电桥

当热电偶冷端温度随环境温度变化时，若 T_0 >0，则热电动势将减小 ΔE，但此时 R_{Cu} 增大，使电桥不平衡，出现 U_{ab} >0，而且其极性是 a 点为负、b 点为正，这时的 U_{ab} 与热电动势 $E_{AB}(T,T_0)$ 同向串联，使输出值得到补偿。如果限流电阻 R_w 选择合适，可使在一定温度范围内增大的值恰好等于热电动势所减小的值，即 U_{ab}=ΔE，就完全避免了 $T_0 \neq 0$ 的变化对测量的影响。

电桥一般用 4V 直流电源供电，它可以在 0～40℃或 –20～20℃的范围内起补偿作用。只要 T_0 的波动不超出此范围，电桥不平衡输出信号可以自动补偿冷端温度波动所引起的热电动势变化，从而可以直接利用输出电压 U 查热电偶分度表以确定被测温度的实际值。

要注意的是，不同材质的热电偶所配的冷端温度补偿电桥，其限流电阻 R_w 不同，互换时必须重新调整。此外，大部分补偿电桥的平衡温度不是 0℃，而是室温 20℃。

补偿电桥可以单独制成补偿器，通过外线连接热电偶和后续仪表，更多的是作为后续仪表的输入回路，与热电偶连接。

6. 补偿导线法

由于热电偶的长度有限，实际测温时，热电偶的冷端一般离热源较近，冷端温度波动较大，需要把冷端延伸到温度变化较小的地方；另外，热电偶输出的电动势信号也需要传输到远离现场数十米的控制室里的显示仪表或控制仪表上。

补偿导线实际上是一对材料的化学成分不同的导线，在 0 ～ 100℃温度范围内与配接的热电偶有一致的热电特性，但价格相对便宜。热电偶与补偿导线连接如图 2-23 所示。若利用补偿导线，将热电偶的冷端延伸到温度恒定的场所（如仪表室），其实质是将热电极延长。

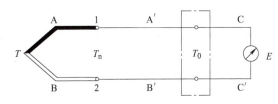

图 2-23　热电偶与补偿导线连接

工程中常使用补偿导线，它通常由两种不同性质的导线制成，在一定温度范围（0 ～ 100℃）内，要求补偿导线与所配热电偶具有相同或相近的热电特性；两根补偿导线与热电偶两个热电极的连接点必须具有相同的温度；使用时补偿导线正负极与热电偶正负极对应连接，必须注意电极的色标，切忌接错极性；补偿导线所处温度应不超过100℃，否则将造成测量误差。必须指出，使用补偿导线仅能延长热电偶的冷端，对测量电路不起任何温度补偿作用。常用的补偿导线见表 2-4。

表 2-4　常用的补偿导线

补偿导线型号	配用热电偶型号（正极 – 负极）	补偿导线（正极 – 负极）	电极色标	
			正极	负极
DC	B（铂铑 30–铂铑 6）	铜 – 铜	红	灰
SC	S（铂铑 10–铂）	铜 – 铜镍 0.6	红	绿
RC	R（铂铑 13–铂）	铜 – 铜镍 0.6	红	绿
KCA	K（镍铬 – 镍硅）	铁 – 铜镍 22	红	蓝

注：铜镍 0.6 表示该合金含 99.4% 的铜和 0.6% 的镍，其余同理。

补偿导线分为延伸型（X 型）补偿导线和补偿型（C 型）补偿导线。延伸型补偿导线选用的金属材料与热电极材料相同；补偿型补偿导线选用的金属材料与热电极材料不同。

除上述六种冷端处理方法外，还有很多其他方法，如 PN 结冷端温度补偿法、软件处理法等，可参阅相关资料，也可自行设计冷端补偿电路。

工程应用

项目 2.1　热电偶温度传感器在炉温测量中的应用

一、行业背景

2024 年，中国汽车玻璃行业保持增长态势，产量约 1.95 亿 m^2，销量约 4500 万 m^2。

增长主要得益于汽车整体产销量的提升（产销超 3100 万辆，同比增长 3.7% 和 4.5%）和新能源汽车市场的快速发展（产销超 1280 万辆，同比增长 34.4% 和 35.5%）。同时，政策支持和技术创新推动了行业向高性能、绿色化方向发展。

二、项目描述与要求

1. 项目描述

设计一个炉温测量系统，使用型号为 WRNK–131 的 K 型热电偶。该热电偶具有弯曲能力强、耐高压、快速热响应和坚固耐用等优点。它可作为测量温度的变送器，与显示仪表、记录仪表和电子调节器配套使用。同时，它也可作为装配式热电偶温度传感器的感温元件，支持 K 型热电偶分度表，温度测量范围为 0 ～ 1100℃。

2. 项目要求

要求 1：绘制 MAX6675–K 型热电偶模块电路原理图。

要求 2：绘制系统硬件电路原理图。

要求 3：绘制系统软件运行流程图。

要求 4：设计 MAX6675–K 型热电偶模块的温度采集转换子程序。

要求 5：进行系统仿真调试。

要求 6：培养细致操作和遵循流程的素养。

要求 7：培养追求探索和永不放弃的精神。

三、项目分析与计划

项目名称	热电偶温度传感器在炉温测量中的应用
序号	项目计划
1	
2	
3	

四、项目内容

1. MAX6675–K 型热电偶模块

（1）K 型热电偶　K 型热电偶如图 2-24 所示，通常与显示仪表、记录仪表和电子调节器配套使用。它可测量 0 ～ 1300℃范围内的液体、蒸汽、气体和固体表面的温度。K 型热电偶的热电极直径一般为 1.2 ～ 4.0mm。

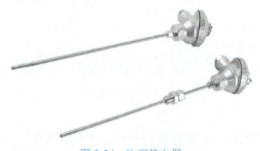

图 2-24　K 型热电偶

　　型号为 WRNK–131 的热电偶是 K 型热电偶，测温范围为 0 ～ 1100 ℃。它采用 GH3030 材料作为保护管材料。型号 WRNK–131 中，W 代表温度仪表，R 代表热电偶，N 代表镍铬 – 镍硅热电偶，K 代表铠装式，"–"表示热电极对数为单对，1 表示安装固定装置为无固定形式，3 表示接线盒形式为防水式，1 表示工作段形式为绝缘式。

　　（2）数字温度转换芯片 MAX6675　MAX6675 是一种可靠且稳定的芯片，适用于对 K 型热电偶进行冷端补偿和数字处理。它广泛应用于工业、仪器仪表和自动化等领域。MAX6675 具有简单的 SPI（串行）外设接口，输出温度值，测温范围为 0 ～ 1024 ℃，分辨率为 12 位 0.25 ℃。MAX6675 内部电路如图 2-25 所示。它内部集成了冷端补偿，具有高阻抗差动输入和热电偶断线检测功能。芯片工作在单一 5V 电源电压下，具有低功耗特性。它的工作温度范围为 –20 ～ 85 ℃，并具有 2000V 的 ESD（静电放电）保护。该芯片采用 8 引脚 50 贴片封装，其引脚如图 2-26 所示，引脚功能见表 2-5。

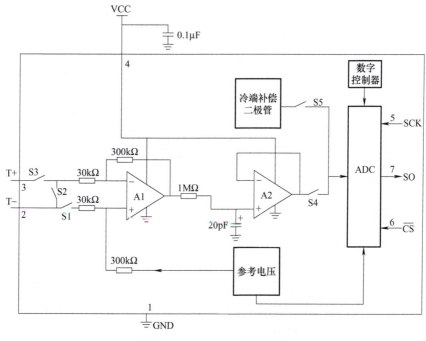

图 2-25　MAX6675 内部电路

表 2-5　MAX6675 的引脚功能

引脚	名称	功能
1	GND	接地端
2	T–	K 型热电偶负极
3	T+	K 型热电偶正极
4	VCC	电源端
5	SCK	串行时钟输入
6	$\overline{CS}$	CS 为低时，启动串行接口
7	SO	串行数据输出
8	N.C.	空引脚

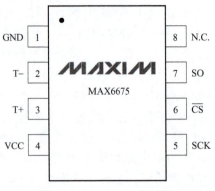

图 2-26　MAX6675 的引脚

要求 1： 绘制 MAX6675-K 型热电偶模块电路原理图，如图 2-27 所示。

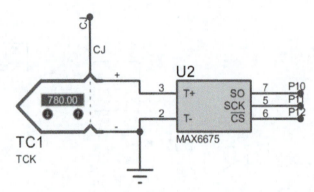

图 2-27　MAX6675-K 型热电偶模块电路原理图

2. 系统硬件组成

本系统主要由以下硬件组成：热电偶温度采集电路、MAX6675 温度处理电路、AT89C51 单片机控制电路、超量程报警电路和液晶显示电路。热电偶采用 K 型热电偶，通过双绞线与 MAX6675 芯片连接。MAX6675 芯片通过 SPI 传输数据，由 AT89C51 单片机控制。系统还具有报警功能，当温度超出设定范围时会触发报警电路。AT89C51 单片机通过 74LS245 双向总线收发器对 LCD1602 液晶显示器进行控制，以快速显示测温结果。

要求 2： 绘制系统硬件电路原理图，如图 2-28 所示。

3. 系统软件设计

系统软件设计主要包括主程序、温度采集转换子程序、延时子程序、超量程报警子程序、显示子程序等功能模块的设计。主程序负责调用其他子程序，并对温度数据进行快速的算法处理。温度采集转换子程序将 MAX6675 转换得到的温度数字量读入单片机，并进行处理以得到 12 位的数字温度值。超量程报警子程序判断温度值是否超出测量范围。显示子程序将计算后的温度值进行显示。

要求 3： 绘制系统软件运行流程图，如图 2-29 所示。

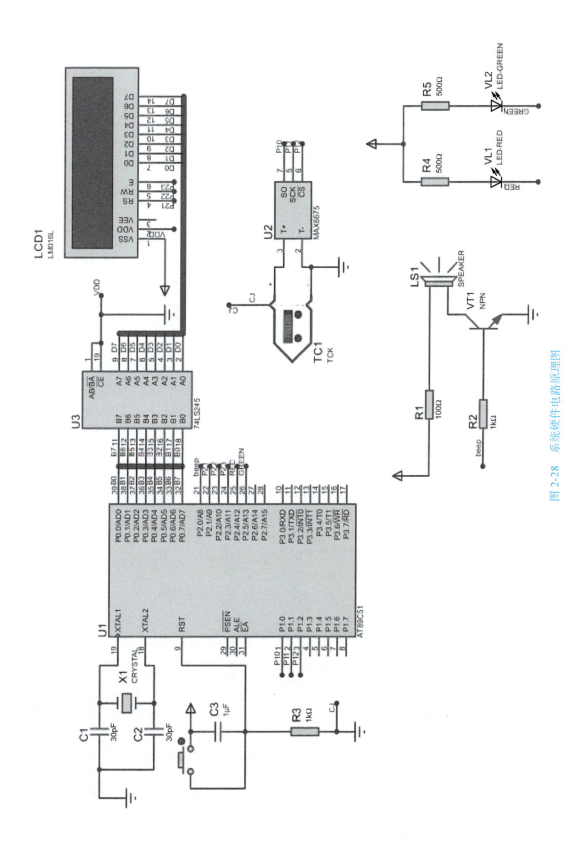

图 2-28 系统硬件电路原理图

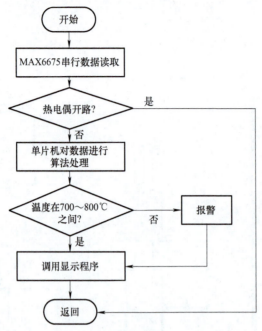

图 2-29　系统软件运行流程图

4. 温度采集转换子程序设计

温度采集转换子程序主要操作 MAX6675，它以 SPI 方式输出数据，基本过程如下。单片机使片选信号 CS 变低，并提供时钟信号给串行时钟 SCK，通过串行数据线 SO 读取测量结果。片选信号变低会停止转换过程，而片选信号变高则启动新的转换过程。一个完整的串行接口读操作需要 16 个时钟周期，在时钟的下降沿读取 16 个输出位。其中，第 1 位和第 15 位是伪标志位，固定为 0；第 14 位到第 3 位按从最高有效位（Most Significant Bit，MSB）到最低有效位（Least Significant Bit，LSB）顺序排列转换后的温度值；第 1 位为低以提供 MAX6675 芯片的身份码，第 0 位为三态。12 位有效位全为 0，表示被测温度为 0℃；12 位有效位全为 1，表示被测温度为 1023.75℃。MAX6675 经过激光修正，转换的数字量与被测温度值之间具有较好的线性关系，可使用公式"温度值 =1023.75× 转换后的数量 /4095"计算。

要求 4： 设计 MAX6675-K 型热电偶模块的温度采集转换子程序。

核心代码如下：

```
void InitMax6675(){                    // 初始化 MAX6675 函数
    CS = 1;
    SCLK = 0;
    SO = 1;
Delay(1);
}

uchar ReadMax6675(){                   // 读取 MAX6675 函数
uchari,j,k=0;
    CS = 0;
    _nop_();
    _nop_();
    for(i=0;i<16;i++){                 // 从 SO 线读出 16 位数据
```

```
        SCLK = 0;
        k<<=1;
        j = SO;
        if(j==1)
            k++;
        SCLK = 1;
    }
    CS = 1;
    return(k>>3);                        // 返回 14 位数据，即温度值
}
```

代码相关说明如下：

1）本代码使用的是 AT89C51 单片机，如果使用其他型号的单片机，请按照相应的引脚对程序进行修改。

2）MAX6675 为 SPI 温度传感器，需要先进行初始化，并通过 SO 线读取 16 位数据，其中前 2 位为无效数据，后 14 位为实际温度值，因此读取时需要将返回的数据右移 3 位，得到 14 位温度值。

3）LCD1602 为 16×2 字符液晶显示屏，使用 8 位数据总线，需要分别写入命令和数据，才能控制光标位置、显示内容等。

4）代码中还包含了一些延时函数，根据需要可以自行调整。

5. 系统仿真调试

要求 5：进行系统仿真调试。

在 Proteus 软件中，系统启动时显示"Welcome to use!"的仿真图，如图 2-30 所示，通常指软件启动后立即呈现的初始界面。这个界面中可能包括软件的 Logo（徽标）、版本信息、项目加载状态以及可能的欢迎屏幕，还提供快速访问按钮以开始新的设计、打开现有项目或获取帮助。此外，如果用户之前进行了仿真设置或仿真正在运行，启动时也可能显示相关的仿真参数或结果。

如图 2-31 所示，当系统所测温度值为 540℃时，液晶显示器上显示出当前的温度值为 540℃，该温度值在所设定的量程范围之外，因此系统发出报警信息，蜂鸣器发出蜂鸣声，同时红色 LED（发光二极管）不断闪烁。

如图 2-32 所示，当系统所测温度值为 700℃时，液晶显示器上显示出当前的温度值为 700℃，该温度值在所设定的量程范围之内，因此系统不会发出报警信息，蜂鸣器不发出蜂鸣声，同时绿色 LED 常亮。

由仿真结果可知，该测温系统能够通过 K 型热电偶准确地测量出实时温度，经过 MAX6675 转换后送入单片机，并通过液晶显示器显示出温度值，当温度值在量程范围外时，系统能够报警。本次设计达到了预期，符合设计要求，是一次成功的设计。

五、项目小结

系统仿真过程中你失败了几次？阐述失败的原因。

六、拓展实践

查阅资料，找出可以替代 MAX6675-K 型热电偶模块的产品，并写出产品的型号、品牌、价格、参数。

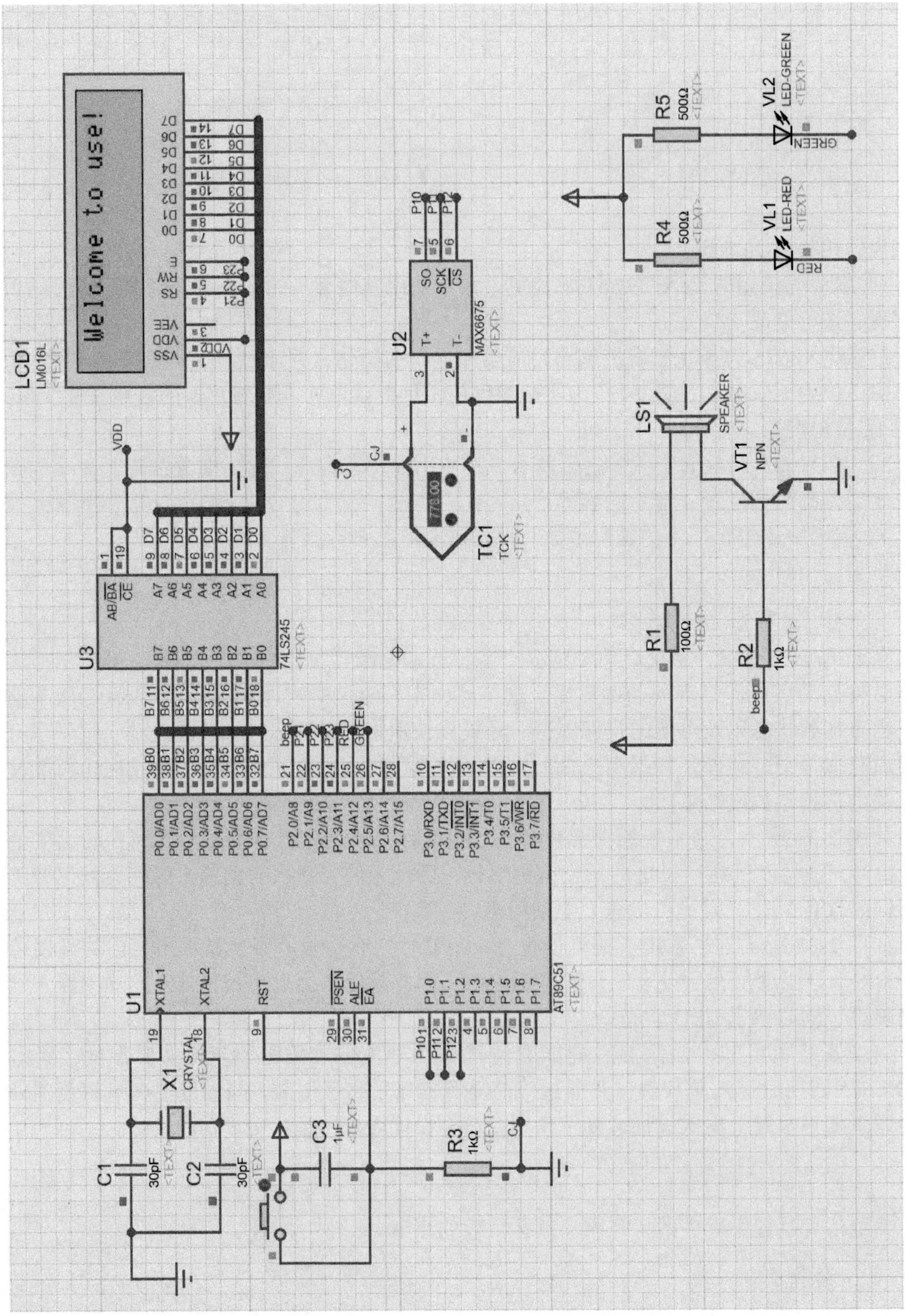

图 2-30 系统启动时显示 "Welcome to use!" 的仿真图

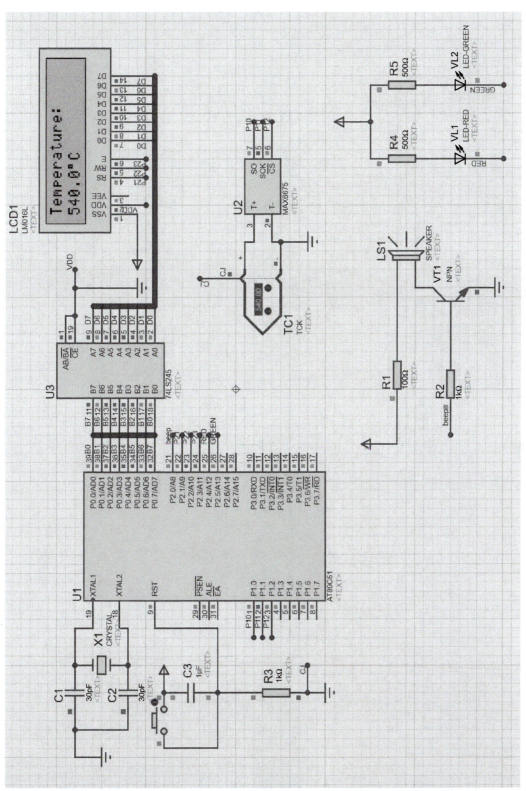

图 2-31　温度值为 540℃时的仿真

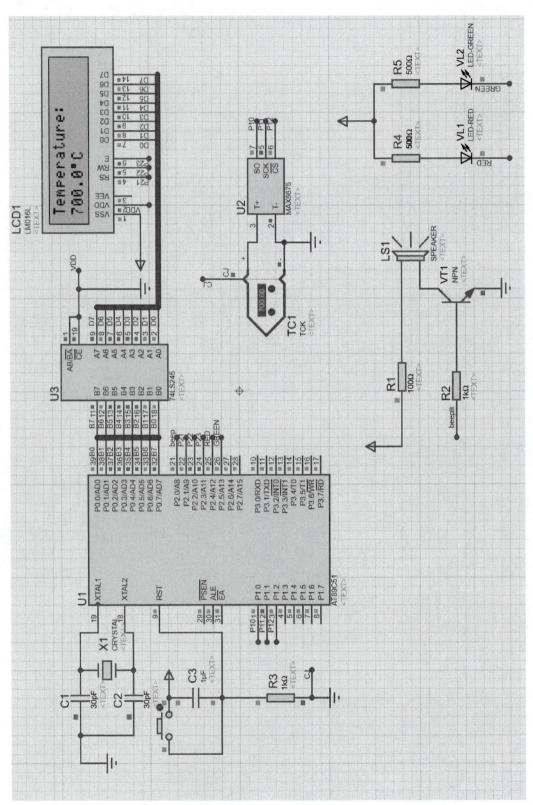

图 2-32 温度值为 700℃时的仿真

项目 2.2　热电阻温度传感器在石油提炼中的应用

一、行业背景

在加热过程中，原油的成分按沸点从低到高依次转化为气体。石油提炼就是通过蒸馏将原油分离为不同温度下的馏分。温度控制对于提炼过程十分重要，过高或过低的温度都会影响提炼效果。Pt100 是一种常用的测温元件，具有高精度、良好稳定性和抗干扰能力，在 −50 ～ 600℃范围内应用广泛。铂热电阻与温度呈非线性关系，需要进行非线性校正。

二、项目描述与要求

1. 项目描述

完成基于 51 单片机的 Pt100 温度计程序设计。

2. 项目要求

要求 1：绘制 Pt100 温度传感器与放大电路原理图。

要求 2：绘制系统硬件电路原理图。

要求 3：设计 Pt100 温度传感器模块程序。

要求 4：进行系统仿真调试。

要求 5：培养保持初心、坚守梦想的品德修养。

三、项目分析与计划

项目名称	热电阻温度传感器在石油提炼中的应用
序号	项目计划
1	
2	
3	

四、项目内容

1. Pt100 温度传感器

Pt100 温度传感器用于将温度变量转换为标准化的输出信号。它主要用于测量和控制工业过程中的温度参数。温度传感器通常由热电偶或热电阻组成，而信号转换器包含测量单元、信号处理和转换单元。Pt100 温度传感器如图 2-33 所示。

Pt100 温度传感器的主要技术参数如下：

1）测量范围：−200 ～ 850℃。

2）允许偏差值：±（0.3+0.004$|t|$）℃，其中 t 为实际温度值，单位为℃。

3）A 级：±（0.15 + 0.002$|t|$）。

4）B 级：±（0.30 + 0.005$|t|$）。

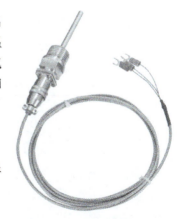

图 2-33　Pt100 温度传感器

5）热响应时间：<30s。

6）最小置入深度：≥200mm。

7）允许通过电流：≤5mA。

此外，Pt100 温度传感器还具有抗振动、稳定性好、准确度高、耐高压等优点。

Pt100 温度传感器可以采用三根芯线进行连接。其中，A 线与 B 线或 C 线之间的阻值常温下约为 110Ω，B 线与 C 线之间为 0Ω，B 线与 C 线在内部是直通的。仪表上接传感器的固定端子有三个：A 线接一个固定端子，B 线和 C 线接另外两个固定端子，B 线和 C 线的位置可以互换，但都需要接上。若中间使用加长线，则三条导线的规格和长度需相同。

2. LM324 运放电路

LM324 是一种四路运算放大器集成电路，由四个高增益放大器组成。LM324 可以使用单个电压源进行操作，也可以使用分压供电。它内部提供频率补偿功能，确保高增益放大器在宽频率范围内正常工作。LM324 的电源电流消耗与其供电电压几乎无关。当增益设为 1 时，LM324 可以通过温度补偿来处理输入偏置电流和交叉频率，而无须使用两个电源。该器件的差分输入电压可以等于地电压，同时也能轻松实现 100 倍的直流电压增益。LM324 实物如图 2-34 所示。

图 2-34　LM324 实物

LM324 有四种封装形式，分别为陶瓷双列直插封装（Ceramic Dual In-line Package，CDIP）、塑料双列直插封装（Plastic Dual In-line Package，PDIP）、小外形集成电路（Small Outline Integrated Circuit，SOIC）和薄型收缩小外形封装（Thin Shrink Small Outline Package，TSSOP）。可以查阅数据手册了解所有封装的物理尺寸。LM324 的引脚及其功能如图 2-35 所示。

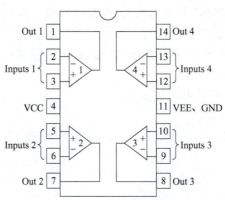

图 2-35　LM324 的引脚及其功能

引脚 1 是运算放大器 1 的输出端，用于获取输出信号；引脚 2 和引脚 3 分别是运算放大器 1 的反相输入端和同相输入端，用于接入输入信号；引脚 4 是电源正极 VCC，用于供电；引脚 5 和引脚 6 是运算放大器 2 的同相输入端和反相输入端；引脚 7 是运算放大器 2 的输出端；引脚 8 是运算放大器 3 的输出端，引脚 9 和引脚 10 分别是运算放大器 3 的反相输入端和同相输入端；引脚 11 是接地端，用于单电源操作时接地，双电源操作时可接负电源 VEE；引脚 12 和引脚 13 是运算放大器 4 的同相输入端和反相输入端；引脚 14 是运算放大器 4 的输出端。整体来看，LM324 通过不同的引脚配置，实现了四个独立运放的功能，适用于多种模拟信号处理场景。

要求 1：绘制 Pt100 温度传感器与放大电路原理图，如图 2-36 所示。

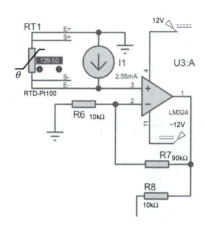

图 2-36　Pt100 温度传感器与放大电路原理图

3. 系统硬件组成

本系统的硬件主要有 Pt100 温度传感器、LM324 放人电路、AT89C51 单片机控制电路、ADC0804 A/D 转换器、液晶显示电路和电源模块。

系统工作原理如下。Pt100 温度传感器受热后改变阻值，产生相应的电流信号。LM324 放大电路对该信号进行放大和处理后，将模拟信号发送到 ADC0804 A/D 转换器转换为数字信号，这些数字信号被发送到 AT89C51 单片机进行运算和处理，最终处理得到的温度值通过液晶显示器显示出来。

要求 2：绘制系统硬件电路原理图，如图 2-37 所示。

4. 系统程序设计

要求 3：设计 Pt100 温度传感器模块程序。

核心代码如下：

```
unsigned int ADC_In(unsigned char ch) {
    unsigned int adc_data;
    // 设置ADC通道：假设ADCON0的CHS位为第5～3位
    ADCON0 = (ADCON0 & 0xC7) | (ch << 3);      // 清除旧通道，设置新通道
    ADCON0 |= 0x04;                            // 启动转换（设置GO位）
    while (ADCON0 & 0x04);                      // 等待转换完成（GO位自动清零）
    // 读取结果（右对齐，ADFM=1）
    adc_data = (ADRESH << 8) | ADRESL;         // 组合10位结果
    return adc_data;
```

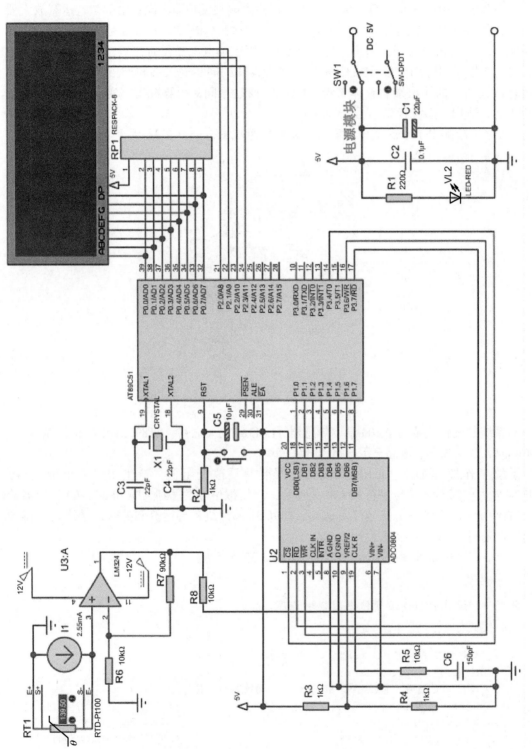

图 2-37　系统硬件电路原理图

```c
}

void main() {
    int temp_times_10;                          // 温度乘以 10, 保留 1 位小数
    float R, temperature;
    unsigned char hundreds, tens, ones, sign;

    // 初始化 ADC
    ADCON1 = 0x8E;                              // 右对齐, AN0 为模拟输入,
                                                // 其他为数字

    ADCON0 = 0x41;                              //ADON=1,Fosc/8, 通道 0

    init_lcd();                                 // 初始化 LCD1602

    while (1) {
        unsigned int adc_value = ADC_In(0);     // 读取通道 0
        R = (adc_value * 5.0 / 1023) / 0.01;    // 计算电阻, 单位为 Ω
        temperature = (R - 100) / 0.385;        // 计算实际温度
        temp_times_10 = (int)(temperature * 10 + 0.5);    // 四舍五入

        // 处理负温度
        sign = (temp_times_10 < 0) ? 1 : 0;
        if (sign) {
            temp_times_10 = -temp_times_10;
        }

        hundreds = temp_times_10 / 100;
        tens = (temp_times_10 % 100) / 10;
        ones = temp_times_10 % 10;

        WriteCommand(0x80);                     // 光标移到第 1 行首位
        WriteData('T');
        WriteData(':');
                                                // 显示符号
        if (sign) WriteData('-');
        else WriteData(' ');                    // 正数显示空格
                                                // 显示温度值
        WriteData(hundreds + '0');
        WriteData(tens + '0');
        WriteData('.');
        WriteData(ones + '0');
        WriteData(0xDF);                        // "℃" 符号
        WriteData('C');
        delay(500);
    }
}
```

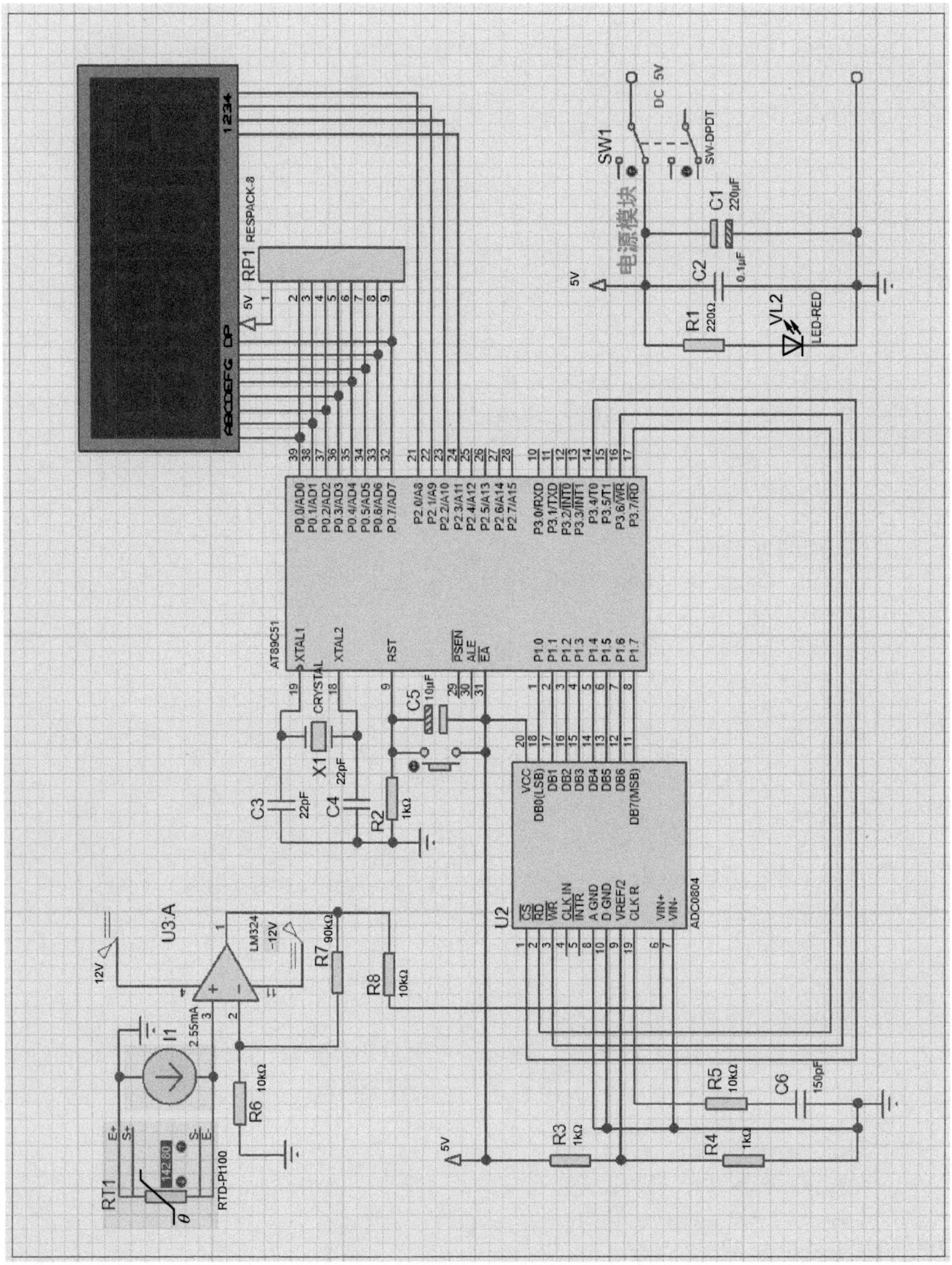

图 2-38 系统启动时的仿真图

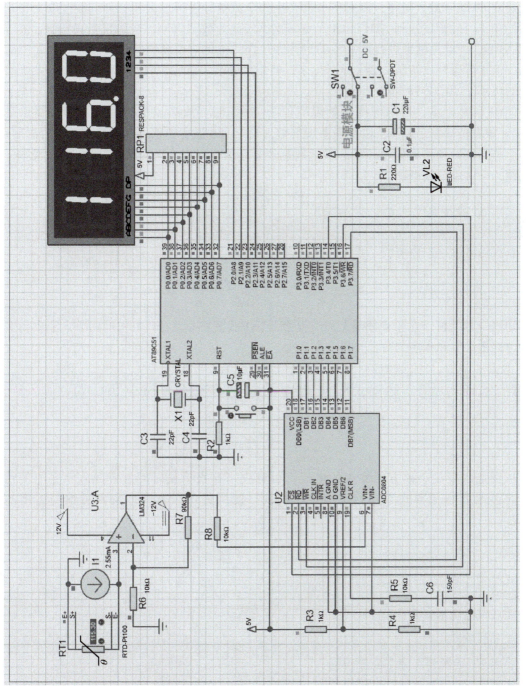

图 2-39 温度值为 116℃时的仿真

5. 系统仿真调试

要求 4： 进行系统仿真调试。

在仿真软件中，首先，打开系统并配置 Pt100 温度传感器模拟受热后的阻值变化。其次，建立 LM324 放大电路，以对传感器产生的电流信号进行放大和处理。经过放大和处理后的模拟信号被发送到 ADC0804 A/D 转换器转换为数字信号，这些数字信号随后被传送到 AT89C51 单片机中进行进一步的运算和处理，包括对温度值的计算。最后，处理后的温度值被传递到液晶显示器上显示出来，使用户能够轻松地获取实时温度信息。系统启动时的仿真图如图 2-38 所示。

如图 2-39 所示，当系统测得的温度值为 116℃时，液晶显示器上显示的温度也是 116℃。根据仿真结果，该温度测量系统能够通过 Pt100 温度传感器准确地测量实时温度，并将转换后的数值传输给单片机，最后通过液晶显示器显示出温度值。这符合设计要求，可以视为一次成功的设计。

五、项目小结

系统仿真过程中你失败了几次？阐述失败的原因。

六、拓展实践

请结合合本项目，在原有基础上加上报警器，并设置温度大于 135℃时报警。完成新实验的电路图绘制和程序编写，并提交实验报告。

项目 2.3　热敏电阻温度传感器在恒温烧水壶中的应用

一、行业背景

恒温烧水壶是一款方便实用的电器，可解决烧开水后长时间放置导致水变凉的情况。该壶具备保温模式和预约定时烧水功能，使用者可以方便地喝到可饮用温度的热水。

二、项目描述与要求

1. 项目描述
完成恒温烧水壶的设计。

2. 项目要求

要求 1：绘制恒温烧水壶原理图。
要求 2：绘制系统硬件电路原理图。
要求 3：主要功能程序设计。
要求 4：培养严谨治学、追求卓越的学术研究素养。
要求 5：培养挑战自我、勇于创新的实践能力。

三、项目分析与计划

项目名称	热敏电阻温度传感器在恒温烧水壶中的应用
序号	项目计划
1	
2	
3	

四、项目内容

1. 主控设计

在恒温烧水壶中，NTC 热敏电阻温度传感器常用于测量水温。以下是恒温烧水壶的系统组成、工作原理、原理图和 PCB（印制电路板）原理图。

（1）系统组成　恒温烧水壶系统主要由以下部分组成。

1）NTC 热敏电阻温度传感器：用于测量水温变化。

2）微处理器或控制芯片：负责接收和处理传感器输出的信号。

3）加热元件：根据测得的水温信号控制加热功率。

4）温度显示器：显示当前水温。

5）控制面板：用户可以通过控制面板设置目标温度等参数。

（2）工作原理　NTC 热敏电阻温度传感器被放置在恒温烧水壶内部，与水直接接触。NTC 热敏电阻的阻值随温度变化而变化，电阻的温度系数为负。传感器将水的温度转换为阻值，并发送给微处理器或控制芯片。微处理器或控制芯片根据接收到的阻值，通过查表或计算，确定当前水温。根据当前水温与目标温度的比较，微处理器或控制芯片决定是否启动加热元件。如果当前水温低于目标温度，加热元件将被启动以加热水。反之，如果当前水温达到或超过目标温度，加热元件会停止工作。同时，当前水温也会通过温度显示器显示出来，供用户参考。用户可以通过控制面板设置目标温度及其他参数，微处理器或控制芯片据此进行相应调节。

这样，恒温烧水壶利用 NTC 热敏电阻温度传感器实时监测水温，并通过控制加热元件的工作将水温保持在设定范围内，从而实现恒温的效果。

（3）恒温烧水壶原理图

要求 1：绘制恒温烧水壶原理图，如图 2-40 所示。

（4）PCB 原理图　PCB 原理图如图 2-41 所示。

2. 电源设计

电源电路原理图如图 2-42 所示。

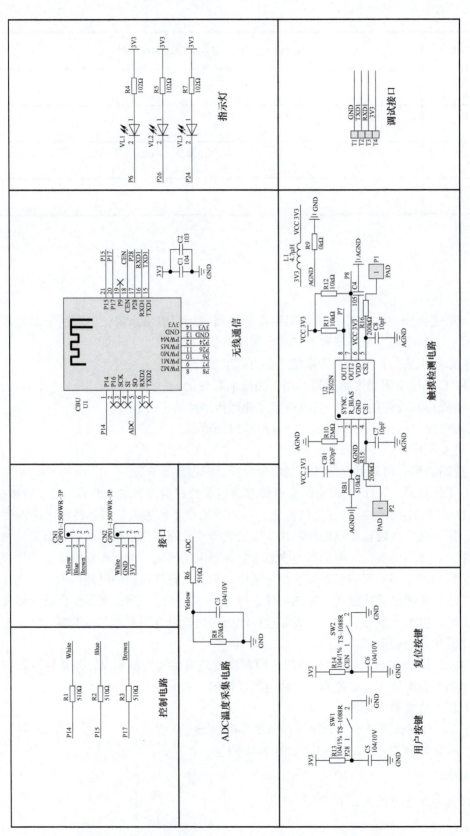

图 2-40 恒温烧水壶原理图

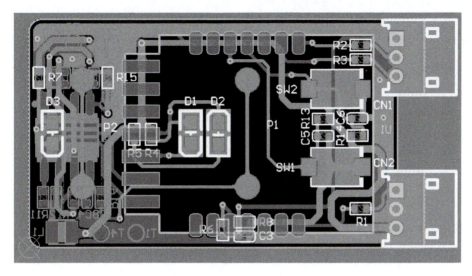

3. 功能模块

（1）电源电路 该电源系统具备多种保护功能，包括过温保护、VCC 欠电压锁定保护、过载保护、短路保护和开环保护。电路是一个 220V 转 5V 的降压电路，输入级由熔断电阻 F2、防雷压敏电阻 RV1、整流桥堆 D3、EMI（电磁干扰）滤波电容 C5 和 C6 和滤波电感 L1 构成。F2 既限制了 D3 的浪涌电流，又衰减差模噪声，并在其他元件发生短路故障时充当输入熔体，确保安全开路，不产生冒烟、冒火或过热发光现象。RV1 用于防雷保护，提高系统可靠性。功率处理级由宽电压、高效率的电源芯片 MP174A、续流二极管 D5、输出电感 L2 和输出电容 C4 构成。整体电路的特点是无噪声且发热低。

（2）NTC 热敏电阻温度传感器 精准控温使用的是华工高理温度传感器，感温精确达到 ±1%（B=3950K，R=10kΩ），温度传感器实物如图 2-43 所示。

温度探头使用 100kΩ 负温度系数的热敏电阻检测温度。温度检测电路如图 2-44 所示，电路中的 R5、R7 和 ADC 位于电源板上，其余部分在主控板上。通过采集 NTC 热敏电阻的阻值并利用 ADC 测量电压，可以计算出对应的温度值。图 2-44 中，R8 是 20kΩ 定值电阻，R7 是 NTC 热敏电阻（在常温下约为 100kΩ）。

（3）STRIX 温控器 恒温烧水壶通过增设限温自动控制器（简称温控器）来提高安全性能。当水沸腾时，产生的水蒸气使感温元件的双金属片变形，驱动微型开关切断电源，从而保证安全性。一些高品质的恒温烧水壶采用类似记忆合金的新型热敏材料作为温控器，称为自动恒温控制开关，当壶内水面低于电热管（电热管温度达到 100℃ 以上）时，自动恒温控制开关会自动切断电源，以防止损坏。温控器正面如图 2-45 所示。

为确保温控器在潮湿环境下稳定运行，需采取防潮和防锈措施。首先，在背面加装高性能防潮材料，配合湿度调节设备，有效隔绝湿气，防止元件老化和电路短路。其次，对金属部件涂布防锈漆或油，定期检查清理，避免锈蚀，保障温控器长期可靠运行，延长使用寿命。温控器背面图如图 2-46 所示。

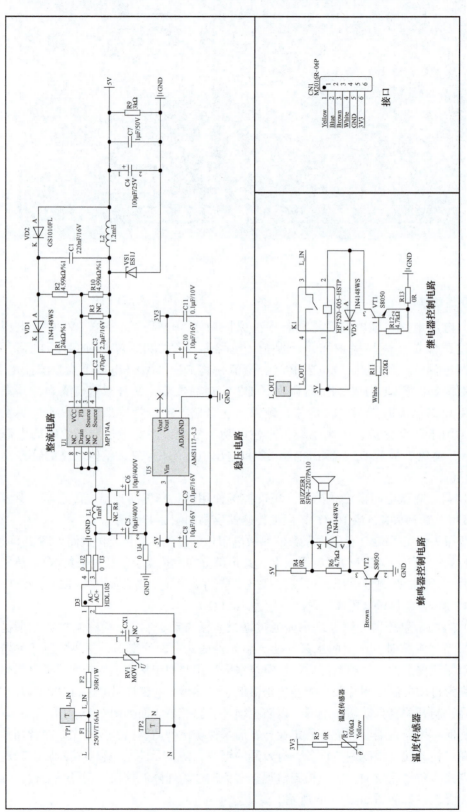

图 2-42 电源电路原理图

图 2-43　温度传感器实物

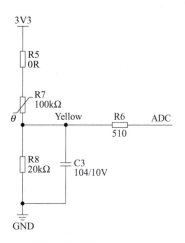

图 2-44　温度检测电路

图 2-45　温控器正面

图 2-46　温控器背面

（4）蜂鸣器　蜂鸣器的工作发声原理如下：方波信号输入，通过谐振装置转换为声音信号输出，如图 2-47 所示。蜂鸣器控制电路如图 2-48 所示。

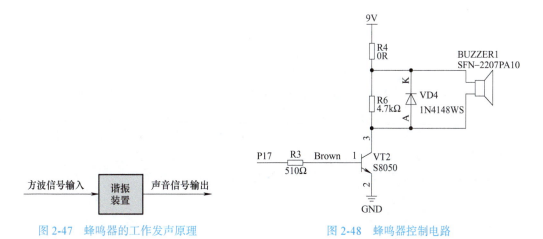

图 2-47　蜂鸣器的工作发声原理

图 2-48　蜂鸣器控制电路

蜂鸣器引脚说明见表 2-6。在蜂鸣器的应用中，ADC 引脚可以用于接收模拟信号，并将其转换为数字信号，以便微控制器或其他数字电路进行处理。如果蜂鸣器用于感应环境声音，ADC 引脚还可以连接到声音传感器，将声音信号转换为数字信号供进一步分析。P17 引脚可以作为一个特定的 GPIO（通用输入输出）引脚编号，用于控制蜂鸣器的开关。在某些情况下，P17 可能被配置为输出引脚，通过输出高电平或低电平来控制蜂鸣器发声或停止发声。例如，单片机的某个 GPIO 引脚可以通过编程来控制蜂鸣器，实现按键提示音、报警音等功能。

表 2-6　蜂鸣器引脚说明

引脚	说明
TUYA_ADC2	ADC
buzzer_pin	P17

4. 系统硬件电路原理图

要求 2：绘制系统硬件电路原理图，如图 2-49 所示。

主控板包含主控芯片、无线信号接收与发送装置，可集成或独立存在。主控板还设有煮沸和保温的控制开关。电源板上有一个继电器，包含继电器线圈和继电器开关。继电器线圈与主控板电性连接，继电器开关与加热电路电性连接，并控制加热电路的开关状态。

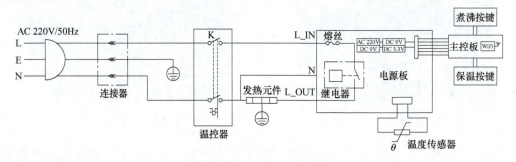

图 2-49　系统硬件电路原理图

5. 程序设计

要求 3：主要功能程序设计。

1）温度采集方案设定。根据上面所述的测温原理可知，需要使用 ADC 采集功能测量出热敏电阻两端的电压，因此使用所选 SOC（单片系统）自带的 ADC 采样功能进行电压采集，此 SOC 自带 12 位精度的 ADC，可以满足本项目的采样精度要求。

得到电压后，按照上述原理进行 C 语言代码实现，计算出当前温度值。

2）蜂鸣器驱动。采用频率为 5kHz 的脉冲驱动蜂鸣器，本项目中蜂鸣器用于按键按下提示音以及实现高温报警功能。

b3950.c 文件中的代码主要用于实现温度采集，具体代码如下：

```
int  cur_temper_get()
{
    int Rt = 0;
    float Rp = 100000;
```

```
float T2 = 273.15 + 25;
float Bx = 3950;
float Ka = 273.15;
int temp = 0;
/*Collect AD data and store it in adc_buffer*/
tuya_adc_convert(temper_adc,&adc_buf,1);
/*req_val(0-4096)- V(0-2.4)*/
volt =(float)adc_buf *2.4/ 4096;
//volt = adc_buf;
Rt =(3.3 - volt)*20000/volt;
PR_DEBUG("Rt:%d",Rt);
temp =(int)(1/(1/T2+log(Rt/Rp)/Bx)-Ka+0.5);
PR_DEBUG("volt:%f",volt);
return temp;
}
```

五、项目小结

绘制 NTC 热敏电阻温度传感器原理图时需要注意的点有哪些？阐述重点原因及其在其他类似原理图的绘制中是否用到。

六、拓展实践

请结合本项目，在原有的基础上加上报警器，并设置温度大于 135℃时报警。完成新实验的电路图绘制和程序编写，并提交实验报告。

思考与练习

2-1　将灵敏度为 0.08mV/℃的热电偶与电压表相连，电压表接线端为 50℃，电压表读数为 60mV，求热电偶的测量端温度。

2-2　热电偶在工程中使用补偿导线的原因是什么？使用补偿导线时应注意什么？

2-3　要测量钢水温度、汽轮机高压蒸汽温度、内燃机气缸四个冲程中的温度变化，应分别选用哪种类型的热电偶？

2-4　热电偶的四个基本定律是什么？有什么实用性？

2-5　简述热电阻温度传感器的测温原理。

2-6　热敏电阻温度传感器的主要优缺点是什么？按温度特性分为哪几种类型？

2-7　为什么热电阻温度传感器与指示仪表之间要采用三线制接线？对三根导线有什么要求？

2-8　若被测温度点距离测温仪 500cm，则应选用哪种温度传感器？为什么？若要测量变化迅速的 200℃温度，则应选用哪种温度传感器？测量 2000℃的高温又应选用哪种温度传感器？请说明原理。

第3章

压力传感器

压力传感器种类繁多，应用领域也十分广泛。压力传感器的基本原理是将各种被测物理量（如压力、加速度等非电量）的变化转换成电阻或电压的变化，然后通过对电阻或电压变化量的测量，达到非电量检测的目的。本章主要介绍的压力传感器有应变式传感器、电容式传感器、压电式传感器等，重点分析它们的工作原理及其在工程技术中的应用。

理论知识

3.1 应变式传感器

应变式传感器的发展具有悠久的历史，早在 1856 年，W. 汤姆孙在轮船上往大海里铺设海底电缆时就发现，电缆的电阻由于拉伸而增加，继而对铜丝和铁丝进行拉伸试验，得出如下结论：金属丝的应变和电阻的变化有一定的函数关系，说明应变关系可转换为电流变化的关系，可用电学方法测定应变。1938 年，E. 西蒙斯和 A. 鲁奇制出了第一批实用的纸基丝绕式电阻应变片。1953 年，P. 杰克孙利用光刻技术，首次制成了箔式应变片。随着微光刻技术的发展，这种应变片的栅长可小到 0.178mm。1954 年，C.S. 史密斯发现半导体材料的压阻效应，1957 年，W.P. 梅森等研制出半导体应变片，其灵敏系数比金属丝式应变片高 50 倍以上，还有各种利用应变片制作的传感器，用它们可以测量力、应力、应变、荷重等物理量。

应变式传感器是一种利用金属弹性体、电阻应变片将力转换为电信号的传感器。应变式传感器由弹性敏感元件、电阻应变片及信号调理电路构成。弹性敏感元件在感受被测量时将产生变形，其表面产生应变，并传递给与弹性敏感元件结合在一起的电阻应变片，从而使电阻应变片的电阻产生相应变化，再将电阻应变片接入由电桥组成的信号调理电路中，通过测量电桥输出电压的变化，就可以确定被测量的大小。

3.1.1 应变式传感器的工作原理

金属或半导体材料在外界力的作用下会产生机械变形，其电阻也将随之发生变化的物理现象，称为应变效应。下面以金属丝式应变片为例分析应变效应。

一段长为 L、截面积为 S、电阻率为 ρ 的金属丝如图 3-1 所示，当金属丝未受力时，初始阻值为

$$R = \rho \frac{L}{S} \tag{3-1}$$

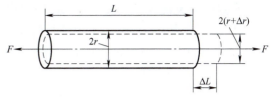

图 3-1　金属丝

当受到拉力 F 的作用时，金属丝将伸长 ΔL，截面积相应减少 ΔS，电阻率因金属晶格发生形变等因素的影响也将改变 $\Delta \rho$，从而引起金属丝电阻的改变。

对式（3-1）进行全微分，得

$$dR = \frac{\rho}{S} dL - \frac{\rho L}{S^2} dS + \frac{L}{S} d\rho \tag{3-2}$$

用式（3-2）除以式（3-1），得

$$\frac{dR}{R} = \frac{dL}{L} - \frac{dS}{S} + \frac{d\rho}{\rho} \tag{3-3}$$

若金属丝的截面是圆形，设半径为 r，则有 $S = \pi r^2$，对 S 微分得 $dS = 2\pi r dr$，则有

$$\frac{dS}{S} = 2 \frac{dr}{r} \tag{3-4}$$

金属丝的轴向应变为

$$\varepsilon_x = \frac{dL}{L} \tag{3-5}$$

金属丝的径向应变为

$$\varepsilon_y = \frac{dr}{r} \tag{3-6}$$

根据材料力学的知识可知，金属丝在弹性范围内受拉力时，沿轴向伸长，沿径向缩短，那么轴向应变和径向应变之间的关系可表示为

$$\varepsilon_y = -\mu \varepsilon_x \tag{3-7}$$

式中，μ 为金属丝材料的泊松系数，负号表示应变方向相反。

将式（3-4）～式（3-7）代入式（3-3），得

$$\frac{dR}{R} = (1 + 2\mu)\varepsilon_x + \frac{d\rho}{\rho} \tag{3-8}$$

或

$$\frac{\frac{dR}{R}}{\varepsilon_x} = (1 + 2\mu) + \frac{\frac{d\rho}{\rho}}{\varepsilon_x}$$

令

$$K_0 = \frac{\frac{dR}{R}}{\varepsilon_x} = (1 + 2\mu) + \frac{\frac{d\rho}{\rho}}{\varepsilon_x} \tag{3-9}$$

式中，K_0 的物理意义为单位应变所引起的电阻相对变化，它被称为金属丝的灵敏度系数。从式（3-9）可以看出，单位应变引起的电阻相对变化越大，即 K_0 越大，金属丝的灵敏度越高。

金属丝的灵敏度系数 K_0 主要由以下两个因素决定。

① 金属丝受力拉伸后，材料的几何尺寸发生变化，即（$1+2\mu$），其值在 $1 \sim 2$ 之间。

② 金属丝发生轴向应变 ε_x 时，其自由电子的活动能力和数量同时也发生了变化，即 $(\mathrm{d}\rho / \rho) / \varepsilon_x$，对于金属丝来说，$K_0$ 主要由纵向应变 ε_x 决定。

金属材料受力之后所产生的纵向应变最好不要大于 1×10^{-3}（$1000\mu\mathrm{m/m}$），否则有可能超过材料的极限强度而产生非线性误差或导致断裂。

对于半导体材料，$(\mathrm{d}\rho / \rho) / \varepsilon_x$ 是（$1+2\mu$）的几十倍，$K_0 \approx (\mathrm{d}\rho / \rho) / \varepsilon_x$，表示拉应变（或压应变）会随材料的电阻率 ρ 的变化而变化。单晶硅材料在受到应力作用后，电阻率发生明显变化，这种现象被称为压阻效应。$(\mathrm{d}\rho / \rho) / \varepsilon_x$ 除了与所受到的应力 σ 成正比，还容易受到温度、光照、杂质浓度等因素的影响，使用时应考虑补偿。

大量的实验证明，金属应变片或半导体应变片的电阻相对变化量 $\mathrm{d}R/R$ 与材料力学中的纵向应变 ε_x 在很大范围内是线性关系，即

$$\frac{\mathrm{d}R}{R} = K\varepsilon_x \tag{3-10}$$

式中，K 为电阻应变片的灵敏度，略大于 K_0。

对于金属材料，K 取值一般在 2 左右，金属材料不同，K 值也略有不同。半导体材料的 K 值一般是金属材料 K 值的几十倍。

根据材料力学的知识，将 $\varepsilon_x = F / (SE)$ 代入式（3-10）可得

$$\frac{\mathrm{d}R}{R} = K\varepsilon_x = K\frac{F}{SE} \tag{3-11}$$

根据式（3-11），只要设法测出 $\mathrm{d}R/R$ 的值，再由应变片的灵敏度 K 和试件的截面积 S、弹性模量 E，就可以计算出试件受力 F 的大小。

3.1.2　电阻应变片的分类与粘贴

1. 电阻应变片的分类

电阻应变片（简称应变片或应变计）种类繁多、形式各样，分类方法各异。根据敏感元件的材料不同，将应变片分为金属应变片和半导体应变片两大类。根据敏感元件的结构不同，金属应变片又可进一步分为丝式应变片、箔式应变片和薄膜式应变片等。

（1）丝式应变片　丝式应变片如图 3-2 所示，主要由敏感栅、基底、覆盖层、引线四部分组成。敏感栅是实现应变与电阻转换的敏感元件，由直径为 $\phi0.015 \sim \phi0.05\mathrm{mm}$ 的锰白铜丝或镍铬丝绕成栅状，用黏结剂将其黏结在各种绝缘基底上，并用引线引出，再盖上既可保持敏感栅和引线形状与相对位置、又可保护敏感栅的覆盖层。应变片的阻值一般为几十欧至几十千欧。

图 3-2　丝式应变片

（2）箔式应变片 箔式应变片如图 3-3 所示。箔式应变片由采用照相制版或光刻蚀等工艺制成的很薄的金属箔栅制成，其厚度一般为 0.003 ～ 0.01mm，可以制成各种形状。与丝式应变片相比，它的表面积和截面积之比大、散热性能好、允许通过的电流较大、灵敏度高、蠕变与机械滞后较小、寿命长，可制成各种需要的形状，便于批量生产。

（3）薄膜式应变片 薄膜式应变片如图 3-4 所示，它是通过采用真空蒸镀、沉积或溅射式阴极扩散等方法在绝缘基底材料上制成一层很薄的敏感电阻膜，再加上保护层制成，厚度一般在 0.1μm 以下。薄膜式应变片也可以和弹性体键合在一起，构成整体式薄膜传感器，其优点是不易产生蠕变和滞后等。相对于丝式应变片和箔式应变片，薄膜式应变片的应变传递性能得到了极大的改善，几乎无蠕变，且灵敏度系数高、电阻温度系数小（10^{-6} ～ $10^{-5}\Omega/℃$）、稳定性好、可靠性高、工作温度范围宽（100 ～ 180℃）、使用寿命长、成本低，易实现工业化生产，是一种很有前途的新型应变片，目前在航空、航天工业及对稳定性要求较高的测控系统中得到了广泛的应用。

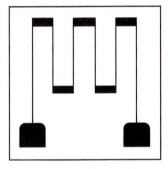

图 3-3 箔式应变片

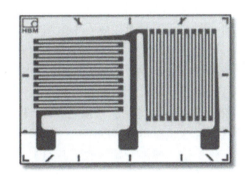

图 3-4 薄膜式应变片

（4）半导体应变片 半导体应变片如图 3-5 所示，它是将单晶硅锭切片、研磨、腐蚀压焊引线，最后粘贴在锌酚醛树脂或聚酰亚胺的衬底上制成的，是一种利用半导体单晶硅的压阻效应制成的敏感元件。压阻效应即单晶半导体材料沿某一轴向受到外力作用时，其电阻率发生变化的现象。半导体应变片需要粘贴在被测试件上直接测量试件应变，或粘贴在弹性敏感元件上间接感受被测外力。半导体应变片与金属应变片相比，具有灵敏度系数高（高 50 ～ 100 倍）、机械滞后小、体积小、耗电少等优点。随着半导体集成电路工艺的迅速发展，半导体应变片已由早期的体型半导体应变片逐步发展为扩散型、外延型和薄膜型半导体应变片，性能得到很大改善，目前主要应用于飞机、导弹、车辆、船舶、机床、桥梁等各种设备的机械量测量。

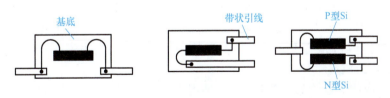

图 3-5 半导体应变片

2. 应变片的粘贴

应变片作为一种敏感元件，使用时需要粘贴在被测试件上直接测量试件应变，或粘贴在弹性敏感元件上间接感受被测外力。应变片粘贴质量的好坏直接影响应变测量的准确度，因此，正确选择黏结剂和粘贴工艺尤为重要。粘贴工艺包括被测试件粘贴表面处理、贴片位置确定、涂底胶、贴片、干燥固化、质量检查、引线的焊接与固定以及防护与屏蔽等，具体步骤如下。

（1）应变片的筛选

1）进行应变片的外观检查。要求其基底、覆盖层无破损、折曲，敏感栅平直、排列整齐，无锈斑、霉点、气泡，引线焊接牢固。可在放大镜下检查，不遗漏微小瑕疵。

2）进行应变片电阻与绝缘电阻的检查。用万用电表检查应变片的初始电阻，同一测区的应变片电阻之差应小于 0.5Ω，剔除短路、断路的应变片。

（2）测点表面处理和测点定位

1）为了使应变片牢固地粘贴在被测试件表面，必须要进行测点表面处理。测点表面处理是在测点范围内的被测试件表面上，用粗砂纸打磨，除去氧化层、锈斑、涂层、油污，使其平整光洁，再用细砂纸沿应变片轴线方向成 45° 打磨，以保证应变片受力均匀，最后用脱脂棉球蘸丙酮或酒精沿同一方向清洗贴片位置，直至棉球上无污迹。需要注意的是，测点表面处理的面积应大于电阻应变片的面积。

2）测点定位是指用划针或铅笔在测点处划出纵横中心线，纵线方向应与应变方向一致。

（3）应变片的粘贴　在贴片部位和应变片的底面均匀地涂上一层薄薄的应变片黏结剂。待黏结剂变稠后，用镊子轻轻夹住应变片的两边，贴在被测试件的贴片位置。

在应变片上覆盖一层聚氯乙烯薄膜，用手指顺着应变片的长度方向用力挤压，挤出应变片下面的气泡和多余的胶水。用手指压紧应变片，直到应变片与被测试件紧密贴合为止。松开手指，使用专用夹具将应变片和被测试件夹紧。注意按住时不要使应变片移动，轻轻掀开薄膜检查，若有气泡、翘曲、脱胶等现象，则需重贴。注意黏结剂不要用得过多或过少，过多则胶层太厚影响应变片性能，过少则粘贴不牢不能准确传递应变。

（4）应变片的干燥　应变片粘贴好后应有足够的粘接强度，以保证与被测试件共同变形。此外，应变计和被测试件间应有一定的绝缘度，以保证应变读数的稳定。因此，贴好应变片后需要进行干燥处理，用热风机进行加热，烘烤 4h，烘烤时应适当控制距离和温度，防止温度过高烧坏应变片。

（5）引线的焊接和固定　将引线焊接在应变片的接线端。在应变片引线下贴上胶带纸，以免应变片引线与被测试件接触造成短路。焊接时注意避免假焊，焊完后用万用表在引线另一端检查是否接通。

为防止拉动导线时应变片引线被拉坏，应使用接线端子。用胶水把接线端子粘在应变片引线前端，然后把应变片的引线和输出导线分别焊接到接线端子两端，以保护应变片。

（6）应变片的防潮处理　为避免胶层吸收空气中的水分而降低绝缘电阻，应在应变片接好线后立即对应变片进行防潮处理。防潮处理应根据要求和环境采用相应的防潮材料。常用的防潮剂为 704 硅胶，将 704 硅胶均匀地涂在应变片及其引线上。

（7）应变片的质量检验

1）用目测或放大镜检查应变片是否粘贴牢固，有无气泡、翘起等现象。

2）用万用表检查应变片阻值，阻值应与应变片的标称电阻值相差不大于 1Ω。

3.1.3　测量转换电路

电阻应变片将应变转换为电阻的变化，由于电阻的变化量在数值上很小，既难以直接精确测量，又不便直接处理，因此必须通过信号调理电路将应变片的电阻的变化转换为电压或电流的变化，一般采用测量电桥完成转换。

应变式传感器多采用不平衡电桥电路。电桥可以采用直流电源或交流电源供电，分别称为直流电桥和交流电桥。直流电桥可直接测量电阻的变化量，交流电桥可测量电容和电感的变化量。

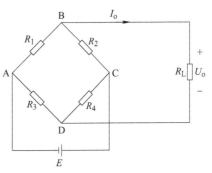

图 3-6　直流电桥电路

1. 直流电桥

（1）直流电桥的平衡条件　直流电桥电路如图 3-6 所示，图中，E 为电源电压，R_1、R_2、R_3、R_4 为桥臂电阻，R_L 为负载电阻。

当 $R_L \rightarrow \infty$ 时，电桥的输出电压为

$$U_o = E\left(\frac{R_1}{R_1 + R_2} - \frac{R_3}{R_3 + R_4}\right) \tag{3-12}$$

当电桥平衡时，$U_o = 0$，则有

$$R_1 R_4 = R_2 R_3 \tag{3-13}$$

或

$$\frac{R_1}{R_2} = \frac{R_3}{R_4} \tag{3-14}$$

此为电桥的平衡条件，即要使电桥平衡，其相邻两臂电阻应相等，或相对两臂电阻的乘积应相等。

（2）电压灵敏度　应变片工作时，其电阻的变化量很小，电桥相应输出电压也很小，一般需要加入放大器进行放大。由于放大器的输入阻抗比电桥的输出阻抗高很多，因此仍视电桥为开路。当受到外部应力时，若某一应变片电阻变化量为 ΔR，其他桥臂固定不变（称为单臂半桥电路），电桥的输出电压 $U_o \neq 0$，则电桥不平衡，输出电压为

$$
\begin{aligned}
U_o &= E\left(\frac{R_1 + \Delta R_1}{R_1 + \Delta R_1 + R_2} - \frac{R_3}{R_3 + R_4}\right) \\
&= E\frac{\Delta R_1 R_4}{(R_1 + \Delta R_1 + R_2)(R_3 + R_4)} \\
&= E\frac{\dfrac{R_4}{R_3}\dfrac{\Delta R_1}{R_1}}{\left(1 + \dfrac{\Delta R_1}{R_1} + \dfrac{R_2}{R_1}\right)\left(1 + \dfrac{R_4}{R_3}\right)}
\end{aligned} \tag{3-15}
$$

设桥臂比 $n = R_2/R_1$，由于 $\Delta R_1 \ll R_1$，因此分母中的 $\Delta R_1/R_1$ 可忽略，并考虑到平衡条件 $R_2/R_1 = R_4/R_3$，则式（3-15）可写为

$$U_o = \frac{n}{(1+n)^2}\frac{\Delta R_1}{R_1}E \tag{3-16}$$

电桥的电压灵敏度定义为

$$K_U = \frac{U_o}{\dfrac{\Delta R_1}{R_1}} = \frac{n}{(1+n)^2}E \tag{3-17}$$

分析式（3-17）可知，电桥的电压灵敏度正比于电桥的供电电压，供电电压越高，电压灵敏度越高，但供电电压的提高受到应变片允许功耗的限制，因此要进行选择；电桥的电压灵敏度是桥臂比 n 的函数，恰当选择桥臂比 n 的值，以保证电桥具有较高的电压灵敏度。

当 E 的值确定时，下面来计算 n 取何值才能使 K_U 最大。

由 $\mathrm{d}K_U/\mathrm{d}n=0$，有

$$\frac{\mathrm{d}K_U}{\mathrm{d}n} = \frac{1-n^2}{(1+n)^3} = 0 \tag{3-18}$$

求得 $n=1$ 时，K_U 为最大值。这就是说，在供电电压确定后，当 $R_1=R_2=R_3=R_4$ 时，电桥的电压灵敏度最高，此时有

$$U_\mathrm{o} = \frac{E}{4}\frac{\Delta R_1}{R_1} \tag{3-19}$$

$$K_U = \frac{E}{4} \tag{3-20}$$

从式（3-20）可知，当电源电压 E 和电阻相对变化量 $\Delta R_1/R_1$ 保持一定时，电桥的输出电压及其电压灵敏度也是定值，且与各桥臂电阻大小无关。

（3）非线性误差及其补偿方法 式（3-16）是略去分母中的 $\Delta R_1/R_1$ 项且在电桥输出电压与电阻相对变化成正比的理想情况下得到的，实际情况下计算公式应为

$$U'_\mathrm{o} = E\frac{n\dfrac{\Delta R_1}{R_1}}{\left(1+n+\dfrac{\Delta R_1}{R_1}\right)(1+n)} \tag{3-21}$$

电桥输出电压与 $\Delta R_1/R_1$ 的关系是非线性的，非线性误差为

$$\gamma_\mathrm{L} = \frac{U_\mathrm{o}-U'_\mathrm{o}}{U_\mathrm{o}} = \frac{\dfrac{\Delta R_1}{R_1}}{1+n+\dfrac{\Delta R_1}{R_1}} \tag{3-22}$$

若为四等臂电桥，即 $R_1=R_2=R_3=R_4$，$n=1$，则有

$$\gamma_\mathrm{L} = \frac{\dfrac{\Delta R_1}{2R_1}}{1+\dfrac{\Delta R_1}{2R_1}} \tag{3-23}$$

对于一般应变片来说，所产生的应变 ε 通常在 0.005 以下，若 $K_U=2$，则 $\Delta R_1/R_1=K_U\varepsilon=0.01$，代入式（3-23），计算得非线性误差为 0.5%；若 $K_U=130$，$\varepsilon=0.001$，$\Delta R_1/R_1=0.130$，则得到非线性误差为 6%，因此当非线性误差不能满足测量要求时，必须予以消除。

为了减小和克服非线性误差，常采用差动电桥，差动电桥电路如图 3-7 所示。在被测试件上安装两个应变片，一个受拉应力，另一个受压应力，接入电桥相邻桥臂，称为双臂半桥电路，如图 3-7a 所示。该电路输出电压为

$$U_o = E \left(\frac{\Delta R_1 + R_2}{\Delta R_1 + R_1 + R_2 - \Delta R_2} - \frac{R_4}{R_3 + R_4} \right) \tag{3-24}$$

若 $\Delta R_1 = \Delta R_2$，$R_1 = R_2$，$R_3 = R_4$，则得

$$U_o = \frac{E}{2} \frac{\Delta R_1}{R_1} \tag{3-25}$$

由式（3-24）可知，U_o 与 $\Delta R_1 / R_1$ 呈线性关系，无非线性误差，而且双臂半桥电路的电压灵敏度 $K_U = E/2$，是单臂半桥电路的 2 倍，同时还具有温度补偿作用。

将双臂半桥电路再加以改造，使相对边粘贴具有相同应变趋势的应变片，可得四臂全桥电路，如图 3-7b 所示，计算可得四臂全桥电路的电压灵敏度 $K_U = E$，是单臂半桥电路的 4 倍。

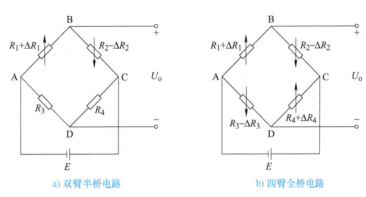

a) 双臂半桥电路　　　　　　　　b) 四臂全桥电路

图 3-7　差动电桥电路

2. 交流电桥

根据直流电桥分析可知，由于应变电桥的输出电压很小，一般都要加放大器，而直流放大器易于产生零漂，因此应变电桥多采用交流电桥。图 3-8 所示为双臂半桥交流电桥电路的一般形式，$\dot{U}$ 为交流电压源，由于供电电源为交流电源，引线分布电容使得两个桥臂应变片呈现复阻抗特性，即相当于两个应变片各并联了一个电容，每一桥臂上复阻抗分别为

$$\begin{cases} Z_1 = \dfrac{R_1}{1 + j\omega R_1 C_1} \\[2mm] Z_2 = \dfrac{R_2}{1 + j\omega R_2 C_2} \\[2mm] Z_3 = R_3 \\[2mm] Z_4 = R_4 \end{cases} \tag{3-26}$$

式中，C_1、C_2 为应变片引线分布电容。

由交流电路分析可得

$$\dot{U}_o = \dot{U} \frac{Z_1 Z_4 - Z_2 Z_3}{(Z_1 + Z_2)(Z_3 + Z_4)} \tag{3-27}$$

要满足电桥的平衡条件，即 $U_o = 0$，则有

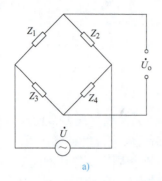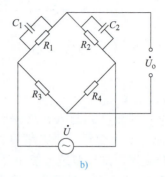

图 3-8　双臂半桥交流电桥电路的一般形式

$$Z_1 Z_4 = Z_2 Z_3 \tag{3-28}$$

取 $Z_1 = Z_2 = Z_3 = Z_4 = Z_0$，将式（3-26）代入式（3-28），可得

$$\frac{R_1}{1 + j\omega R_1 C_1} R_4 = \frac{R_2}{1 + j\omega R_2 C_2} R_3 \tag{3-29}$$

整理得

$$\frac{R_3}{R_1} + j\omega R_3 C_1 = \frac{R_4}{R_2} + j\omega R_4 C_2 \tag{3-30}$$

令实部、虚部分别相等并整理，可得交流电桥的平衡条件为

$$\frac{R_4}{R_2} = \frac{R_3}{R_1} \tag{3-31}$$

及

$$R_4 C_2 = R_3 C_1 \tag{3-32}$$

在图 3-8 所示的双臂半桥交流电桥电路中，当被测应力变化引起 $Z_1 = Z_0 + \Delta Z$ 和 $Z_2 = Z_0 - \Delta Z$ 变化时，电桥的输出电压为

$$U_o = U \frac{Z_0 + \Delta Z}{2 Z_0} = \frac{U \Delta Z}{2 Z_0} \tag{3-33}$$

3. 应变片的温度补偿

由测量现场环境温度的改变而给测量带来的附加误差，称为应变片的温度误差。产生应变片温度误差的主要因素有下述两个方面：电阻的温度系数的影响，被测试件材料和电阻丝材料的线膨胀系数的影响。

因此，环境温度变化引起的附加电阻的相对变化量，除与环境温度有关外，还与应变片自身的性能参数（K、α、β）以及被测试件的线膨胀系数 β_e 有关。

温度补偿方法有单丝自补偿法、双丝自补偿法和电路补偿法等。其中，电路补偿法最常用，且效果最好，如图 3-9 所示。R_1 接工作应变片，R_2 接含温度补偿的补偿应变片，构成测量电桥。

若要实现完全补偿，上述分析过程必须满足以下四个条件：

1）在应变片工作过程中，保证 $R_3 = R_4$。

2）R_1 和 R_2 这两个应变片应具有相同的电阻温度系数 α、线膨胀系数 β、灵敏度系数 K 和初始电阻 R_0。

3）粘贴补偿应变片的补偿块材料和粘贴工作应变片的被测试件材料必须相同，两者的线膨胀系数 β_e 相同。

4）两个应变片应处于同一温度场。

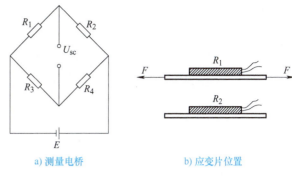

a) 测量电桥　　　　　　　　b) 应变片位置

图 3-9　电路补偿法

3.2　电容式传感器

电容式传感器是一种利用敏感元件——电容将被测压力转换成与之呈一定关系的电量输出的压力传感器。电容式传感器特点是输入能量低、动态响应迅速、自然效应小、环境适应性好。电容式传感器主要用于测量液体和气体的压力，例如，汽车空调和供暖系统中气体压力的监测；灾情防控中水坝水位、水压的监测；工业机器和设备负载压力的测量，确保它们在安全范围内运行，也可以测量机器的振动和位移；人体生理参数的监测，如血压、呼吸频率、心率等；环境参数的测量，如温度、湿度和气压，用于天气预报、气象研究和环境监测；用于医疗设备、汽车工业、航空航天领域和环境监测等领域。电容式传感器是一种非常有用的传感器，它在各种应用领域中都具有广泛的应用前景。

3.2.1　电容式传感器的工作原理

电容式传感器是一个可变参数的电容器，它的工作原理可以用平行板电容器来说明。如果忽略边缘效应，那么平行板电容器的电容为

$$C = \frac{\varepsilon S}{d} = \frac{\varepsilon_r \varepsilon_0 S}{d} \tag{3-34}$$

式中，S 为极板面积；d 为极板间距离（即间隙）；ε 为极板间介质的介电常数；ε_r 为相对介电常数；ε_0 为真空介电常数，$\varepsilon_0 = 8.85 \times 10^{-12} \mathrm{F/m}$。

分析式（3-34）可知，当被测参数（如压力、位移等）使 d、S、ε_r 变化时，就会引起电容量的变化。在实际应用中，通常只改变其中一个参数，保持另外两个参数不变，达到使电容量发生变化的目的。因此电容式传感器可以分为变间隙型电容式传感器、变面积型电容式传感器、变介质型电容式传感器三种类型。

（1）变间隙型电容式传感器

1）工作原理。极板面积为 S、初始间隙为 d_0、介电常数为 ε_r 的电容器的电容量为

$$C_0 = \frac{\varepsilon_0 \varepsilon_r S}{d_0} \tag{3-35}$$

当极板上移 Δd 时，电容量增加 ΔC，即

$$\Delta C = \frac{\varepsilon_0 \varepsilon_r S}{d_0 - \Delta d} - \frac{\varepsilon_0 \varepsilon_r S}{d_0} = \frac{\varepsilon_0 \varepsilon_r S}{d_0} \left(\frac{1}{1 - \dfrac{\Delta d}{d_0}} - 1 \right) \tag{3-36}$$

电容的相对变化为

$$\frac{\Delta C}{C_0} = \frac{\dfrac{\varepsilon_0 \varepsilon_r S}{d_0}}{\dfrac{\varepsilon_0 \varepsilon_r S}{d_0}\left(\dfrac{1}{1-\dfrac{\Delta d}{d_0}}-1\right)}$$
$$= \frac{1}{1-\dfrac{\Delta d}{d_0}}-1 \tag{3-37}$$

将式（3-37）按泰勒级数展开为

$$\frac{\Delta C}{C_0} = \frac{\Delta d}{d_0}\left[1 + \frac{\Delta d}{d_0} + \left(\frac{\Delta d}{d_0}\right)^2 + \left(\frac{\Delta d}{d_0}\right)^3 + \cdots\right] \tag{3-38}$$

由式（3-38）知，输出电容的相对变化 $\Delta C / C_0$ 与输入位移 Δd 之间的关系是非线性的，当 $\Delta d / d_0 \ll 1$ 时，式（3-38）可略去高次项，得近似线性关系式，即

$$\frac{\Delta C}{C_0} = \frac{\Delta d}{d_0} \tag{3-39}$$

$$K = \frac{\Delta C}{\Delta d} = \frac{C_0}{d_0} \tag{3-40}$$

变间隙型电容式传感器的输出特性曲线如图 3-10 所示。灵敏度系数 K 与初始间隙的二次方成反比，减小间隙，可以提高灵敏度。但间隙过小，会引起电容器击穿或短路。为防止电容器击穿，极板间采用高介电常数的材料（如云母、塑料膜等）作为介质，起绝缘作用。而且，输出与输入变化量呈非线性关系。

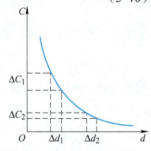

图 3-10　变间隙型电容式传感器的输出特性曲线

2）差动式变间隙型电容式传感器。实际应用中，往往采用差动式变间隙型电容式传感器，其结构如图 3-11 所示。

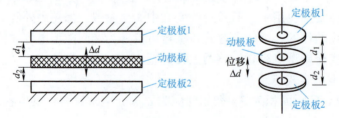

图 3-11　差动式变间隙型电容式传感器的结构

当动极板在初始位置时，有 $d_1 = d_2 = d_0$，$C_0 = \varepsilon S / d_0$
当动极板上移 Δd 时，有

$$\begin{cases} d_1 = d_0 - \Delta d \\ d_2 = d_0 + \Delta d \end{cases} \tag{3-41}$$

$$C_1 = C_0 + \Delta C = \frac{\varepsilon S}{d_0 - \Delta d} = C_0\left(1 - \frac{\Delta d}{d_0}\right)^{-1} \tag{3-42}$$

$$C_2 = C_0 - \Delta C = \frac{\varepsilon S}{d_0 + \Delta d} = C_0 \left(1 + \frac{\Delta d}{d_0} \right)^{-1} \tag{3-43}$$

当 $\Delta d / d_0 \ll 1$ 时，有

$$C_1 = C_0 \left[1 + \frac{\Delta d}{d_0} + \left(\frac{\Delta d}{d_0} \right)^2 + \left(\frac{\Delta d}{d_0} \right)^3 + \cdots \right] \tag{3-44}$$

$$C_2 = C_0 \left[1 - \frac{\Delta d}{d_0} + \left(\frac{\Delta d}{d_0} \right)^2 - \left(\frac{\Delta d}{d_0} \right)^3 + \cdots \right] \tag{3-45}$$

$$\Delta C' = C_1 - C_2 = C_0 \left[2 \frac{\Delta d}{d_0} + 2 \left(\frac{\Delta d}{d_0} \right)^3 + \cdots \right] \tag{3-46}$$

略去高次项，得

$$\frac{\Delta C'}{C_0} = 2 \frac{\Delta d}{d_0} \tag{3-47}$$

$$K = \frac{\Delta C'}{\Delta d} = 2 \frac{C_0}{d_0} \tag{3-48}$$

由式（3-48）可以看出，灵敏度提高 1 倍。

（2）变面积型电容式传感器　变面积型电容式传感器的分类见表 3-1，下面仅以常见的三种为例进行说明，相应公式请读者自行推导。

表 3-1　变面积型电容式传感器的分类

按结构型式	板状线位移变面积型
	角位移变面积型
	筒状线位移变面积型
其他	中间极移动式变面积型
	差动结构变面积型

1）板状线位移变面积型电容式传感器。板状线位移变面积型电容式传感器的结构如图 3-12 所示，其输出电容变化量与位移变化量呈线性关系。

相应公式如下：

$$C = C_0 - \Delta C = \frac{\varepsilon_0 \varepsilon_r b_0 (l_0 - \Delta l)}{d_0} \tag{3-49}$$

$$C_0 = \frac{\varepsilon_0 \varepsilon_r b_0 l_0}{d_0} \tag{3-50}$$

$$K = \frac{\Delta C}{\Delta l} = \frac{C_0}{l_0} = \frac{\varepsilon_0 \varepsilon_r b_0}{d_0} \tag{3-51}$$

2）角位移变面积型电容式传感器。角位移变面积型电容式传感器的结构如图 3-13 所示，其输出电容变化量与角度变化量呈线性关系。

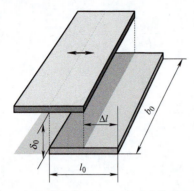
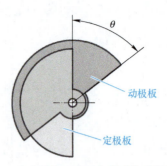

图 3-12　板状线位移变面积型电容式传感器的结构　　图 3-13　角位移变面积型电容式传感器的结构

当 $\theta = 0$ 时，有

$$C_0 = \frac{\varepsilon_0 \varepsilon_r S}{d} \tag{3-52}$$

当 $\theta \neq 0$ 时，有

$$C = C_0 - \Delta C$$

$$= \frac{\varepsilon_0 \varepsilon_r S \left(1 - \dfrac{\theta}{\pi}\right)}{d} \tag{3-53}$$

$$= C_0 \left(1 - \frac{\theta}{\pi}\right)$$

$$\frac{\Delta C}{C_0} = \frac{\theta}{\pi} \tag{3-54}$$

3）筒状线位移变面积型电容式传感器。筒状线位移变面积型电容式传感器的结构如图 3-14 所示，其输出电容变化量与位移变化量呈线性关系。

相应公式如下：

$$C_0 = \frac{2\pi \varepsilon_0 \varepsilon_r l_0}{\ln \dfrac{R}{r}} \tag{3-55}$$

$$C = C_0 - \Delta C = \frac{2\pi \varepsilon_0 \varepsilon_r (l_0 - \Delta l)}{\ln \dfrac{R}{r}} \tag{3-56}$$

$$\frac{\Delta C}{C_0} = \frac{\Delta l}{l_0} \tag{3-57}$$

（3）变介质型电容式传感器　变介质型电容式传感器的结构如图 3-15 所示，设极板宽度为 b。

相应公式如下：

$$C = C_A + C_B = \frac{bl_1}{\dfrac{d_1}{\varepsilon_1} + \dfrac{d_2}{\varepsilon_2}} + \frac{b(l_0 - l_1)}{\dfrac{d_1 + d_2}{\varepsilon_1}} \tag{3-58}$$

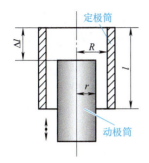

图 3-14　筒状线位移变面积型电容式传感器的结构

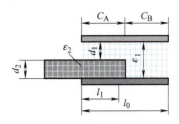

图 3-15　变介质型电容式传感器的结构

$$C = C_0 + C_0 \frac{l_1}{l_0} \frac{1 - \dfrac{\varepsilon_1}{\varepsilon_2}}{\dfrac{d_1}{d_2} + \dfrac{\varepsilon_1}{\varepsilon_2}} \qquad (3\text{-}59)$$

$$C_0 = \frac{\varepsilon_1 b l_0}{d_1 + d_2} \qquad (3\text{-}60)$$

3.2.2　电容式传感器的分类及其工作原理

电容式传感器属于变间隙型电容式传感器，可分为单电容式传感器和差动电容式传感器。电容式传感器一般采用圆形金属薄膜或镀金属薄膜作为电容器的一个电极，当薄膜因感受压力而变形时，薄膜与固定电极之间形成的电容量发生变化，通过测量电路即可输出与电压呈一定关系的电信号。

1. 单电容式传感器

单电容式传感器由圆形薄膜与固定电极构成，其结构如图 3-16a 所示。薄膜在压力的作用下变形，从而改变电容器的容量，其灵敏度大致与薄膜的面积和压力成正比，而与薄膜的张力和薄膜到固定电极的距离成反比。另一种型式的固定电极取凹形球面状，膜片为周边固定的张紧平膜片，膜片可采用塑料镀金属层的方法制成，这种型式适于测量低压，并有较强过载能力。还可以采用带活塞动极膜片制成测量高压的单电容式传感器，这种型式可减小膜片的直接受压面积，以便采用较薄的膜片提高灵敏度。它还可与各种补偿和保护电路及放大电路整体封装在一起，以便提高抗干扰能力。这种型式的传感器适于测量动态高压和对飞行器进行遥测。单电容式传感器还有传声器式（即话筒式）和听诊器式等型式。

2. 差动电容式传感器

差动电容式传感器的结构如图 3-16b 所示，它的受压膜片电极位于两个固定电极之间，构成两个电容器。在压力的作用下，一个电容器的电容量增大，另一个相应减小，测量结果由差动式电路输出。它的固定电极是在凹曲的玻璃表面上镀金属层制成。过载时膜片受到凹面的保护而不致破裂。差动电容式传感器比单电容式传感器灵敏度高、线性度好，但加工较困难（特别是难以保证对称性），而且不能实现对被测气体或液体的隔离，因此不宜工作在有腐蚀性或杂质的流体中。

过程压力通过两侧或一侧的隔离膜片、灌充液传至 δ 室的中心测量膜片。中心测量膜片是一个张紧的弹性元件，它对于作用在其上的两侧压力差产生相应变形位移，其位移与压力差成正比，最大位移约 0.1mm，这种位移转变在电容器极板上形成差动电容，由电子线路把差动电容转换成二线制的 DC 4 ～ 20mA 信号输出。

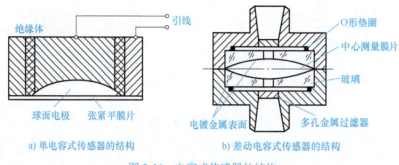

a) 单电容式传感器的结构　　　　　　b) 差动电容式传感器的结构

图 3-16　电容式传感器的结构

3.2.3　测量电路

电容式传感器的测量电路把电容变化量转换成电压、电流、频率等变化量，再送给控制核心。测量电路有调频电路、调幅电路、脉冲宽度调制电路三大类，下面介绍调频电器、调幅电路和差动脉冲宽度调制电路。

1. 调频电路

将电容式传感器接入高频振荡器的 LC 谐振回路中，作为回路的一部分。当被测量变化使传感器电容改变时，振荡回路的振荡频率随之改变，即振荡频率受传感器电容调制。调频电路的特点如下：转换电路生产频率信号，可远距离传输不受干扰；具有较高的灵敏度，可测量 0.01μm 级的位移变化量；非线性较差，可通过鉴频电路（频压转换）转换为电压信号后，进行补偿。调频电路原理图如图 3-17 所示。

图 3-17　调频电路原理图

频率技术公式如下：

$$f = \frac{1}{2\pi\sqrt{LC}} \tag{3-61}$$

$$C = C_1 + C_2 + C_x \tag{3-62}$$

式中，C_1 为振荡回路固有电容；C_2 为传感器电容；C_x 为引线分布电容。

2. 调幅电路

（1）交流电桥　将电容式传感器接入交流电桥，作为电桥的一个臂或两个相邻臂，另外两臂可以是电阻、电容或电感，也可以是变压器的两个二次绕组，得到电容式传感器的桥式转换电路，如图 3-18 所示。

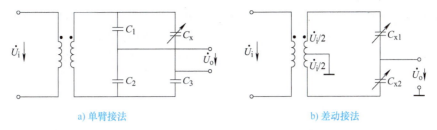

a) 单臂接法　　　　　　　　　　　　b) 差动接法

图 3-18　电容式传感器的桥式转换电路

在图 3-18b 所示的差动接法中，输出电压为

$$U_o = \frac{C_{x1} - C_{x2}}{C_{x1} + C_{x2}} U = \frac{(C_0 \pm \Delta C) - (C_0 \mp \Delta C)}{(C_0 + \Delta C) + (C_0 \mp \Delta C)} U = \pm \frac{\Delta C}{C_0} U \tag{3-63}$$

由于电桥的输出电压与电源电压成正比，因此要求电源电压波动极小，需要采用稳幅、稳频等措施。在实际应用中，接有电容式传感器的交流电桥输出阻抗很高（一般达几兆欧至几十兆欧），输出电压幅值又小，因此交流电桥测量电路原理图如图 3-19 所示。

（2）运算放大器式测量电路　将电容式传感器接入开环放大倍数为 A 的运算放大器中，作为电路的反馈组件，得到运算放大器式测量电路，如图 3-20 所示。图中，U 是交流电源电压，C 是固定电容，C_x 是传感器电容，U_o 是输出电压。

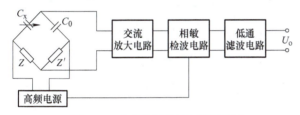

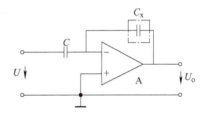

图 3-19　交流电桥测量电路原理图　　　　图 3-20　运算放大器式测量电路

由理想放大器的工作原理可得

$$U_o = -\frac{\dfrac{1}{j\omega C_x}}{\dfrac{1}{j\omega C}} U = -\frac{C}{C_x} U \tag{3-64}$$

3. 差动脉冲宽度调制电路

差动脉冲宽度调制电路是通过对传感器电容的充放电，使电路输出脉冲的宽度随传感器电容量的变化而变化，其原理图如图 3-21 所示。图中，C_1、C_2 为差动电容式传感器，电阻 $R_1 = R_2$，A_1、A_2 为比较器。当双稳态触发器处于某一状态时，$Q=1$，A 点为高电位，通过 R_1 对 C_1 充电，时间常数 $t_1 = R_1 C_1$，直至 F 点电位高于参考电位 U_T，比较器 A_1 输出正跳变信号。$Q=1$ 期间，C_2 通过 VD_2 迅速放电至零电平。A_1 正跳变信号激励双稳态触发器翻转，使 $Q=0$，于是 A 点为低电平，C_1 通过 VD_1 迅速放电，而 B 点为高电位，通过 R_2 对 C_2 充电，时间常数 $t_2 = R_2 C_2$，直至 G 点电位高于参考电位 U_T。

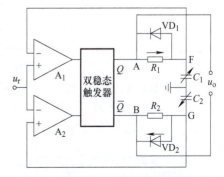

图 3-21　差动脉冲宽度调制电路原理图

73

差动脉冲宽度调制电路的电压波形如图 3-22 所示。当 $C_1 = C_2$ 时，电压波形如图 3-22a 所示，输出电压 U_o 的平均值为 0。但当 C_1、C_2 不相等时，充电时间常数发生改变，若 $C_1 > C_2$，则电压波形如图 3-22b 所示，输出电压的平均值不为 0。U_o 经低通滤波后，所得直流电压为

$$U_o = \frac{C_1 C_2}{C_1 + C_2} U_i \tag{3-65}$$

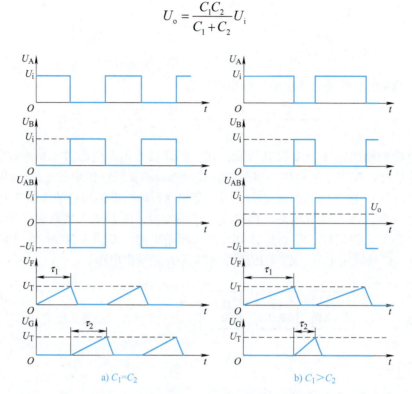

a) $C_1 = C_2$ b) $C_1 > C_2$

图 3-22　差动脉冲宽度调制电路的电压波形

3.3　压电式传感器

压电式传感器主要基于某些晶体的压电效应（Piezoelectric Effect），在外力作用下，晶体表面产生电荷，从而实现非电量的检测，它是一种典型的有源传感器，即发电型传感器。在 1880 年，皮埃尔·居里与雅克·居里首次在石英晶体中发现了压电效应。1881 年他们通过实验验证了逆压电效应，并得出了正逆压电常数（Piezoelectric Constant）。

压电式传感器的敏感元件由压电材料制成。压电材料受力后其表面产生电荷，此电荷经电荷放大器和测量电路放大和变换阻抗后，成为正比于所受外力的电量输出。压电式传感器用于测量力和能变换为电量的非电量，如动态压力、振动加速度等，但不能用于静态参数的测量。它的优点是频带宽、灵敏度高、信噪比高、结构简单、工作可靠、重量轻等，缺点是某些压电材料需要采取防潮措施，而且输出的直流响应差，需要采用高输入阻抗电路或电荷放大器来克服这一缺陷。随着电子技术的发展，与之配套的二次仪表以及低噪声、小电容和高绝缘电阻电缆的出现，使压电式传感器获得了十分广泛的应用。

3.3.1　压电式传感器的工作原理与压电材料

压电式传感器的工作基于压电效应。当某些晶体受某一方向外力作用而发生机械变形

时，相应地在晶体表面产生一定的符号相反的电荷，外力去掉后电荷消失；当力的方向改变时，电荷的符号也随之改变，这种现象称为压电效应。具有压电效应的晶体称为压电晶体、压电材料或压电元件。

压电效应是可逆的。当晶体带电或处于电场中时，晶体的体积将发生伸长或缩短的变化，这种现象称为电致伸缩效应或逆压电效应。

1. 石英晶体的压电效应

石英晶体为正六边形棱柱体，石英晶体的结构及其压电效应如图 3-23 所示。棱柱为石英晶体的基本结构，有三个互相垂直的晶轴，z 轴称为光轴，它与晶体的纵轴方向一致；x 轴称为电轴，它通过六面体相对的两个棱线并垂直于 z 轴；y 轴称为机械轴，它垂直于两个相对的晶柱棱面。如图 3-23a 所示。在正常的情况下，晶格上的正、负电荷中心重合，表面呈电中性。当沿 x 轴方向施加压力时，如图 3-23b 所示，各晶体上的带电粒子均产生相对位移，正电荷中心向 B 面移动，负电荷中心向 A 面移动，因此 B 面带正电，A 面带负电。当沿 x 轴方向施加拉伸力时，如图 3-23c 所示，晶格上的离子均沿 x 轴向外产生位移，但硅离子和氧离子向外位移大，正负位移拉开，因此 B 面带负电，A 面带正电。当沿 y 轴方向施加压力时，如图 3-23d 所示，晶格离子沿 y 轴方向被向内压缩，因此 A 面带正电，B 面带负电。当沿 y 轴方向施加拉伸力时，如图 3-23e 所示，晶格离子沿 y 轴方向被拉长，沿 x 轴方向缩短，因此 B 面带正电，A 面带负电。

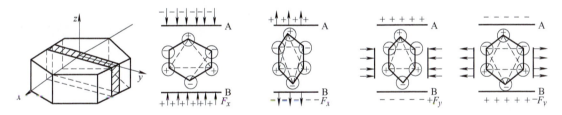

a) 石英晶体的基本结构　　b) 沿 x 轴方向施加压力　c) 沿 x 轴方向施加拉伸力　d) 沿 y 轴方向施加压力　e) 沿 y 轴方向施加拉伸力

图 3-23　石英晶体的结构及其压电效应

通常把沿 x 轴方向作用产生电荷的现象称为纵向压电效应，而把沿 y 轴方向作用产生电荷的现象称为横向压电效应。

从晶体上沿轴线切下的薄片称为晶体切片。图 3-24 所示为垂直于 x 轴切割的石英晶体切片，长为 a，宽为 b，高为 c。在与 x 轴垂直的两面覆以金属，当沿 x 轴方向施加作用力 F_x 时，在与 x 轴垂直的表面上产生的电荷 Q_{xx} 为

$$Q_{xx} = d_{11} F_x \qquad (3-66)$$

式中，d_{11} 为石英晶体的纵向压电系数，$d_{11} = 2.3 \times 10^{-12} \text{C/N}$。

在覆以金属的极面间产生的电压为

$$u_{xx} = \frac{Q_{xx}}{C_x} = \frac{d_{11} F_x}{C_x} \qquad (3-67)$$

式中，C_x 为晶体上覆以金属的极面间的电容。

当在同一切片上，沿 y 轴方向施加作用力 F_y，则在与 x 轴

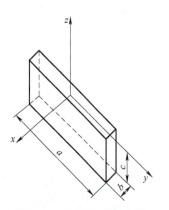

图 3-24　垂直于 x 轴切割的石英晶体切片

垂直的平面上产生的电荷为

$$Q_{xy} = \frac{ad_{12}F_y}{b} \tag{3-68}$$

式中，d_{12} 为石英晶体的横向压电系数。

根据石英晶体的轴对称条件可得 $d_{12} = -d_{11}$，因此有

$$Q_{xy} = \frac{-ad_{11}F_y}{b} \tag{3-69}$$

则产生的电压为

$$u_{xx} = \frac{Q_{xy}}{C_x} = \frac{-ad_{11}F_x}{C_x} \tag{3-70}$$

2. 压电陶瓷的压电效应

压电陶瓷是人工制造的具有电畴结构的多晶体压电材料，电畴结构与铁磁材料的磁畴结构类似。电畴是分子自发形成的区域，它有一定的极化方向。当压电陶瓷经极化处理后，即使去除外电场，陶瓷内部仍会保留一定程度的极化状态，即存有很强的剩余极化强度。当陶瓷材料受到外力作用时，电畴的界限发生移动，引起极化强度变化，产生压电效应。经极化处理的压电陶瓷具有非常高的压电系数，约为石英的几百倍，但机械强度比石英差。

当压电陶瓷在极化面上受到沿极化方向（z 轴方向）的作用力 F_z，即作用力垂直于极化面时，压电陶瓷的压电效应如图 3-25a 所示，两个镀金（或银）的极化面上分别出现正负电荷，电荷量 Q_{zz} 与 F_z 成比例，即

$$Q_{zz} = d_{zz}F_{z3} \tag{3-71}$$

式中，d_{zz} 为压电陶瓷的纵向压电系数。

输出电压为

$$u_{zz} = \frac{d_{zz}F_z}{C_z} \tag{3-72}$$

式中，C_z 为压电陶瓷的电容。

当沿 x 轴方向施加作用力 F_x 时，如图 3-25b 所示，在镀银极化面上产生的电荷量 Q_{zz} 为

$$Q_{zz} = \frac{S_z d_{z1}F_x}{S_x} \tag{3-73}$$

$$Q_{zy} = \frac{S_z d_{z2}F_y}{S_y} \tag{3-74}$$

式中，d_{z1}、d_{z2} 为压电陶瓷在横向力作用时的压电系数，且均为负值，由于极化压电陶瓷平面各向同性，所以 $d_{z1} = d_{z2}$；S_z、S_x、S_y 分别为垂直于 z 轴、x 轴、y 轴的晶片面积。用电荷量除以晶片的电容 C_z 即可得到输出电压。

3. 压电材料

常见的压电材料可分为压电晶体、压电陶瓷、高分子压电材料和聚合物–压电陶瓷复合材料四类。

（1）压电晶体　石英晶体是一种性能良好的压电晶体。石英晶体的突出优点是性能非常稳定，介电常数与压电系数的稳定性特别好，且居里点高，可以达到 575℃。此外，石英晶体还具有机械强度高、绝缘性能好、动态响应快、线性范围宽和迟滞销等优点。但石英晶体压电系数较小、灵敏度较低、价格较贵，因此只在标准传感器、高精度传感器或工作在高温环境下的传感器中作为电元件使用。石英晶体分为天然与人造两种，天然石英晶体的性能优于人造石英晶体，但天然石英晶体价格较高。

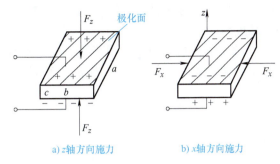

a) z 轴方向施力　　　　b) x 轴方向施力

图 3-25　压电陶瓷的压电效应

（2）压电陶瓷　压电陶瓷是人工制造的多晶体压电材料。与石英晶体相比，压电陶瓷的压电系数很高，制造成本很低，在实际中使用的压电式传感器大多采用压电陶瓷。压电陶瓷的缺点是居里点较石英晶体为低，且性能没有石英晶体稳定。但随着材料科学的发展，压电陶瓷的性能正在逐步提高。

（3）高分子压电材料　高分子压电材料如聚偏氟乙烯具有低声学阻抗特性，柔韧性良好，可以制作极薄的组件；但同时也存在压电系数小、极化电场高的缺点。

（4）聚合物–压电陶瓷复合材料　柔韧性良好，可制作极薄的组件，压电陶瓷的加入可以改善高分子压电材料压电常数小、极化电场大的缺点。

3.3.2　压电式传感器的测量电路

由于外力作用在压电元件上产生的电荷只有在无泄漏的情况下才能保存，即需要测量回路具有无限大的输入阻抗，这实际上是不可能的，因此压电式传感器不能用于静态测量。

压电元件在交变力的作用下，电荷可以不断补充，可以供给测量回路一定的电流，因此压电式传感器只适用于动态测量。

压电元件上产生的电荷量很小，要想测量出该电荷量，选择一种合适的放大电路显得非常重要。考虑到压电元件本身的特性以及传感器与放大电路之间的连接导线，常见的压电式传感器的测量电路有以下两种。

（1）电压放大电路　图 3-26 所示为电压放大电路。C_a、C_c、C_i 分别为压电元件的固有电容、导线的分布电容、放大电路的输入电容，R_a、R_i 分别为压电元件的内阻、放大电路的输入电阻。

假设交变力 $F = F_m \sin \omega t$（F_m 为交变力的最大值）作用到压电元件上，在压电元件上产生的电荷 $Q = dF_m \sin \omega t$（d 为压电系数），则电压放大电路输入端的电压为

$$u_i = \frac{dF_m}{C_a + C_c + C_i} \tag{3-75}$$

因此，放大电路的输出与 C_a、C_c、C_i 有关，而与输入信号的频率无关。设计时通常

把传感器出厂时的连接电缆长度定为常数，使用时若改变电缆长度，则必须重新校正电压灵敏度值。

（2）电荷放大电路　由于电压放大电路在实际使用时受连接导线的限制，因此大多采用电荷放大电路。图 3-27 所示为电荷放大电路。

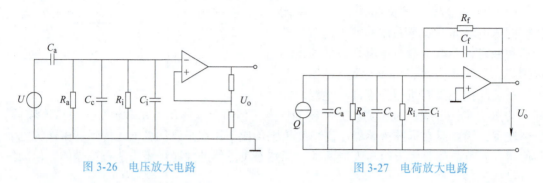

图 3-26　电压放大电路　　　　　　　图 3-27　电荷放大电路

电荷放大电路的输出电压为

$$U_o = -AU = \frac{-AQ}{C_a + C_c + C_i + (1+A)C_f} \tag{3-76}$$

式中，A 为电荷放大电路的增益；C_f 为反馈电容。由于 A 很大，所以 $C_a + C_c + C_i$ 可以忽略，因此电荷放大电路的输出电压为

$$U_o \approx \frac{-AQ}{(1+A)C_f} \approx -\frac{Q}{C_f} \tag{3-77}$$

由式（3-77）可以看出，电荷放大电路的输出电压只与反馈电容有关，而与连接电缆无关。电荷放大电路的输出灵敏度取决于 C_f。在实际电路中，采用切换运算放大器反馈电容 C_f 的办法来调节灵敏度，C_f 越小则电荷放大电路的灵敏度越高。

为了使电荷放大电路工作稳定，并减小零漂，在反馈电容 C_f 两端并联一个反馈电阻 R_f，形成直流负反馈，用以稳定电荷放大电路的静态工作点。

工程应用

项目 3.1　压力传感器在称重测量中的应用

一、行业背景

压力传感器在称重测量中应用广泛，可通过测量物体受到的压力来计算其重量，在工业、航空航天、汽车制造、医疗和军事等领域都有重要应用。在工业领域，压力传感器可用于监测货物、设备负载和液体或气体输送系统的重量和压力；在航空航天领域，压力传感器可用于飞机重心和整体重量的监测，确保安全起降和平衡。

综上所述，压力传感器在称重测量中的应用已经成为许多行业中的必要技术，这种技术的发展和应用将会在未来继续得到推广和应用。

二、项目描述与要求

1. 项目描述

100kg 压力传感器具有高精度、可靠性高、线性度好等特点，此外还具有抗干扰能力强、自动温度补偿等功能，适合在恶劣环境中工作。请利用 E10H 单点式称重传感器和 HX711 模块完成称重测量系统的设计。

2. 项目要求

要求 1：绘制 HX711 模块电路原理图。
要求 2：绘制系统硬件电路原理图。
要求 3：绘制系统软件运行流程图。
要求 4：设计 HX711 模块的压力采集转换程序。
要求 5：进行系统调试。
要求 6：培养注重质量控制、善于协调的团队管理能力。
要求 7：培养追求卓越、勇于突破的创新思维能力。

三、项目分析与计划

项目名称	压力传感器在称重测量中的应用
序号	项目计划
1	
2	
3	

四、项目内容

1. E10H 单点式称重传感器和 HX711 模块

（1）E10H 单点式称重传感器　E10H 单点式称重传感器如图 3-28 所示。它是单点式结构，适用于小型的称重平台或秤盘等；铝合金制作，轻便、易安装、易调校；可输出 0～10V 或 4～20mA 的模拟电信号，与可编程逻辑控制器（Programmable Logic Controller，PLC）或其他控制器相连；广泛应用于工业自动化、物料输送和包装等领域，例如称重平台、包装机械、配料设备等。

（2）HX711 模块　HX711 模块如图 3-29 所示。它是高精度、低成本的 A/D 转换模块，通过测量电压检测物体的负载，并将其转换为数字信号输出。

图 3-28　E10H 单点式称重传感器

图 3-29　HX711 模块

HX711 模块的技术参数如下：工作电压为 2.7 ～ 5V，分辨率为 24 位，增益为 128、64、32，输入通道为 A、B，操作温度范围为 –40 ～ 85℃，静态电流小于 1μA。

HX711 模块具有高精度、低噪声和稳定性好等特点，操作方便，并且提供多种校准和滤波选项，用户可以通过增益调节选项来适应不同的负载范围和精度要求。HX711 模块采用双路输入设计，可以同时连接两个称重传感器进行称重测量。该模块还带有自动校准、自动关机和防止反向电流等功能，以使其更可靠和安全。HX711 模块接口简单、易于使用，可以通过 SPI 或 I²C（集成电路总线）接口与微控制器相连。

HX711 模块广泛应用于物料输送、包装和仓库管理等领域。例如，它可以用于称重平台、秤盘、送料系统、配料装置等场合，以实现高精度的称重测量和流程控制。

要求 1：绘制 HX711 模块电路原理图，如图 3-30 所示。

2. 系统硬件组成

基于 51 单片机的称重测量系统是一种测量重物重量的系统，它由 E10H 单点式称重传感器、HX711 模块、51 单片机、显示模块和电源模块等组成。

（1）硬件部分

1）E10H 单点式称重传感器：用于测量被称物体的重量信息，并将其转换为电信号输出。

2）HX711 模块：作为 A/D 转换模块，负责读取并放大 E10H 单点式称重传感器输出的微弱电信号，并将其转换为数字信号输出。

3）51 单片机：作为系统的 CPU，负责读取和处理 HX711 模块输出的数据，并控制其他硬件模块的工作。

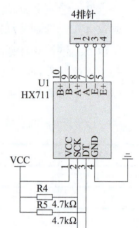

图 3-30 HX711 模块电路原理图

4）显示模块：用于显示被测物体的重量信息，可以使用液晶显示屏、LED 数码管等。

5）电源模块：提供系统所需的电源，可以使用电池或者接入交流电源。

（2）软件部分

1）采样程序：主要负责从 HX711 模块中读取模拟信号，并进行 A/D 转换。

2）数据处理程序：根据读取到的数字值进行计算，得到被称物体的重量信息，并将其显示在屏幕上。

3）控制程序：根据需要进行系统的控制，例如调整采样频率、显示方式等。

要求 2：绘制系统硬件电路原理图，如图 3-31 所示。

3. 系统软件设计

基于 51 单片机的称重测量系统的软件运行流程如下：

1）初始化液晶显示器（LCD1602）和键盘控制器（7289）：确保显示和输入设备可以正常工作。

2）自动校准：系统进行自动校准，确保 E10H 单点式称重传感器的准确性。

3）提示输入收银员编号和日期：系统提示操作员输入收银员的编号和当前日期，用于交易和管理销售数据。

4）开中断 INT0 和 INT1。

5）读取 A/D 转换数据。

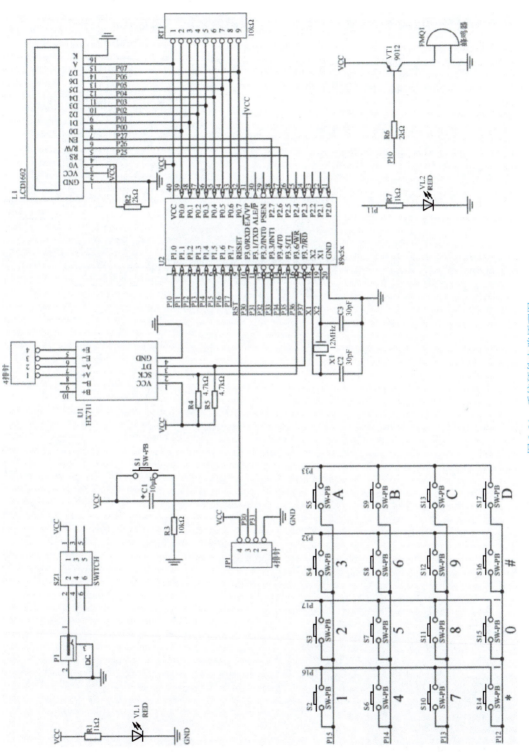

图 3-31 系统硬件电路原理图

81

6）显示商品重量等信息：在 LCD1602 上显示商品的重量等相关信息。

7）判断清单是否为空：若是，则显示清单；若不是，则继续执行下一步。

8）计算总价：根据读取的数据和每件商品的金额计算所有商品的总价。

9）显示清单：若清单为空，则显示包含所有商品信息的清单。流程返回到读取 A/D 转换数据的步骤，准备处理下一件商品。

要求 3：绘制系统软件运行流程图，如图 3-32 所示。

要求 4：设计 HX711 模块的压力采集转换程序。

核心代码如下：

```
/* HX711 模块通信函数 */
unsigned long HX711_ReadData(){
  unsigned char i;
  unsigned long count = 0;
  bit flag;
  DOUT = 1;
  _nop_();
  _nop_();
  _nop_();
  SCK = 1;
  _nop_();
  _nop_();
  _nop_();
  DOUT = 0;
  _nop_();
  _nop_();
  _nop_();
  for(i = 0;i< 24;i++){          //读取 24 位数据
    SCK = 0;
    _nop_();
    _nop_();
    _nop_();
    count = count << 1;
    flag = DOUT;
    if(flag){
      count++;
    }
    SCK = 1;
    _nop_();
    _nop_();
    _nop_();
  }
  SCK = 0;
  _nop_();
```

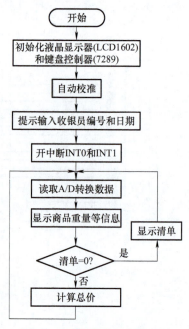

图 3-32　系统软件运行流程图

```
    _nop_();
    _nop_();
    count = count ^ 0x800000;          // 处理带符号数位
    return count;
}
```

代码中使用了 HX711 模块和 E10H 单点式称重传感器来获取重量数据，通过 LCD1602 液晶显示器显示实时重量，还包含了红外校准功能，可以通过红外校准的方式对称重测量系统进行校准。在主函数中，先调用 E10H_ReadData（）函数获取重量数据，再判断是否满足红外校准的条件，并通过 LED 指示灯进行提示。最后，在 LCD1602 上显示重量数据，并延时 0.5s。

4. 系统调试

要求 5：进行系统调试。

基于 51 单片机的称重测量系统调试步骤如下：

（1）硬件连接　将 HX711 模块与 51 单片机进行连接，将 E10H 单点式称重传感器接到 HX711 模块上。注意检查引脚连接是否正确、电源线路是否稳定等。

（2）程序编写　根据需要编写程序，并上传到 51 单片机中。

（3）调试 HX711 模块　先测试 HX711 模块是否正常工作。可以通过示波器等设备对其进行检测，具体步骤如下：

1）先将 DT、SCK 引脚接到示波器上，观察是否有信号输出。

2）用针头轻触 E10H 单点式称重传感器，观察采集到的数据是否有变化。

3）检测数据采集时序是否正确，时序过慢或过快都会影响数据的准确性。

（4）调试软件程序　调试软件程序可以从以下四个方面入手。

1）检查程序是否有语法错误或逻辑问题。

2）对程序进行逐行调试，检查各个部分的功能是否正常。

3）调整程序参数，例如采样频率、数据处理方法等，以提高测量的精度和稳定性。

4）通过串口或液晶显示器等外设实时显示数据，方便检查结果是否正确。

（5）整体调试　在程序编写和单独调试 HX711 模块都通过后，可以进行整体调试，具体步骤如下：

1）将 E10H 单点式称重传感器接在实际被测物体上，观察采集到的数据是否正确。

2）对数据进行处理和显示，例如进行单位转换、保留小数等操作。

3）检查整个系统的精度和稳定性，例如检查数据是否有抖动、波动等问题。

4）需要注意的是，在调试过程中，应该不断记录参数和结果，并根据实际需求进行修改和调整。同时，由于电子秤受环境温度、振动等因素影响较大，因此在实际应用时还应该进行温度补偿、振动消除等处理，以提高测量准确度。

五、项目小结

压力传感器在称重测量中应用广泛，包括工业、商业、医疗、物流和科学研究等领域，它能够提供准确可靠的重量测量。

六、拓展实践

基于 51 单片机的称重测量系统设计能解决生活中的很多问题。例如，通过添加电磁阀等外设控制器件，实现对被测物体的控制。例如，在称重过程中，当超过一定重量时，系统可以自动关闭进料阀门，避免造成溢出，请结合这个思路设计一份项目报告。

项目 3.2　压阻式传感器在工业自动化中的应用

一、行业背景

压阻式传感器在工业自动化中的应用非常广泛，适用于多个行业和领域，以下是一些常见的应用行业。

1）制造业：在制造业中，压阻式传感器可用于监测和控制液体或气体的压力，例如，用于压缩空气系统、水处理系统、液压系统等时，可以监测设备状态、检测管道泄漏、控制流量等。

2）化工行业：在化工行业中，压阻式传感器广泛用于监测反应器、储罐、管道等设备中的压力，这有助于确保过程的安全性和稳定性，并帮助操作人员及时采取必要的措施。

3）能源行业：在能源行业中，压阻式传感器可用于监测石油和天然气开采及输送管道中的压力，这有助于确保管道系统的运行正常，并提供准确的数据用于生产计划和设备维护。

压阻式传感器在工业自动化中起着关键的作用，可帮助实现过程控制、安全监测和质量保证等目标。

二、项目描述与要求

1. 项目描述

完成基于 STM32 单片机的 MPM280 型压阻式传感器管道压力容器安全监测系统设计。

2. 项目要求

要求 1：绘制 MPM280 型压阻式传感器原理图。
要求 2：绘制系统硬件电路原理图。
要求 3：设计系统程序。
要求 4：进行系统调试。

三、项目分析与计划

项目名称	压阻式传感器在工业自动化中的应用
序号	项目计划
1	
2	
3	

四、项目内容

1. MPM280 型压阻式传感器

MPM280 型压阻式传感器是一种常见的压力测量设备。它采用压阻式传感器技术，通过测量电阻的变化来检测压力的变化。该传感器通常由一个薄膜或金属片制成，当受到外部压力时，薄膜或金属片产生形变，导致电阻发生变化，传感器中的电路可以测量这种变化，并将其转换为与压力值相关的电信号输出。

MPM280 型压阻式传感器的特点如下：

1）精度高：能够提供准确的压力测量结果。

2）测量范围宽：可根据需要选择适合的测量范围。

3）耐用性强：具有良好的耐腐蚀性和抗震性能。

4）可靠性高：寿命长、稳定性好，适用于各种工业应用。

5）简单易用：安装和使用方便，输出信号可与其他设备集成。

MPM280 型压阻式传感器如图 3-33 所示，它广泛应用于工业自动化、流体控制、汽车工程、医疗设备等领域，用于监测和控制液体或气体的压力。

图 3-33　MPM280 型压阻式传感器

要求 1：绘制 MPM280 型压阻式传感器原理图，如图 3-34 所示。

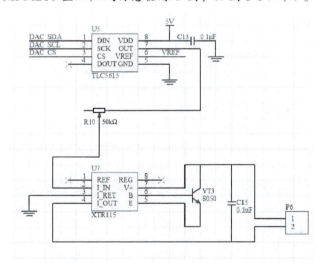

图 3-34　MPM280 型压阻式传感器原理图

2. 系统硬件组成

本系统设计旨在监测管道压力容器的安全状态。系统采用MPM280型压阻式传感器来检测管道内部的压力值，通过计算分析，可以确定管道压力容器是否处于安全工作范围内。

系统硬件组成主要包括以下六个部分。

1）STM32单片机主控：使用STM32系列单片机作为主控芯片，负责数据采集、处理和控制。

2）MPM280型压阻式传感器：选择合适的MPM280型压阻式传感器，用于测量管道中的压力。该传感器通常具有高精度且稳定性好。

3）接口电路：设计与传感器的接口电路，包括模拟输入通道和数字输出通道。使用适当的滤波和放大电路确保传感器信号的准确性和可靠性。

4）数据采集和处理：使用STM32单片机的A/D转换功能（ADC）读取传感器输出的模拟信号，并进行校准和滤波处理，将获取到的数字信号转换为实际的压力值。

5）显示和存储：通过液晶显示器或其他用户界面实时显示测量的管道压力值，可以将数据存储在内存或外部存储器中，以备将来的分析和记录。

6）报警系统：设置适当的压力阈值，当压力超过设定值时触发报警机制。报警方式可以包括声音报警、闪光灯或其他报警信号。

基于STM32单片机的MPM280型压阻式传感器管道压力容器安全监测系统采用MPM280型压阻式传感器对压力值进行检测，通过数字化处理和计算，实现对管道压力容器的安全监测和报警。

要求2：绘制系统硬件电路原理图，如图3-35所示。

3. 系统流程设计

1）开始。

2）初始化系统：包括初始化STM32单片机、配置GPIO引脚和串口通信等。

3）初始化显示界面：设置液晶显示器的布局、字体和初始数值。

4）连接传感器：将MPM280型压阻式传感器与STM32单片机进行连接。

5）循环执行以下步骤。

① 读取传感器数据：通过与传感器进行通信，读取当前的压力值。

② 数据处理：对读取到的压力值进行处理，例如进行单位转换、校准或滤波等。

③ 更新显示界面：在液晶显示器上实时显示处理后的压力数值和其他相关信息。

④ 判断条件：根据设定的压力阈值和预警规则，判断当前压力是否超出安全范围。

⑤ 若压力超出安全范围则根据工业应用安全要求设定安全值。

⑥ 触发报警信号：例如通过蜂鸣器发出声音或通过LED灯闪烁等。

⑦ 记录报警事件：将报警时间和压力值记录在内存中或发送给上位机进行存储。

⑧ 等待一定时间：根据设置的采样周期延时，控制数据读取和处理的频率。

6）结束。

系统流程图如图3-36所示。

4. 系统程序设计

要求3：设计系统程序。

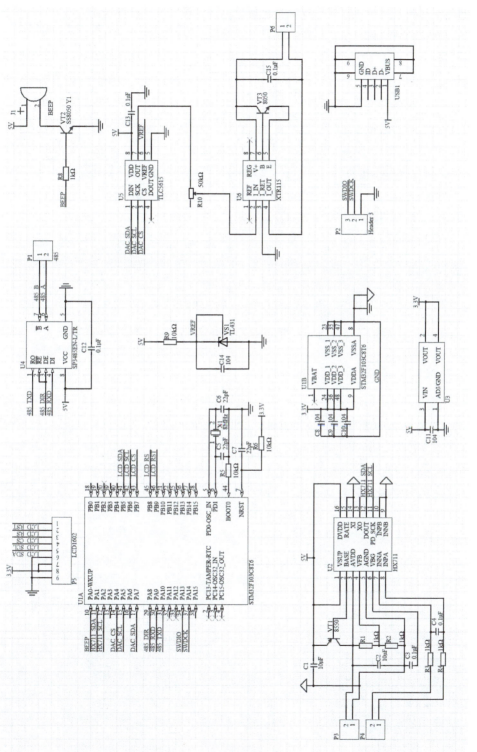

图 3-5 系统硬件电路原理图

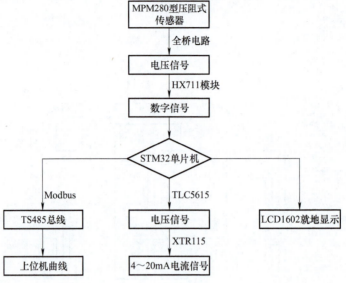

图 3-36　系统流程图

核心代码如下：

```
void transmitterOutput(float outData,floatmaxData)
{
    float ma = 4 + outData / maxData *(20-4);

    TLC5615_Update(ma/20*1023);
}


int32_t getAverage(int32_t* dat,uint8_t num)
{

    uint8_t i;
    int32_t sum = 0;

    for(i = 0;i <num;i ++)
    {
        sum += dat[i];
    }

    return sum / num;
}


double getPressure(double x)
{
    return
        0.00000000000000000116 * pow(x,3)
        - 0.0000000000000750175 * pow(x,2)
        + 0.00000770572583981333 * pow(x,1)
        - 0.00105882952018538000 * pow(x,0);
}
```

5. 系统调试

要求 4：进行系统调试。

系统调试的具体步骤如下：

1）确保硬件连接正确：将 MPM280 型压阻式传感器正确连接到 STM32 单片机上，包括供电线、信号线等。

2）配置 STM32 单片机：根据具体的 STM32 单片机型号和开发环境，配置相应的引脚、中断、定时器等相关参数。

3）编写程序：使用适当的编程语言编写程序，读取 MPM280 型压阻式传感器输出的模拟电压值，并将其转换为相应的压力数值。

4）校准传感器：如果需要，在实际工作条件下对传感器进行校准，以确保输出的压力数值准确可靠。

5）数据处理与显示：根据需求处理传感器输出数据，并进行必要的计算或判断，例如比较当前压力值与预设的压力阈值，判断当前压力值是否超过安全范围，将结果显示在合适的界面上，如通过液晶显示器显示或通过串口输出。

6）故障排除：如果出现问题，可以通过调试工具和技术调试输出、进行断点调试等，逐步定位和解决问题。

7）系统验证：完成调试后，对整个系统进行验证和测试，确保其在实际工作环境下能够稳定可靠地监测管道压力容器的安全状态。

五、项目小结

压阻式传感器在工业自动化中应用广泛，主要用于流体控制、制造过程监测、物料测试和监测、汽车工业和动力设备监测等领域。

六、拓展实践

基于 STM32 单片机的 MPM280 型压阻式传感器管道压力容器安全监测系统如何发送数据呢？在实际应用中，如果需要对多个管道或压力容器进行同时监测，就需要考虑远程数据传输和控制。可以通过添加 5G、WiFi 等无线通信模块，实现远程通信和控制。这样，操作人员可以在远程地点通过手机或计算机等设备实时获取数据，并进行控制和调整。请针对此项目设计一份项目报告。

项目 3.3　抗冲击型压力传感器在医疗卫生行业中的应用

一、行业背景

压力传感器在医疗卫生行业中起着重要的检测和监测作用。然而，由于医院环境通常较为复杂，医疗设备之间存在干扰和冲击，因此需要具有高抗干扰性和耐振能力的抗冲击型压力传感器。这种传感器经过特殊设计和工艺，能够在各种恶劣环境下正常运行，并且具有高的稳定性、精度和可靠性，广泛应用于医用手术台、医用床垫、医用设备中以及用于生理参数监测等。例如，它能准确测量患者体位和手术台支撑力的均衡度，确保手术过程平稳、安全；实时监测患者体位和压力分布，预防和治疗压疮等疾病；用于医疗设备控制和监测，如呼吸机、血压计、输液泵；测量人体生理参数，如血压、脉搏等。抗冲击型压力传感器的应用不断扩展，对提高医疗服务质量和效率至关重要。

二、项目描述与要求

1. 项目描述

完成基于 51 单片机的抗冲击型压力传感器振动监测系统设计。系统包含的主要硬件有：PTM-20C 防护型压力传感器、ADS1230 传感器信号处理器。

2. 项目要求

要求 1：绘制 PTM-20 系列防护型压力传感器原理图。

要求 2：绘制系统硬件电路原理图。

要求 3：设计主要功能程序。

要求 4：培养保持初心、坚守梦想的品德修养。

要求 5：培养团队合作意识，学会分享和协作，善于发挥团队中每个人的特长和优势。

三、项目分析与计划

项目名称	抗冲击型压力传感器在医疗卫生行业中的应用
序号	项目计划
1	
2	
3	

四、项目内容

1. PTM-20C 防护型压力传感器

PTM-20C 防护型压力传感器是专为医疗设备和食品加工行业设计的高精度装置。它采用精密的压电式传感器技术，具有高灵敏度和稳定性，并具备无菌防护设计。PTM-20C 防护型压力传感器主要特点如下：

1）无菌防护设计：使用 316L 不锈钢材料并进行无菌处理，满足卫生要求。

2）高精度：采用优质传感器和数字化电路设计，具有更高测量精度和稳定性。

3）多种输出信号：支持 4 ～ 20mA、0 ～ 5V、0 ～ 10V 等多种信号选择，方便连接和操作。

4）简便安装：设计紧凑、轻巧，适用于各种场合和设备，方便快速安装。

5）易维护：传感器和接口可拆卸，便于检修和更换，降低维护成本和时间。

6）多种量程：提供多种测量范围和准确度等级选择，可以根据需求配置。

7）多种安装方式：支持螺纹、法兰等多种安装方式，适应不同场合和设备需求。

PTM-20C 防护型压力传感器如图 3-37 所示，它是医疗和食品加工行业必备的高性能测量设备，测量精度高，防护性和稳定性好。

2. ADS1230 传感器信号处理器

ADS1230 传感器信号处理器是一款高精度、低功耗的 24 位 ΔΣ A/D 转换器。它采用了内部可编程增益放大器和内部参考电压源等先进技术，具有出色的测量性能和抗干扰能力。该产品特别适用于需要高分辨率、高稳定性、低噪声和低功耗的称重传感器、压力传感器等应用。ADS1230 传感器信号处理器的主要特点如下：

1）高精度：采用 24 位 ΔΣ A/D 转换技术，具有高达 23 位的有效分辨率和 100dB 的信噪比。

2）可编程增益放大器：内置可编程增益放大器，可调节增益范围为 1 ～ 128 倍。

3）内部参考电压源：内置 2.5V 参考电压源，无须外接元器件就能实现高精度的 A/D 转换。

4）低功耗：工作电流仅 230μA，支持多种省电模式，适合电池供电应用。

5）稳定性强：内部温度传感器和自动零点校准电路确保在不同工作温度下提供一致的转换精度。

6）抗干扰性强：具备良好的 EMI 抑制能力和内部滤波器，减少外界噪声对转换结果的影响。

ADS1230 传感器信号处理器如图 3-38 所示。

图 3-37　PTM–20C 防护型压力传感器　　　　图 3-38　ADS1230 传感器信号处理器

3. 系统硬件组成

该振动监测系统基于 51 单片机，由 PTM–20C 防护型压力传感器和 ADS1230 传感器信号处理器组成，可实现高精度、高稳定性的压力信号的检测和采集，以及处理和显示采集到的数据。系统硬件包括 PTM–20C 防护型压力传感器、ADS1230 传感器信号处理器、51 单片机、显示模块和连接线路。

系统工作流程如下：PTM–20C 防护型传感器采集压力信号，ADS1230 传感器信号处理器将其转换为数字信号，并通过 SPI 传输给 51 单片机；51 单片机对数字信号进行解码处理，将结果存储在内部 RAM（随机存储器）或外部 EEPROM（电擦除可编程只读存储器）中；显示模块读取存储的数据并显示在屏幕上。该系统的设计难点在于精度校准及高速、高稳定性的数据传输和处理，需考虑模块匹配性、兼容性，合理选择电路元器件并进行算法实现。

4. 系统程序设计

核心代码如下：

```c
#include <reg51.h>
#include <stdio.h>
/******* 定义常量和宏 ******/
#define SPI_SCLK P3_6              //SPI 时钟线，连接到 P3.6
#define SPI_SDI P3_7               //SPI 数据输入线，连接到 P3.7
#define SPI_SDO P3_5               //SPI 数据输出线，连接到 P3.5
#define SPI_SS P3_4                //SPI 片选线，连接到 P3.4
/****** ADS1230 命令和配置宏定义 *******/
#define ADS1230_CMD_READ 0x01      // 读取命令
#define ADS1230_CMD_WRITE 0x00     // 写入命令

#define ADS1230_GAIN_1 0x00        // 增益设置，1倍
#define ADS1230_GAIN_2 0x40        // 增益设置，2倍
#define ADS1230_GAIN_4 0x80        // 增益设置，4倍
#define ADS1230_GAIN_8 0xC0        // 增益设置，8倍

#define ADS1230_SPEED_15SPS 0x00   // 采样速度设置，15SPS
#define ADS1230_SPEED_60SPS 0x04   // 采样速度设置，60SPS
#define ADS1230_SPEED_240SPS 0x08  // 采样速度设置，240SPS

#define ADS1230_MODE_NORMAL 0x00   // 模式设置，正常模式
#define ADS1230_MODE_IDLE 0x01     // 模式设置，空闲模式
#define ADS1230_MODE_SINGLE 0x02   // 模式设置，单次模式
#define ADS1230_DATA_REGISTER 0x00 // 数据寄存器地址
/****** PTM-20C 传感器参数 ******/
#define PTM20C_VOLTAGE_MAX 5.0     // 传感器输出电压最大值，5V
#define PTM20C_PRESSURE_MAX 20000  // 传感器输出电压对应的最大压力，20kPa

/****** 初始化函数 ******/
void SPI_Init(){
    SPI_SCLK = 0;                  // 初始化 SPI 时钟线为低电平
    SPI_SDI = 0;                   // 初始化 SPI 数据输入线为低电平
    SPI_SDO = 0;                   // 初始化 SPI 数据输出线为低电平
    SPI_SS = 1;                    // 初始化 SPI 片选线为高电平，禁用 SPI 设备
}

void SPI_Send(unsigned char data){
    SPI_SS = 0;                    // 选中 SPI 设备
    for(int i = 0;i < 8;i++){
        SPI_SDO =(data & 0x80)?1:0; // 发送最高位
        data <<= 1;                // 左移数据，准备发送下一位
        SPI_SCLK = 1;              // 上升沿发送数据
        _nop_();                   // 短暂延时，确保数据稳定
        SPI_SCLK = 0;              // 下降沿结束数据传输
    }
    SPI_SS = 1;                    // 取消选中 SPI 设备
}
```

```c
unsigned char SPI_Receive(){
    unsigned char data = 0;
    SPI_SS = 0;                          // 选中 SPI 设备
    for(int i = 0;i < 8;i++){
        data <<= 1;                      // 左移数据，准备接收下一位
        if(SPI_SDI)data |= 1;            // 接收数据
        SPI_SCLK = 1;                    // 上升沿接收数据
        _nop_();                         // 短暂延时，确保数据稳定
        SPI_SCLK = 0;                    // 下降沿结束数据传输
    }
    SPI_SS = 1;                          // 取消选中 SPI 设备
    return data;
}

void Delay_ms(unsigned int ms){
    unsigned int i,j;
    for(i = 0;i < ms;i++)
        for(j = 0;j < 120;j++);          // 延时约 1ms
}
/****** 读取压力值函数 ******/
unsigned int Read_Pressure(){
    unsigned char data[3];
unsigned int pressure;                   // 发送读取命令
    SPI_Send(ADS1230_CMD_READ | ADS1230_MODE_NORMAL | ADS1230_
SPEED_60SPS | ADS1230_GAIN_1 | ADS1230_DATA_REGISTER);
    data[0] = SPI_Receive();             // 接收最高 0 位
    data[1] = SPI_Receive();             // 接收次高 8 位
    data[2] = SPI_Receive();             // 接收最低 8 位
    pressure =(data[0] << 16) | (data[1] << 8) | data[2];
                                         // 组合 24 位数据
    return pressure;
}
/****** 压力值转换函数 ******/
float Convert_Pressure(unsigned int raw_value){
    float voltage =(raw_value * PTM20C_VOLTAGE_MAX)/ 1048575.0;
                                 //24 位 ADC 的最大值
    float pressure =(voltage / PTM20C_VOLTAGE_MAX)* PTM20C_PRESSURE_MAX;
                                 // 单位转换为 kPa
    return pressure;
}
void main(){
    SPI_Init();                          // 初始化 SPI
    printf("Starting pressure monitoring system.\n");
                                         // 打印启动信息
    while(1){
        unsigned int raw_value = Read_Pressure();// 读取原始压力值
```

```
        float pressure = Convert_Pressure(raw_value);        // 转换为实际压力值

        printf("Pressure:%.2f kPa\n",pressure); // 打印压力值
        Delay_ms(1000);                          // 每1s读取1次
    }
}
```

五、项目小结

抗冲击型压力传感器在医疗卫生行业中有广泛的应用，它们可用于监测患者的生命体征、手术过程中的压力变化和座椅上长时间的压力分布情况等。此外，这些传感器还可帮助预防压疮、优化假肢控制，并应用于紧急呼叫系统中。这些应用不仅提高了医疗保健的质量和效率，还改善了患者的治疗体验。总之，抗冲击型压力传感器在医疗卫生领域发挥着重要作用。

六、拓展实践

基于 51 单片机的抗冲击型压力传感器振动监测系统可以通过拓展实践完成更多的功能。例如，添加报警功能，当压力值超过一定范围时，可以通过蜂鸣器、LED 等方式发出声音或闪烁提示用户。请写一份项目报告，阐述实现过程和实践结果。

思考与练习

3-1 什么是应变效应？什么是压阻效应？

3-2 简述应变式传感器的工作原理。

3-3 直流电桥按桥臂工作方式的不同可分为哪几种？

3-4 根据工作原理可将电容式传感器分为哪几种类型？它们各适用于什么场合？

3-5 一个以空气为介质的变面积型电容式传感器的极板长为 a，宽为 b，极板间隙为 d，极板在原始位置向上平移 Δd 后，求该传感器的灵敏度系数 K。（已知空气的相对介电常数为 ε_r，真空时的介电常数 ε_0）

3-6 什么是正压电效应？什么是逆压电效应？

3-7 常用的压电材料有哪几种？

3-8 能否用压电式传感器测量静态力？为什么？

第4章

光传感器

光的传播特性很早就被人类熟知并得到证明，如 1864 年，麦克斯韦在法拉第电磁感应原理的基础上建立了经典的麦克斯韦方程组，在电磁波理论中很好地利用光的波动方程来解释说明光的反射、折射和衍射等现象。但物质对光传播过程中所产生的吸收、散射及光电子发射等现象仍无法解释，经由普朗克、赫兹等科学家的不断验证，直到 1905 年，由爱因斯坦提出的光电效应，证明了光子理论。该理论证实了普朗克关系式 $E = hf$，说明光子的能量与光子的频率成正比。

光传感器是以光电效应理论为基础衍生的，其实现过程是将其他非电量转化为可代替的光信号，进而将光信号转化为电量输出。本章将着重介绍光敏电阻传感器、光电二极管、热释电传感器和颜色传感器的工作原理、现象解释、结构特性、工作电路，方便后续工程应用的展开。

理论知识

4.1 光敏电阻传感器

4.1.1 光敏电阻传感器的工作原理

光敏电阻传感器是光传感器的一种，其理论基础仍依托于光电效应，即以光电检测元件为转换器件，实现被测光信号→光电检测元件→电信号这一检测过程。

爱因斯坦认为光由光子组成，且每个光子具有的能量的表达式为

$$E = hf \qquad (4\text{-}1)$$

式中，h 为普朗克常数，$h = 6.626 \times 10^{-34}$ J·s；f 为入射光的频率，单位为 Hz。

通常可将光电效应分为外光电效应和内光电效应两大类。

1. 外光电效应

当光照射至某一物件时，光子的能量会传递给物件材料内表面的电子，使其获取足够的能量，进而通过获得的逸出功摆脱物件材料对其的束缚，这一逸出物件材料表面并形成电子发射的现象称为外光电效应，如图 4-1 所示，即当入射光照射至物件材料表面时，光子提供的逸出功可使物件材料内表面的阴极电子获得能量，从而摆脱物件材料逸出，形成电子发射。

显然，电子逸出物件材料表面的速度受到材料性质的限制，该速度用爱因斯坦光电方

程来解释，即为

$$\frac{1}{2}mv^2 = hf - W_{\text{escaped}} \qquad (4\text{-}2)$$

式中，m 为电子质量，单位为 kg；v 为电子逸出物件材料表面时的初速度，单位为 m/s；h 为普朗克常数；f 为入射光的频率；W_{escaped} 为物件的逸出功，单位为 eV。

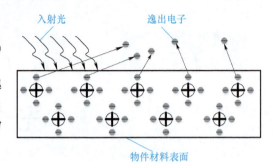

图 4-1　外光电效应

式（4-2）为爱因斯坦对光电效应的一种解释，即假设一个光子能量只能赋予一个自由电子，该自由电子所遵循的能量守恒定律可理解为，其被光子所赋予的初始能量为 hf，同时需克服物件材料所带来的逸出功 W_{escaped}，方可获得逸出物件材料表面时的初始能量 $\frac{1}{2}mv^2$。

此外，由于逸出功与物件材料的性质密切相关，因此物件材料选定后，入射光的频率 f 需有一个最低限值，否则当 $hf < W_{\text{escaped}}$ 时，即使入射光的光通量很大，照射时间很长，电子也无法逸出，该最低限值称为红限频率 f_0，其所对应的波长称为红限波长（入射光的波长 λ、频率 f 和光速 c 的关系为 $\lambda = c/f$）。常用材料的红限频率和红限波长见表 4-1。

表 4-1　常用材料的红限频率和红限波长

材料	铯	钠	银	钛	钨	金	铂
红限频率 /10^{14}Hz	4.60	5.55	11.53	9.97	10.95	11.70	15.31
红限波长 /μm	0.652	0.540	0.260	0.301	0.274	0.256	0.196

当 $f > f_0$ 时，光通量越大，照射时间越长，物件材料内表面电子获得的能量越大、越活跃，逸出的电子数目也就越多，电路中的光电流也就越充盈。

2. 内光电效应

当光照射在物件上时，物件的阻值会改变，使其导电能力发生变化或产生光生电动势的现象称为内光电效应，它多发生于半导体内。根据电能产生方式的不同，内光电效应可分为光电导效应和光生伏特效应。

（1）光电导效应　光电导效应又称为光敏效应，是指光照射物件时引起其材料电导率变化，进而使其阻值变化的现象。

光电导效应的实现原理如图 4-2a 所示。当光照射到物件材料时，该物件材料本身的光电导特性会在物件材料吸收光子的能量后，使其内部的电子变化为活跃的可传导状态，实现载流子浓度增大→材料电导率增大→阻值降低→形成大量的光电流这一过程，进而使得电阻 R 上有相应的信号电压输出，实现了输出电压随输入光信号变化的光电转化。

事实上，在光照作用下，具有光电导特性的材料吸收入射光子能量后，其载流子浓度增大致使产生大量电流的过程受其自身的禁带宽度限制。不同材料的禁带宽度不同，常用材料的禁带宽度见表 4-2。电子迁移过程如图 4-2b 所示。一般情况下，材料内的被束缚的电子呈不连续能量带状，这就是价带状态。要想使其具有导电性，必须使其成为自由电子，以形成导带。而被束缚的电子必须从光照中获取足够的能量，成为自由电子，才可从价带迁移至导带，此能量的最小值即为禁带宽度 E_g，电子迁移所耗费的能量用公式表示为

$$E_c - E_v = hf = \frac{hc}{\lambda} \geqslant E_g \tag{4-3}$$

式中，E_c 为导带宽度；E_v 为价带宽度；f 和 λ 分别为入射光的频率和波长。

显然，当入射光产生的光子能量大于或等于物件材料的禁带宽度时，便可激发出电子 – 空穴对，使载流子浓度增加，进而导电性增大，阻值减小，形成大量电流。

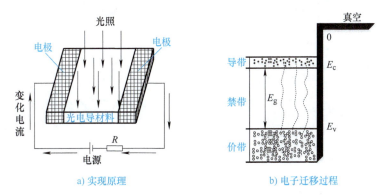

a) 实现原理　　　　　　　　　　　b) 电子迁移过程

图 4-2　光电导效应

表 4-2　常用材料的禁带宽度

材料	锗	硅	砷化镓	氧化亚铜
禁带宽度 /eV	0.66	1.12	1.46	2.2

（2）光生伏特效应　光生伏特效应类似于光电导效应，两者的区别在于，当光照射物件时，物件材料间的 PN 结会产生载流子，即电子 – 空穴对，在 PN 结内产生电压，从而产生一定方向的电动势，进而获得一定的电流，如图 4-3a 所示。

图 4-3a 中的 PN 结由一个 N 型掺杂区和一个 P 型掺杂区紧密接触构成。在一块完整的元素上，用不同的掺杂工艺使其一边形成 N 型半导体，另一边形成 P 型半导体，两种半导体交界面附近的区域为 PN 结，其中脱离价带的自由电子与空穴形成载流子，如图 4-3b 所示。

通常情况下，PN 结中光生伏特效应的电流和电压的关系方程为

$$\begin{cases} I = I_s \exp\left(\frac{u}{U_T} - 1\right) \\ U_T = \frac{kT}{q} \end{cases} \tag{4-4}$$

式中，I_s 为 PN 结反向饱和电流；k 为玻耳兹曼常数；T 为绝对温度；q 为电子电量；U_T 为热电压，在室温下，$U_T \approx 26\text{mV}$。

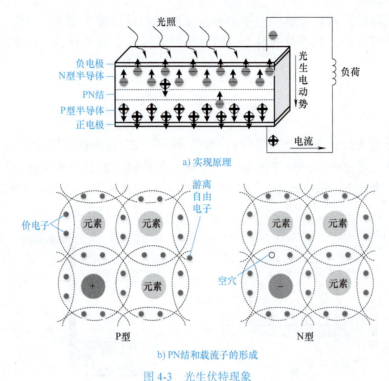

a) 实现原理

b) PN结和载流子的形成

图 4-3　光生伏特现象

4.1.2　光敏电阻传感器的结构特性

　　光敏电阻传感器是基于光电导效应设计的一款光传感器，多数应用于检测光照是否存在和光照强弱等场景。应用场景决定了光敏电阻传感器只需一个光敏电阻元件，即可通过引线外接辅助电源实现其阻值随光照强度而变化，进而影响电流流通的效应。光敏电阻的图形符号和结构如图 4-4 所示。

　　光敏电阻通常采用薄膜半导体材料，即在陶瓷基片表面覆着一层硫化镉或硒化银等光电半导体材料，同时两端装有引线，方便辅助电源接入。此外，为避免自由空间中温湿度的影响，通常将光敏电阻封装在透明的密闭容器内，并将两极通常做成梳状，从而提升其灵敏度。光敏电阻的结构组成使其具有灵敏度高、体积小、重量轻、耐冲压、抗过载、寿命长以及性能稳定、性价比高等优点。

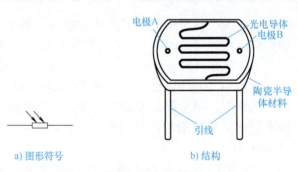

a) 图形符号　　　　　　b) 结构

图 4-4　光敏电阻的图形符号和结构

同时，光敏电阻简单的结构使其能够适应较宽的光谱范围（紫外到红外），当无光照时，阻值较大，流通电流较小；当受到可响应范围内的光谱照射时，阻值会迅速减小，流通电流会急剧增大。

1. 光敏电阻的参数

　　（1）暗电阻　室温条件下，光敏电阻完全无光照时，经由一定时间在一定外加电压下测得的稳定阻值即为光敏电阻的暗电阻，常用 0lx 表示 [用照度计测量光照强度，其单位为勒克斯（lx）]。暗电阻的阻值通常大于 1MΩ，甚至可达 100MΩ，因此暗电阻是光敏电阻不可忽视的重要参数。

（2）亮电阻 室温条件下，光敏电阻在一定时间内受到可响应范围波长光照下，在一定外加电压下测得的阻值为光敏电阻的亮电阻，常用 100lx 表示。

（3）灵敏度 灵敏度是指光敏电阻暗电阻与亮电阻的相对变化值。通常情况下，光敏电阻的暗电阻与亮电阻之间的比值约为 1500：1。暗电阻和亮电阻所对应的电流分别称为暗电流和亮电流。光敏电阻实际工作时，其在电路中所获得的光电导电流为

$$I_R = I_{bright} - I_{dark} \qquad (4-5)$$

式中，I_R 为光敏电阻的光电导电流；I_{bright} 为亮电流；I_{dark} 为暗电流。

据式（4-5）可知，在实际测量中，光敏电阻的亮电流越大越好，暗电流越小越好，即亮电阻越小越好，暗电阻越大越好，这样光敏电阻的光电导电流才可放大，亮电流与暗电流的比值越大，光敏电阻的灵敏度越高。

2. 光敏电阻的特性

常规光敏电阻具有伏安特性、光谱特性、时间响应特性、频率特性、光电特性、光谱温度特性及光照特性等。

（1）伏安特性 在一定的光照强度下，光敏电阻中流过的电流 I_R 与外加电压 U_R 之间的联系称为光敏电阻的伏安特性。显然，不同光照强度下得到的光敏电阻的伏安特性曲线不同。伏安特性是传感器使用规划的重要依据。通常情况下，光敏电阻的电流与电压间的关系可表示为

$$I_R - \frac{A}{d}\Delta\sigma U_R \qquad (4-6)$$

式中，A 为光敏电阻的外表面积；d 为两电极间距；$\Delta\sigma$ 为光照下由光电导效应导致变更的光敏电阻电导率。

显然，式（4-6）中的 $\Delta\sigma$ 为变更后的稳定值，因此在一定光照强度下，光敏电阻的电流与电压呈线性关系，光敏电阻的伏安特性如图 4-5 所示。显然，在不同的光照强度下，光敏电阻会呈现出不同的伏安特性，这表明在电压稳定的情况下，阻值随光照强度的变化而变化。类似地，在光照强度不变的情况下，电流随电压的变化而变化，二者成正比，且不存在饱和现象。尽管如此，光敏电阻与一般电阻一样受到额定功率、电压和电流限制。

（2）光谱特性 光敏电阻相对于不同入射光的波长，其灵敏度的变化也不同。入射光波长与光敏电阻灵敏度间的关系称为光敏电阻的光谱特性。图 4-6 给出了六种可在玻璃、陶瓷上覆着的材料的光谱特性。其中，硒、硅、硫化镉的峰值在可见光区（波长为 400 ~ 760nm），镉、硫化铊和硫化铅处于红外光区（波长大于 760nm），此外，在其他波段的灵敏度仍然存在，如硅在紫外光区（波长小于 400nm）仍有 40% ~ 60% 的相对灵敏度。因此，选择光敏电阻时要考虑材料所处的光区。

（3）时间响应特性 当入射光强度陡然变化时，光敏电阻无法立即展现出相应的反应，需要一定的缓冲时间才可进入稳定状态，说明光敏电阻有时延特性，这种特性称为光敏电阻的时间响应特性，如图 4-7 所示。该特性存在两个重要参数，即上升时间和下降

时间。上升时间 t_{1-u}、t_{2-u} 和下降时间 t_{1-d}、t_{2-d} 的长短是影响光敏电阻对光信号响应快慢的重要因素，时间越短，对光信号的响应速度越快，或者对入射光脉冲强弱变化的响应越快。

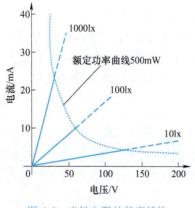

图 4-5　光敏电阻的伏安特性

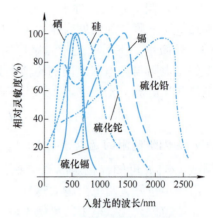

图 4-6　光敏电阻的光谱特性

（4）频率特性　光敏电阻的光电流并不能随入射光强度变化而立即做出相应变化，这种时间上的延迟即为光敏电阻的时间响应特性，通常用时间常数表示。不同材料的光敏电阻具有不同的时间常数，因此其在不同入射光波长所对应的调制频率（强度）下的频率特性也各不相同。图 4-8 给出了两种常用材料的频率特性。

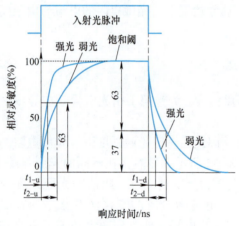

图 4-7　光敏电阻的时间响应特性

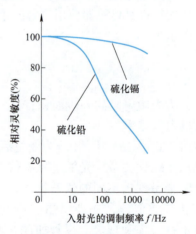

图 4-8　光敏电阻的频率特性

（5）光电特性　在外接电压不变的情况下，入射光强度与电阻和电流间的关系称为光敏电阻的光电特性。图 4-9 所示为光敏电阻的光电特性。显然，当光照强度大于 100lx 时，该光敏电阻的光电特性在非线性上的显现非常严重，这也说明光敏电阻不适用于高精度测量，只能用于判定入射光照射有无或光照强度的阈值设定。

（6）光谱温度特性　光敏电阻受温度影响时，温度对光谱波长的响应称为光敏电阻的光谱温度特性。图 4-10 所示为硫化铅光敏电阻的光谱温度特性，当温度升高时，光敏电阻的灵敏度和暗电阻都有所下降，此时，硫化铅的光谱温度特性曲线峰值将会随温度升高而向短波方向移动。此种现象产生的原因在于，温度升高时光敏电阻产生电子－空穴对所耗费的能量会增加。因此，由式（4-3）可知，当自由电子产生过程中所跨越的禁带宽度能量增加时，自由电子势必会向短波方向移动。这也是光敏电阻在使用过程中，通常通过降温的方式来提高其在长波范围内的灵敏度的原因，尽管如此，调控温度时还应考虑光敏电阻的材料特性，如图 4-10 所示的硫化铅光敏电阻，其在红外光区受温度影响较大，而在可见光区受温度影响较小。

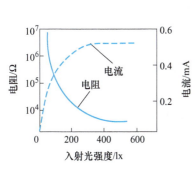

图 4-9　光敏电阻的光电特性

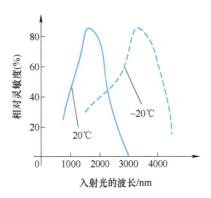

图 4-10　硫化铅光敏电阻的光谱温度特性

（7）光照特性　光敏电阻随入射光强度变化的特性称为光敏电阻的光照特性。图 4-11 给出了某型号光敏电阻的在入射光强度变化下的内部电阻变化曲线，显然，随着光照强度的增加，光敏电阻的阻值开始迅速下降。若进一步增大光照强度，则阻值变化减小，逐渐趋向平缓。

4.1.3　光敏电阻的工作电路原理

光敏电阻传感器在各种应用环境下使用的最终目的是将光敏电阻的阻值转化为相应的电压或电流值输出，以便于识别和检测，而实现这一过程所对应的工作电路即为光敏电阻的偏置电路，共包含以下三种电路类型。

1. 基本偏置电路

光敏电阻的基本偏置电路如图 4-12 所示。

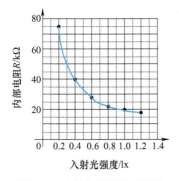

图 4-11　光敏电阻的光照特性

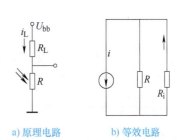

a) 原理电路　　　b) 等效电路

图 4-12　光敏电阻的基本偏置电路

定义弱辐射情况下的入射光强度为 E_V，光敏电阻的阻值和电导分别为 R 和 σ，则流过图 4-12 中偏置电阻 R_L 的电流 I_L 可表示为

$$I_L = \frac{U_{bb}}{R + R_L}$$

其微变量可表示为

$$dI_L = -\frac{U_{bb}}{(R+R_L)^2}dR \tag{4-7}$$

由于电阻 R 和电导 σ 互为倒数，因此可表示为

$$dR = d\frac{1}{\sigma} = -\frac{1}{\sigma}d\sigma \tag{4-8}$$

定义该电导下光敏电阻的灵敏度为 S_σ，根据光电原理，照度 E_V 和电导 σ 与灵敏度 S_σ 呈线性关系，可表示为

$$\sigma = S_\sigma E_V \tag{4-9}$$

因此，式（4-8）中的 $d\sigma$ 可变换为 $d\sigma = S_\sigma dE_V$，将式（4-8）和式（4-9）代入式（4-7）合并整理后，式（4-7）可变换为

$$dI_L = \frac{U_{bb}R^2 S_\sigma}{(R+R_L)^2}dE_V \tag{4-10}$$

定义 $i_L = dI_L$，$e_V = dE_V$，可得

$$i_L = \frac{U_{bb}R^2 S_\sigma}{(R+R_L)^2}e_V \tag{4-11}$$

由于光敏电阻两端电压 U_R 为 R 与 R_L 对电压 U_{bb} 的分压，因此可表示为 $U_R = U_{bb}R/(R+R_L)$，将其代入式（4-7），并结合式（4-11）可得中间变量 i 为

$$i = \frac{U_{bb}R S_\sigma}{R+R_L}e_V = U_R S_\sigma e_V \tag{4-12}$$

将式（4-12）代入式（4-11），可得

$$i_L = \frac{R}{R+R_L}i \tag{4-13}$$

因此，图 4-12 所示的基本偏置电路两端的输出电压可表示为

$$u_L = R_L i_L = \frac{RR_L}{R+R_L}i = \frac{U_{bb}R^2 R_L S_\sigma}{(R+R_L)^2}e_V \tag{4-14}$$

显然，当光敏电阻的基本偏置电路参数给定后，式（4-14）所示的输出电压的变化与辐射入射照度 e_V 呈线性关系。

2. 恒流偏置电路

在图 4-12 所示的基本偏置电路中，当 $R_L \gg R$ 时，流过光敏电阻的电流基本保持不变，这种状态的偏置电路称为光敏电阻的恒流偏置电路。尽管如此，通常情况下，光敏电阻的自身阻值 R 都很高，此时如果单纯以满足恒流电路的要求为标准，就难以满足电路输出阻抗的要求。

因此，引入稳压二极管 VS，使晶体管的基极电压稳定，即形成 $U_b = U_w$。恒流偏置电路如图 4-13 所示。此时，流过该晶体管发射极的电流 I_e 为

$$I_e = \frac{U_w - U_b}{R_e} \tag{4-15}$$

利用式（4-15）的恒定电流 I_e 可得该晶体管恒流偏置电路的输出电压 U_o 为

$$U_o = U_{bb} - I_e R \tag{4-16}$$

对式（4-16）两端求偏微分，可得

$$dU_o = -I_e dR \tag{4-17}$$

利用电阻与电导间的倒数关系，结合式（4-9），整理可得 $dR = -S_\sigma R^2 dE_V$，将其代入式（4-17），可得

$$dU_o = \frac{U_w - U_b}{R_e} S_\sigma R^2 dE_V \tag{4-18}$$

与式（4-11）同理，可定义 $u_o = dU_o$，$e_v = dE_V$，式（4-18）可变换为

$$u_o \approx \frac{U_w}{R_e} S_\sigma R^2 e_V$$

此时，恒流偏置电路的中响应电压的灵敏度为

$$S_V = \frac{u_o}{e_V} = \frac{U_w}{R_e} S_\sigma R^2 \tag{4-19}$$

由式（4-19）可知，恒流偏置电路中光敏电阻的输出电压与阻值的二次方成正比，间接说明高阻值特性的光敏电阻可满足恒流偏置电路的要求，也会提高检测器的检测灵敏度。

3. 恒压偏置电路

如图 4-14 所示，类似于恒流偏置电路，可利用晶体管使光敏电阻两端的电压恒定，构成光敏电阻的恒压偏置电路。

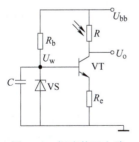

图 4-13　恒流偏置电路

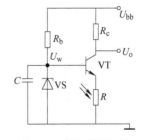

图 4-14　恒压偏置电路

恒压偏置电路中，光敏电阻的电流 I 约等于处于放大状态的晶体管的发射极电流 I_e，即 $I \approx I_e$。因此，可得恒压偏置电路的输出电压为

$$U_o = U_{bb} - I_c R_c \approx U_{bb} - I_e R_c \approx U_{bb} - I R_c \tag{4-20}$$

对式（4-20）两端求偏微分，可得

$$dU_o = -R_c dI_c \approx -R_c dI_e \approx -R_c dI \tag{4-21}$$

类似于恒流偏置电路的推导方案，因式（4-15）可约等于 U_w / R_e，即可等效为

$$I_e = \frac{U_w}{R_e} \approx I = \frac{U_w}{R} \quad (4\text{-}22)$$

对式（4-22）两端求偏微分，可得

$$dI_e = -\frac{U_w}{R_e^2} \approx dI = -\frac{U_w}{R^2} \quad (4\text{-}23)$$

将 $dR = -S_\sigma R^2 dE_V$ 代入式（4-23），可得

$$dU_o \approx -R_c dI = R_c S_\sigma U_w dE_V \quad (4\text{-}24)$$

显然，由式（4-24）可知，恒压偏置电路的输出电压与光敏电阻的阻值无关。

4.2 光电二极管

4.2.1 光电二极管的工作原理

光电二极管又称光电二极管传感器，是一种利用内光电效应实现光电转换的器件，即实现光变化→电流或电压变化这一信号转换过程，是一种简单实用的光传感器。该类光传感器的管内通常内置对光变化较为敏感且具有单向导电性的 PN 结，当入射光强度不断变化时，PN 结会快速改变光学特性，以实现电路中电路信号的改变。光电二极管多数用于开关功能的实现，在智慧城市和智慧农业的灯控系统中应用较为广泛。

光电二极管是典型的 PN 结型光探测器，管芯内置的 PN 结使其具有低噪声干扰、光电响应灵敏度高、小巧轻量以及可以在较宽的波长范围内保持较好的线性关系等优点。

光电二极管的核心部分为 PN 结，PN 结在反向电压作用下进行光电转化，为更好的感受入射光强度变化，PN 结的面积通常较大且很浅。图 4-15 所示为光电二极管的工作原理，根据半导体 PN 结的整流效应原理，当外加电压为正向时，P 区加正电位，N 区加负电位，二者结合区的电动势会下降，且宽度会变窄。此时，载流子形成能力激增，即 N 区电子和 P 区空穴的组队能力迅速增加，组队速度加

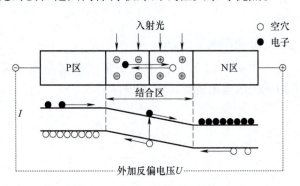

图 4-15　光电二极管的工作原理

快，电流与外加电压间呈上升指数关系。反之，当外加电压为反向时，P 区和 N 区结合区的电动势会上升，宽度会变宽，电流在电路中为饱和状态（$I \approx 0$）。此时，如果光子在结合区激发出电子 – 空穴对，就会造成电子和空穴向结合区两端扩散，即结合区的电场会自主的将电子和空穴分别推向 N 区和 P 区，形成新的载流子，进而在结合区电场的作用下参与导电，这也体现了光电二极管中 PN 结的导电性。

4.2.2 光电二极管的结构和分类

1. 光电二极管的结构

光电二极管无论是从外形还是内部组成结构来说，均与普通二极管极其相似。图 4-16

所示为光电二极管的外形结构和内部组成结构。通常情况下，光电二极管的整体结构由玻璃外壳、管芯、玻璃凸镜和引脚组成。显然，光电二极管在设计和制作的过程中，玻璃外壳和玻璃凸镜的使用能够使得面积较大的 PN 结更好地接受入射光的照射。当玻璃外壳或玻璃凸镜没有光照时，反向电流极其微弱，形成暗电流；当有光照时，反向电流迅速增大到几十微安，形成光电流。光照强度越大，反向电流也越大。光的变化引起光电二极管的电流变化，这就可以把光信号转换成电信号，成为光电传感器。

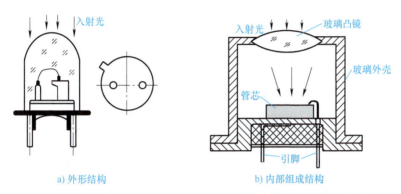

图 4-16　光电二极管的结构

2. 光电二极管的分类

光电二极管的种类很多，包括 PN 型光电二极管、PIN 型光电二极管、APD（雪崩光电二极管），其硅材料特性下的结构分别如图 4-17 ～图 4-19 所示。

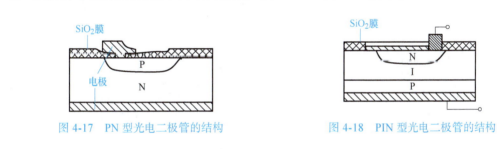

图 4-17　PN 型光电二极管的结构　　　　图 4-18　PIN 型光电二极管的结构

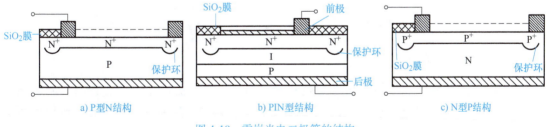

图 4-19　雪崩光电二极管的结构

三者在波长响应范围、灵敏度上的优缺点具体如下：

1）PN 型光电二极管对紫外到红外范围波长的光具有较高的灵敏度，光电流与入射光强度的线性关系比较好，对微弱光也有较高的灵敏度，但其响应速度比 PIN 型光电二极管要慢。

2）PIN 型光电二极管的优点为在紫外到红外范围波长内响应灵敏度更快，缺点是温度特性比 PN 型光电二极管差。

3）雪崩光电二极管的主要特点是对宽范围波长的光具有较高的灵敏度，且对光电流具有放大作用，暗电流小，响应速度特别快。雪崩光电二极管的频带宽度可达 100GHz，是目前响应速度最快的一种光电二极管，其缺点是工艺要求高、受温度影响大。当雪崩光电二极管在高反偏压下工作时，电子和空穴漂移运动时得到很大的动能，因此有如此高的频带宽度产生。雪崩式碰撞电离过程如图 4-20 所示，雪崩光电二极管中电子 – 空穴对（载流子）在 PN 结合区的晶格原子碰撞产生电离，即激发了二次甚至多次电子与空穴在电场下的配对，同时又加速了碰撞速度，形成雪崩倍增效应，从而实现放大电流和加快响应灵敏度的效应。

4.2.3　光电二极管的工作特性和性能参数

常规的光电二极管具有伏安特性、温度特性、光谱特性、光电特性和额定工作电压、亮电流、暗电流、响应时间、结电容等性能参数。

1. 光电二极管的工作特性

（1）伏安特性　光电二极管的伏安特性是指，在一定光照条件下，流过光电二极管的电流与电压的关系。图 4-21 所示为光电二极管的伏安特性曲线。图中，P_1 为无光照情况下的伏安特性曲线；P_2 为中段波长范围内的入射光强度下的伏安特性曲线；P_3 为高波长范围内的入射光强度下的伏安特性曲线；P_4 为超高波长范围内的入射光强度下的伏安特性曲线；VD 为光电二极管；E_c 为电源电压；R 为负载电阻，$R_1 > R_2$。

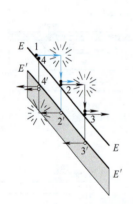

图 4-20　雪崩式碰撞电离过程

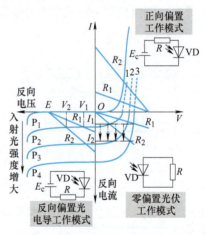

图 4-21　光电二极管的伏安特性曲线

如图 4-21 所示，当入射光从无光照开始逐渐增强时，流过光电二极管的电流的状态不同，对应为三种工作模式，分别是零偏置光伏工作模式、反向偏置光电导工作模式和正向偏置工作模式。

1）零偏置光伏工作模式：若在光电二极管所处电路中接入负载电阻 R，则有光照射时，光电二极管的 PN 结内会出现两种方向相反的电流，描述该现象的伏安特性表达式为

$$I_L = I_D - I_P = I_0(e^{qV/kT} - 1) - I_P \tag{4-25}$$

式中，I_0 为无光照的反向饱和电流；V 为光电二极管两端的电压；q 为电子电荷；k 为玻耳兹曼常数；T 是 PN 结温度。

当入射光强度变化激发产生电子 – 空穴对时，光子会在内建电场作用下产生电流 I_P，其与入射光强度有关，方向与 PN 结反向饱和电流 I_0 相同。同时，光生电流流过负载会形成反向电压降，相当于将光电二极管两端所施压的反向偏置电压方向变为正向，从而产生电流 I_D，进而形成流过光电二极管或负载的总电流，为 $I_L = I_D - I_P$。

2）反向偏置光电导工作模式：当无光照射时，负载电阻很大，流过光电二极管的光电流很小；当有光照时，负载电阻变小，流过光电二极管的光电流增大，且随入射光强度的增大而迅速增大，此时光电二极管类似于光电导器件。

3）正向偏置工作模式：当光电二极管所处电路为正向偏置工作模式时，其具有单向导电性。当无光照射时，光电二极管的伏安特性等同于普通二极管，光电效应无法体现。当有光照时，电路中会产生与 I_0 方向相同的光电流，此时伏安特性曲线将沿电流轴向下平移，平移的幅度与入射光照射的变化成正比，也可以说光电二极管所处电路的电流与入射光强度成正比。

（2）温度特性　温度变化与流过光电二极管的暗电流与亮电流间的关系称为光电二极管的温度特性，如图 4-22 所示。图中，$1×10^5 \sim 4×10^5 \mu A$ 为亮电流，$0 \sim 50\mu A$ 为暗电流，根据温度和电流的斜率可知，温度的变化对暗电流的影响很大，对亮电流的影响很小。在实际测量中，应采取适当的措施以对测量电路中的暗电流进行温度补偿，否则会导致测量误差出现，灵敏度下降。

（3）光谱特性　光电二极管在不同光照波长范围内所呈现的灵敏度变化称为光电二极管的光谱特性，如图 4-23 所示。影响光电二极管光谱特性的不仅仅是制作材料的材质，即使同一制作材料，通过控制玻璃罩和 PN 结等的制作工艺，仍可以得到不同的光谱特性。图 4-23 给出了硅光电二极管和锗光电二极管以及硅材料下不同滤光玻璃引起的在不同光照波长范围内的灵敏度变化曲线，其中，硅 1 为滤光玻璃引起的光谱特性紫波偏移，硅 2 为常规工艺的光谱特性，硅 3 为滤光玻璃引起的光谱特性红波偏移。

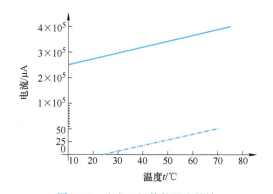

图 4-22　光电二极管的温度特性

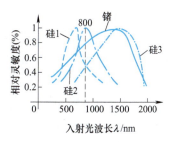

图 4-23　光电二极管的光谱特性

（4）光电特性　不同入射光强度下，流过光电二极管的光电流变化称为光电二极管的光电特性，如图 4-24 所示，流过光电二极管的光电流与一定范围内的入射光强度成正比。

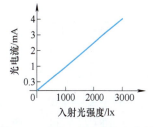

图 4-24　光电二极管的光电特性

2. 光电二极管的性能参数

（1）额定工作电压　额定工作电压又称为最高反向工作电压，是指无光照时，光电二极管中反向电流不大于

0.2 ~ 0.3μA 范围内所允许的最高反向电压。该电压值一般为 10 ~ 50V，其值越高光电二极管的性能越稳定。

（2）亮电流　亮电流是指在一定光照条件下，光电二极管在额定工作电压下所产生的电流。亮电流与光照强度间的参考标准通常会根据所使用器件的功能进行划分，例如，一般情况下，钨丝光源为 2856K，光照强度为 1000lx；白色荧光灯光源为 6500K，光照强度为 1000lx。

（3）暗电流　暗电流是指在无光照条件下，光电二极管加一定反向电压时电路中的反向漏电流。通常情况下，50V 反向电压下的暗电流应小于 100μA。实际器件使用时，暗电流要求尽量小，该电流值越小，光电二极管的性能越稳定。

（4）响应时间　响应时间是指光电二极管将光信号转换为相应电信号过程所需的时间。响应时间越短，说明光电二极管的工作频率越高。

（5）结电容　结电容即光电二极管的 PN 结电容。结电容是影响光电转化响应速率的主要因素。在实际生产制作中，一般要求结面积要小，结面积越小，光电二极管的工作频率越高。

4.2.4　光电二极管的工作电路原理

1. 单个使用电路

图 4-25 所示为光电二极管的单个使用电路，是最简单的光电二极管测量电路。图 4-25a 表示电路输出端电压与入射光强度呈线性关系，V_{OP} 为光电二极管输出端的开路电压。图 4-25b 表示电路输出端电流与入射光强度呈线性关系，I_{PS} 为光电二极管的短路电流。开路电压受外界温度变化的影响较大，因此一般情况下，简单的光电二极管测量电路通常采用短路电流输出的方式。尽管如此，由于该电路中的光电二极管是单个使用的，无论采用哪种输出方式，其输出端的开路电压或短路电流均非常小，因此该类电路通常需要配合光电晶体管或放大器使用，方可用于测量。

2. 无偏置电路

图 4-26 所示为光电二极管的无偏置电路，R_L 为负载阻抗，当该电路接低阻抗时，$R_L = 2k\Omega$，此时电路输出端为短路电流输出；当该电路接高阻抗时，$R_L = 50k\Omega$，此时电路输出端为开路电压输出。负载阻抗越低，电路输出端越接近短路电流输出方式；负载阻抗越高，电路输出端越接近开路电压输出方式。尽管如此，该电路中光电二极管仍是单个使用，会使其输出的电压或电流信号非常小，需配合信号放大器或放大电路方可用于测量。

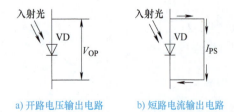

a) 开路电压输出电路　　b) 短路电流输出电路

图 4-25　光电二极管的单个使用电路

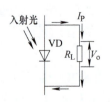

图 4-26　光电二极管的无偏置电路

3. 反向偏置电路

图 4-27 所示为光电二极管的反向偏置电路。在实际工程应用中，反向偏置电路会使光电二极管的灵敏度提高数倍，响应时间大大缩短。类似于图 4-26 所示的无偏置电路，图 4-27 所示的反向偏置电路也可接入高阻抗（$R_L = 50\text{k}\Omega$）或低阻抗（$R_L = 2\text{k}\Omega$），尽管阻抗的接入会对反向偏置电路造成一定的影响，但反向偏置电路在响应特性方面高于无偏置电路，其缺点是暗电流大于无偏置电路。事实上，高阻抗接入的输出电压大于低阻抗接入，而响应特性方面不如低阻抗接入。

4. 光电二极管与晶体管组合电路

图 4-28 所示为光电二极管与晶体管组合电路，图 4-28a 和图 4-28b 分别为经典的集电极输出电路和发射极输出电路。集电极输出电路更适用于入射光为脉冲信号的电路，该电路中，输出信号与输入信号相位相反，且输出信号较大。当入射光脉冲信号存在时，晶体管 VT 处于开路（饱和态）状态，电路中流过光电二极管的反向电流很大；当入射光脉冲信号消失时，晶体管 VT 处于短路（截止态）状态，电路中流过光电二极管的反向电流很小。发射极输出电路更适用于入射光为模拟信号的电路，输出信号与输入信号相位相同，且输出信号较好，电阻 R_b 的存在可以有效减小该电路中的暗电流。类似于集电极输出电路，当入射光信号较强时，发射极输出电路中流过光电二极管的反向电流会很大，晶体管处于开路状态；当入射光信号较弱时，发射极输出电路中流过光电二极管的反向电流会很小，晶体管处于短路状态。

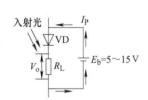

图 4-27 光电二极管的反向偏置电路

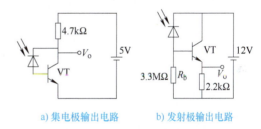

a) 集电极输出电路   b) 发射极输出电路

图 4-28 光电二极管与晶体管组合电路

5. 光电二极管与运算放大器组合电路

图 4-29 所示为光电二极管与运算放大器组合电路，图 4-29a 和图 4-29b 分别为该组合电路的无偏置电路和反向偏置电路。无偏置电路更适用于入射光波长范围宽的情况，但其响应速度没有反向偏置电路快。对于反向偏置电路，其反应速度较快，输出信号与输入信号相位相同，而且可通过将反馈电阻 R_f 修改为对数二极管，实现对数压缩电压的输出。

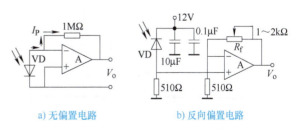

a) 无偏置电路   b) 反向偏置电路

图 4-29 光电二极管与运算放大器组合电路

6. 光电二极管与其他运算放大器组合电路

图 4-30 所示为光电二极管与其他运算放大器组合电路，图 4-30a、图 4-30b、图 4-30c 分别为对数压缩电路、定位传感器电路、调制光传感器电路。图 4-30a 所示的对数压缩电

路采用对数二极管，适用于入射光波长范围较宽且入射信号为模拟信号的情况，可对输出电压进行对数压缩。图 4-30b 所示的定位传感器电路采用的光电二极管类型为对偶型（双光电二极管），形成对光电二极管 VD_1 和 VD_2 的信号放大，并形成二者的差动。图 4-30c 所示的调制光传感器电路采用场效应晶体管 VT，该电路响应速度较快、抗噪能力强，适用于光控电路，是一种调制光等的专用放大器电路，缺点是不适用于模拟信号存在的测量电路。

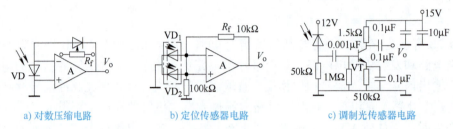

a) 对数压缩电路　　　　b) 定位传感器电路　　　　c) 调制光传感器电路

图 4-30　光电二极管与其他运算放大器组合电路

4.3　热释电传感器

4.3.1　热释电传感器的工作原理

热释电传感器又称为红外光传感器，是通过感受传感器受光面温度的变化，得知入射光的辐射强度，由热辐射原理引起传感器温度的变化，最后通过外接电路转化为相应的电信号输出的一种传感器。该类传感器的核心工作原理是热释电效应和热辐射原理。

1. 热释电效应

热释电传感器的工作原理即热释电效应，该理论很早就被人们发现，红外线和激光技术的发展以及热释电材料的研发，更加丰富了热释电效应理论，也产生了一些经典的热释电传感器，如热释电探测器和热释电摄像管等。

图 4-31 所示为热释电效应的原理，即在入射光辐射输入、温度变化下的电荷移动状态和电压信号输出。当热释电传感器内部的晶体因入射光照射而产生温度变化时，会产生相应强弱变化的极化现象，进而引起晶体材料表面浮游电荷（自由空间中）的释放，从而与极化过程产生的被束缚电荷进行中和，即温度变化会使晶体结构内部正负电荷的中心产生位移，进而形成自主性极化，该过程中，晶体表面的浮游电荷会伴随极化强度的变化不断被耗尽或中和（耗尽程度与极化强度成正比），进而在晶体两端所处的电路中形成相应程度的电压信号输出。

热释电传感器实际工作时，其所展示的热释电效应有极化强弱之分，可用热释电系数表示，如图 4-32 所示。当热释电传感器表面有入射光照射时，若其温度变化 ΔT 在其材料表面各处的变化一致，则可得

$$\Delta P = p\Delta T \tag{4-26}$$

式中，P 为自主性极化强度；p 为热释电系数，为矢量参数。

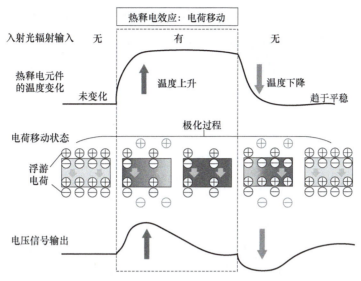

图 4-31 热释电效应的原理

显然，热释电系数是直接影响热释电效应极化强弱的关键影响因素。尽管如此，在某种特定工作环境中，仍需要注意温度变化对热释电传感器机械外形的影响。因为非均匀变化的温度环境所造成的外形微变也会形成相应的温度梯度变化，从而对自主性极化强弱产生影响，进而影响热释电系数的矢量变化。

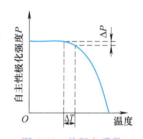

图 4-32 热释电系数

2. 热辐射原理

根据热释电效应可知，热释电传感器工作时，温度变化会影响材料表面电荷的移动和中和，从而形成一定的电压信号输出。显然，温度变化是影响热释电效应的关键因素，根据光传感器的转化原理，该过程中的温度变化实际上是由入射光的温度变化引起的，因此实际是由入射光→辐射能量→热能的转化过程实现的，该转化过程即为热辐射原理。

在热释电传感器中，热辐射原理的实现过程是指材料或传感器部件受到入射光照射加热后，其内部的微观粒子会形成某种热运动状态，即激发状态。辐射能量可通过不同波长的入射光得到不同频率的电磁波，以电磁波的形式向外发射能量的过程会影响热释电传感器的温度变化，即形成传热。不同波长的电磁波如图 4-33 所示，理论上任何高于绝对零度的材料都会向外发射 $0 \sim \infty$ 波长范围的电磁波，事实上在热辐射过程中，能被材料吸收且可以转化为热能的电磁波主要是 $0.38 \sim 0.76\mu m$ 的可见光和 $0.76 \sim 100\mu m$ 的红外线两部分。

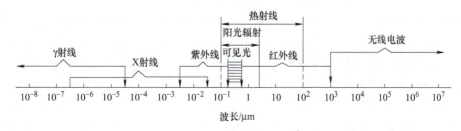

图 4-33 不同波长的电磁波

此外，当热释电传感器受到入射光照射时，入射光能量以射线的形式被吸收，辐射射线能量如图 4-34 所示，该射线的总能量 M 入射至某材料上时被划分为反射能量 M_R、穿透材料能量 M_D 和被材料吸收能量 M_A 三部分，根据能量守恒定律可得

$$M = M_R + M_D + M_A \qquad (4\text{-}27)$$

热辐射现象的射线在传播过程中与可见光的辐射现象一致，均服从光传播的反射和折射定律，因此根据式（4-27）可得，入射射线的反射率为 $R = M_R / M$，透射率为 $D = M_D / M$，吸收率为 $A = M_A / M$，因此式（4-27）在能量守恒定律下的归一化结果为

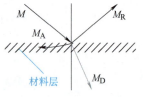

图 4-34 辐射射线能量

$$\frac{M_R}{M} + \frac{M_D}{M} + \frac{M_A}{M} = R + D + A = 1 \qquad (4\text{-}28)$$

经多年的研究和理论证明可知，入射太阳光在单色系方面的传热效应从紫色到红色逐渐增大，最大的传热效应处于红外线波长辐射区域，且处于 $0.1 \sim 1000\mu m$ 波长范围内的电磁波被传感器材料吸收的能力最强，可较好地转化成热能。此外，传感器材料对入射太阳光的热能转化还取决于材料的性质、材料表面的状况和材料自身的温度。

4.3.2　热释电传感器的设计材料和组成结构

1. 热释电传感器的设计材料

据前文所述，热释电传感器工作的主要原理之一为热释电效应，而影响热释电效应的主要因素为热释电系数，该系数代表该类传感器的热释电性能。因此，设计热释电传感器时，材料能否呈现良好的热释电系数或优越的热释电性能是主要参考数据。

热释电材料是一种受到压力后两端会产生压力变化的晶体材料，且该材料具有中心不对称性。在已知的千余种热释电材料中，铁晶体材料呈现的热释电性能较为良好，该类材料的特性在于，其自主性极化性能在外加电场的加持下具有反转特性。以居里温度（磁性材料中自发磁化强度降到零时的温度）为分界，铁晶体会发生极化到非极化的相变。铁晶体材料中，得到业界认可并广泛应用的材料主要有 TGS（Triglycine Sulfide，硫酸三甘肽）类晶体、SBN（Strontium Barium Niobate，铌酸锶钡）类晶体、LT（Lithium Tantalate，钽酸锂）类晶体等。

1）TGS 类晶体。TGS 是典型的二级相变铁晶体，是将甘氨酸和硫酸以 3∶1 的摩尔比例制成的饱和溶液，通过降温生长的方式形成的优质单晶体。该类晶体具有自主性极化强度大、电压响应特性优越、相对介电常数小和易制作等优点，但在防潮性差、机械强度小、退极化现象明显和介质损耗较大等方面存在劣势。

2）SBN 类晶体。SBN 类晶体是一种钨青铜结构，自主性极化强度大，但其介电常数较大，电导率则相对较低，因此该类晶体更适用于制作面积较小的元器件。

3）LT 类晶体。LT 类晶体为晶格结构体，类似于钙钛矿结构，该类晶体的介质损耗较小、居里温度高，且不易退极化，因此该类晶体可适用的温度范围较为宽泛。

此外，在较为流行的热释电传感器材料的制备方法中，热释电陶瓷与单晶体的融合也比较常见。热释电陶瓷与单晶体对比，在成本和制备方面具有普遍优势，常见的有以下三种。

1）钛酸铅陶瓷。钛酸铅陶瓷具有较高的居里温度，热释电系数受温度影响较小，普遍应用于探测类元器件的制作。

2）锆钛酸铅陶瓷。锆钛酸铅陶瓷受温度影响较小，在室温下能够呈现良好的热释电

性能。

3）锆钛酸铅镧（Lead Lanthanum Titanate，PLZT）陶瓷。锆钛酸铅镧陶瓷的居里点高，常温下不会出现退极化现象，且能够呈现良好的热释电性能。

2. 热释电传感器的组成结构

如图 4-35 所示，热释电传感器由滤光片、内置敏感元件的热释电探测元和内置高阻值电阻的前置放大器组成。同时，为防止外部环境对热释电传感器的工作过程产生影响，通常将上述内部元件用真空金属管封闭。

图 4-35　热释电传感器的内部结构

封装在热释电传感器外壳顶部的滤光片具有带通滤波效能，作用是通过带通滤波特性，选择性地允许特定波长的太阳光辐射射线通过，滤掉截止范围外的射线。

热释电探测元中的敏感元件能否较好地吸收特定波长的电磁波并转化为热能，是热释电传感器工作的核心条件。因此在制备过程中，通常将垂直极化方向的晶体切成多个 5 ～ 50nm 超薄片，并在薄片两面蒸镀金属电极，形成一种以某种晶体为介质的平行板电容器。这种设计可以较好地将不同强度的太阳光射线的温度变化迅速转化成电荷迁移，并在热释响应过程中快速产生热释电电流。

热释电传感器的外形结构如图 4-36 所示。

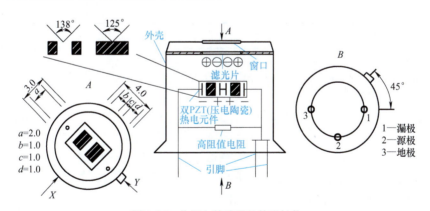

图 4-36　热释电传感器的外形结构

热释电传感器中前置放大器的核心部件是具有场效应的源极跟随器，其所加载的高阻值电阻的作用是在热释电传感器电信号输出过程中，通过阻抗变换将敏感元件探测的微弱电流信号放大，并转化为电压信号输出。

4.3.3　影响热释电传感器效能的因素

热释电传感器工作时，其输出信号、内部组件特性和稳定性会受到噪声、环境温度变化和温度梯度的干扰，这些干扰会对其工作效能造成一定程度的影响。

1. 多种噪声对热释电传感器输出信号的干扰

热释电传感器工作时，来自于外部和内部环境的多种噪声会造成传感器所接收辐射能通量减少和信噪比降低，进而形成对热释电传感器输出信号的干扰。而这些产生干扰的噪声主要来源于热释电传感器内部的固有噪声和外部的空气流动噪声，如热释电元件的介质损耗噪声、环境温度噪声、前置放大器输入的电流和电压噪声、高阻值电阻产生的热噪声等。

显然，在噪声存在的热释电传感器中，信噪比是衡量噪声对该类传感器干扰程度的有效参数，通常利用热释电传感器探测辐射能通量的探测率来衡量信噪比，有

$$D_e = \frac{\sqrt{S_c}R_V}{U_{\tilde{N}}} \tag{4-29}$$

式中，D_e 为探测率；S_c 为热释电元件的表面积；R_V 为负载电阻；$U_{\tilde{N}}$ 为热释电传感器的总噪声电压密度（有效噪声值）。

表 4-3 给出了常见噪声的噪声电压密度，将表 4-3 中来自热释电传感器内部的固有噪声和外部的空气流动噪声进行叠加求和，即可得式（4-29）中的总噪声电压密度 $U_{\tilde{N}}$。

表 4-3 常见噪声的噪声电压密度

噪声	噪声电压密度
热释电元件的介质损耗噪声	$U_{\tilde{N}d} = \sqrt{4kT\omega C_p \tan\delta_p / 1 + (\omega\tau_e)^2}\, RA_V$
环境温度噪声	$U_{\tilde{N}t} = \sqrt{4kT^2 G_T R / \alpha}$
前置放大器输入的电压噪声	$U_{\tilde{N}v} = e_N A_V$
前置放大器输入的电流噪声	$U_{\tilde{N}i} = i_N A_V R / \sqrt{1+(\omega\tau_e)}$
高阻值电阻产生的热噪声	$U_{\tilde{N}r} = 4kTRA_V / [R(1+\omega\tau_e)]$

注：R 为负载电阻；k 为玻耳兹曼常数；ω 为入射辐射调制频率；δ_p 为热释电元件束缚的电荷密度；τ_e 为电路中的时间常数，$\tau_e = RC_p$；α 为吸收系数；T 为热释电元件温度；A_V 为电压增益；e_N 为噪声电荷；i_N 为噪声电流；G_T 为热释电探测元件与环境之间的热导。

根据热释电效应，热释电传感器在理想状态下的唯一噪声来自晶体薄片与外部环境间的热交换，即环境温度噪声，此时热释电传感器在室温下可达到最佳探测率。事实上，影响热释电传感器工作的噪声不仅是环境温度噪声。图 4-37 所示为多种噪声与频率间的关系，不同的噪声电压密度会直接干扰热释电传感器的探测率，从而对传感器效能产生影响。

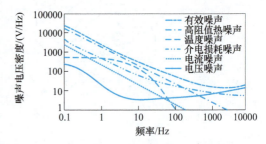

图 4-37 多种噪声与频率间的关系

2. 环境温度变化对热释电传感器内部组件特性的影响

热释电传感器工作时，其所处外部环境的温度变化会对传感器内部组件特性造成一定程度的影响，从而对传感器的响应率、噪声密度和偏置电压等产生影响。环境温度变化对热释电传感器内部组件特性的影响。主要表现在以下四个方面：

1）当环境温度 T 小于或等于热释电传感器的居里温度 T_c 时，热释电传感器的热释电

系数会与环境温度成正比变化。

2）当环境温度 T 升高时，场效应晶体管的漏电流和输入电流噪声均会大幅提高，同时，形成的共源跨导（输出电流与输入电压间变化值的比值）降低，夹断电压升高。

3）当环境温度 T 降低时，前置放大器中调制晶体管的门电阻的阻值会降低，而噪声电压与电阻成正比，因此热释电传感器的噪声与 T 成正比变化。

4）当环境温度 T 变化时，不同材质和图层的滤光片所呈现的透射率不同，通常情况下，当 T 增大时，滤光片的透射率会降低。

以上由于环境温度变化所导致的热释电传感器特性改变，会影响热释电传感器的整体效能，图 4-38 所示为热释电传感器的响应率、噪声密度、偏置电压随环境温度变化的情况。

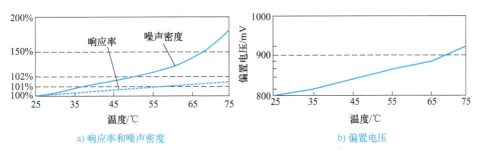

a) 响应率和噪声密度　　　　　　　　　　　　b) 偏置电压

图 4-38　热释电传感器的响应率、噪声密度、偏置电压随环境温度变化的情况

3. 温度梯度对热释电传感器稳定性的影响

温度所呈现的阶梯形变化称为温度梯度，温度梯度随着热释电传感器的外壳温度不断变化，会使热释电传感器的前置放大器中产生一个极大的低频信号，若该低频信号超出前置放大器的工作范围，则会对前置放大器造成破坏，进而影响热释电传感器的工作稳定性。此类影响多数与热释电传感器的时间常数 τ 有关，τ 越大，热释电传感器对温度梯度的敏感度越高。因此，如何改善热释电传感器中前置放大器的结构，从而减小时间常数值，降低温度梯度的影响（可降低影响，但无法完全消除），是提高热释电传感器工作稳定性的关键。

通常情况下，可在热释电传感器的前置放大器中内置门电阻和温度补偿元件。改善后热释电传感器的偏置电压与温度梯度的关系如图 4-39 所示，图中分别给出了热释电传感器内置不同门电阻和温度补偿元件所呈现的偏置电压与温度梯度的关系。显然，门电阻的阻值越小，热释电传感器的稳定性越好，同时内置温度补偿元件的热释电传感器的工作稳定性也更好。

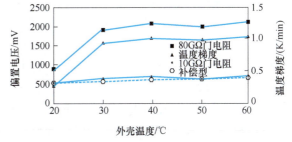

图 4-39　改善后热释电传感器的偏置电压与温度梯度的关系

4.3.4　热释电传感器的工作电路原理

1. 热释电传感器的等效电路

图 4-40 所示为热释电传感器的等效电路，该电路实际上表述的是热释电传感器的信

号转化过程，即热转换过程、热电转换过程和电转换过程。

1）热转换过程：该过程表示，当携带辐射能通量为 $\Delta\Phi$ 的入射光经过透射率为 τ 的滤光片，达到热释电元件时，该元件的表面所获得的辐射能通量为 $\tau\Delta\Phi$，且产生相应的温度变化 ΔT。

2）热电转换过程：热释电元件通过热转换过程所产生的温度变化 ΔT，使该元件表面的浮游电荷不断移动和中和，进而改变该元件表面的电荷密度。

3）电转换过程：通过热释电元件表面电荷密度的改变，在热释电传感器的前置放大电路中获得相应的电压信号输出。

根据热释电传感器的信号转化过程可知，热转换过程的所产生的温差变化 ΔT 是后续转换的前提条件，因此，根据图 4-40 所示的等效电路，ΔT 可表示为

$$\Delta T = \frac{\alpha\tau\Delta\Phi}{\sqrt{G_{\mathrm{T}} + \omega C^2}} \tag{4-30}$$

式中，α 为热释电元件的吸收系数；τ 为透射率；C 为热释电传感器的热转换电容；G_{T} 为热释电探测元与环境间的热导。

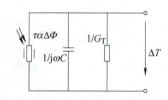

图 4-40　热释电传感器的等效电路

显然，温差 ΔT 越大，热释电元件所转化成的热电输出越大。根据热释电原理，由式（4-30）可以，调大 $\alpha\tau$ 或减小热转换电容 C（减小晶体薄片厚度）可以增大 ΔT。一般情况下，G_{T} 会使时间常数增大，因此不考虑。

此外，由于恒定温度环境下，热释电元件表面的浮游电荷会被自由空间中的异性电荷中和，而该中和过程无法被检测到，因此热释电元件是通过感受温差而产生热释电的，而非恒定温度。温差 ΔT 产生的热释电电流可表示为

$$I_p = pS_{\mathrm{c}}\frac{\Delta T}{\mathrm{d}t} \tag{4-31}$$

式中，p 为热释电系数；S_{c} 为热释电元件的表面积。

2. 热释电传感器的前置放大电路

热释电传感器的前置放大电路的设计目的是将电路中的热释电电流信号转换为电压信号输出，然而热释电传感器所处的电路中通常存在各种噪声干扰，因此为了更好地从各种干扰信号中提取微弱的热释电电流信号，热释电传感器的前置放大电路一般应具有电压增益高、噪声低和抗干扰能力强等优势。为进一步降低来自外部环境的温度、噪声等影响，一般将热释电传感器的前置放大电路（见图 4-41）封装在晶体壳内。

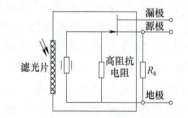

图 4-41　热释电传感器的前置放大电路

根据热释电传感器前置放大电路的设计特性，图 4-41 所示电路中的电压增益可表示为

$$A_{\mathrm{V}} \approx \frac{g_{\mathrm{fs}}R_{\mathrm{s}}}{1 + g_{\mathrm{fs}}R_{\mathrm{s}}} \leqslant 1 \tag{4-32}$$

式中，g_{fs} 为场效应晶体管的跨导；R_s 为源极电阻。

显然，由式（4-32）可知，源极电阻 R_s 与电压增益 A_V 成正比关系，可通过增大源极电阻的方式，实现前置放大电路的高电压增益。尽管如此，源极电阻并不可以无限制增大，由于源极电阻增大会导致漏极电压升高，因此一般源极电阻的最高上限为 $100\text{k}\Omega$。

4.4　颜色传感器

4.4.1　颜色传感器的工作原理

颜色传感器又称为色彩传感器，它是通过将被测物体颜色与训练集内颜色进行对比来检测颜色的传感器。若两个颜色的吻合度在允许的误差范围内，则输出检测结果。换言之，当不同波长的入射光投射至某物体上时，物体所反射的射线被颜色传感器的敏感元件检测到，并利用自身的检测特性转换为相应的光电流，最后光电流通过电压转换器输出电压信号。

颜色传感器的工作原理基于色彩检测方法，色彩检测是指利用检测仪器模拟人眼对三原色（RGB，R 为红，G 为绿，B 为蓝）识别的一种方法，检测仪器可通过三个滤波器分别识别来自物体的光，以分辨 RGB 的混合色。基于色彩检测方法，颜色传感器的工作原理可分为两个过程，即光到光电流转换过程、光电流到光电压转换过程，如图 4-42 所示。

1. 光到光电流转换过程

光到光电流转换过程的核心器件为光电二极管，其主要作用是将发射光或反射光经色彩滤波后，有效地将光能转换为电能。该处光电二极管的工作原理仍是利用 PN 结，通过反向偏置电压形成载流子（电子 – 空穴对），进而使自由电子和空穴在外加电场的作用下快速地移动至图像 N 区和 P 区，从而到达电极，并沿外接电路运动，转换为可测光电流 I_R、I_G 和 I_B。

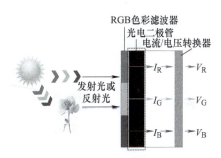

图 4-42　颜色传感器的工作原理

2. 光电流到光电压转换过程

如图 4-42 所示，将光电流 I_R、I_G 和 I_B 转化为光电压 V_R、V_G 和 V_B 需要利用电流 / 电压转换器。同时，由于光电流的大小取决于入射光的强度或波长，因此，一般情况下外接电路中还需配有跨阻抗放大器，方便将已滤波后的微弱电流信号转化为电压信号输出。此外，外接电路中还可以配有 A/D 转换器，以便在数字信号处理中的使用。

4.4.2　颜色传感器的工作模式

颜色传感器的工作模式又称为色彩传感模式，可分为反射传感模式和透射传感模式。

1. 反射传感模式

如图 4-43 所示，在反射传感模式中，颜色传感器会检测到入射光在物体表面的反射光，反射光包含了物体的颜色光谱，例如白光入射到红色物体表面时会产生红色的反射光，因此反射光的颜色与物体表面颜色有关。该工作模式下，经由物体的反射光会被颜色传感器捕获，进而利用颜色传感器的工作原理产生相应的 RGB 电流和电压，最终通过解析三种颜色的电压信号还原物体颜色。此外，由于物体反射光经由颜色传感器产生的 RGB 电压与该物体反射光的密度线性相关，因此颜色传感器还可以获取物体在该过程中的反射能力（反射系数）。

2. 透射传感模式

如图 4-44 所示，在透射传感模式中，颜色传感器应朝向入射光方向，同时检测经透射介质（如玻璃、液体和气体等）滤过的光谱。根据颜色传感器的工作原理，颜色传感器会通过其内置的光电二极管和 RGB 色彩滤波器捕获已滤光谱，并转换成相应的 RGB 电流和电压，最终通过解析三种颜色的电压信号还原出透射光谱的颜色。此外，由于三种颜色的电压信号会随着入射光强度的增大而成正比变化，因此颜色传感器也可以测量入射光的颜色和强度（密度）。

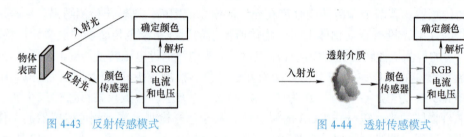

图 4-43　反射传感模式　　　　　　　图 4-44　透射传感模式

4.4.3　颜色传感器的解析方法

颜色传感器可通过 RGB 模拟颜色电压信号，并控制外置或内置硬件设备分析该模拟信号数据，最后从数据中获取关于颜色和强度的信息数据。颜色传感器实现该过程所采用的解析方法有矩阵方法和查表方法两种。

1. 矩阵方法

矩阵方法是利用某种刺激矩阵匹配传感获取的 RGB 信息（数值）以形成具有不同比例值的混合色，进而通过计算三种颜色的比例值即可获得未知颜色信息，该过程又称为 CIE–RGB 三重刺激法，可用矩阵方程表示为

$$\begin{bmatrix} x(\lambda) \\ y(\lambda) \\ z(\lambda) \end{bmatrix} = \begin{bmatrix} C_{00} & C_{01} & C_{02} \\ C_{10} & C_{11} & C_{12} \\ C_{20} & C_{21} & C_{22} \end{bmatrix} \begin{bmatrix} R \\ G \\ B \end{bmatrix} \tag{4-33}$$

式中，x、y 和 z 代表匹配波长为 λ 的等能光谱色方程。

显然，当确定了 CIE–RGB 三重刺激值 C_{00}、C_{01}、C_{02} 等即可获得未知的等能光谱颜色信息，适于区分多种复杂的颜色。同时，当颜色传感器获取的 RGB 信息确定后，式（4-33）所表述的矩阵方程又可以表示成光谱的相对亮度，图 4-45 给出了 $380 \sim 700\text{nm}$ 范围内的光谱三重刺激曲线。当三重刺激值和 RGB 确定时，假定颜色传感器获取的 $R = 1.1000$、$G = 3.2398$、$B = 0.0056$，则图 4-45 所示 $\lambda = 420\text{nm}$、$\lambda = 540\text{nm}$ 和 $\lambda = 595\text{nm}$ 处可获得 RGB

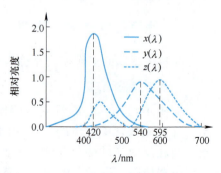

图 4-45　光谱三重刺激曲线

的最大亮度为 $x(420)$、$y(540)$ 和 $z(595)$。当实际亮度为 $\tilde{x}(\lambda)$、$\tilde{y}(\lambda)$ 和 $\tilde{z}(\lambda)$ 时，可得颜色传感器获取的 RGB 相对亮度为 $\tilde{x}(\lambda)/x(420)$、$\tilde{y}(\lambda)/y(540)$ 和 $\tilde{z}(\lambda)/z(595)$。

2. 查表方法

相比于矩阵方法，查表方法更适用于区分少量的参考颜色。查表方法主要是通过校准对比的方式实现，即以计算颜色传感器获取的未知色彩和特定参考色彩距离的方法实现对该未知色彩的确定。显然在此过程中，颜色传感器获得参考色彩值和亮度都是主要的参数。尽管如此，若必须要考虑亮度数据，则必须使用实际的传感器获取的色彩值，因此查表方法更适用于区分少量颜色且亮度因素不重要的情况。

在亮度因素不重要的情况下，查表方法的校准对比过程需要选定某一个颜色通道作为对比对象，实现颜色传感器获取的 RGB 颜色值与该通道值的对比，以获取比率或比重。例如，选择绿色通道作为对比对象，则通过颜色传感器获取的未知 RGB 颜色值集合除以该绿色通道值集合即可获得相应的比率集合，该种集合可表示为

$$\left(\frac{R_n}{G_n},\frac{G_n}{G_n},\frac{B_n}{G_n}\right)=\left(\frac{R_n}{G_n},1,\frac{B_n}{G_n}\right)\quad n=1,2,3,\cdots,N \tag{4-34}$$

式中，n 表示有 N 个参考色彩的颜色传感器获取结果。通道颜色的选择可据偏好设定。

将式（4-34）所示的比率集合方式延伸至距离计算方面，即可计算颜色传感器获取的未知色彩和特定参考色彩距离。

$$d=\sqrt{\left(\frac{R_u}{G_u}-\frac{R_r}{G_r}\right)^2+(1-1)^2+\left(\frac{B_u}{G_u}-\frac{B_r}{G_r}\right)^2}=\sqrt{\left(\frac{R_u}{G_u}-\frac{R_r}{G_r}\right)^2+\left(\frac{B_u}{G_u}-\frac{B_r}{G_r}\right)^2} \tag{4-35}$$

式中，(R_u,G_u,B_u) 为颜色传感器获取的未知 RGB 颜色值；(R_r,G_r,B_r) 为特定的色彩参考值，通道选择以绿色为例。

由式（4-35）可知，如果未知色彩距离某个参考色彩更近，即未知色彩与该特定参考色彩之间的距离在未知色彩与所有其他参考色彩之间的距离中最短，那么可以确定未知色彩就是该特定参考色彩，由此可判断颜色传感器捕获的未知色彩的颜色。

4.4.4　颜色传感器的结构和特性

1. 颜色传感器的结构

图 4-46 所示颜色传感器的结构，该结构内的核心部件仍是光电二极管或具有色彩滤波功能的光电二极管（光到光电流转换过程）。为了保证测量数据稳定，光捕获探头中配有滤光片，而且通常情况下将颜色传感器安装在固定的支架上，传感器上配有起固定作用的安装孔。同时，为了更好区分有无光情况以及进行安全防护，通常还配有亮通（检测状态）和暗通（安全防护）功能显示灯，当亮通灯亮时，明亮环境下控制颜色传感器输出为接通状态，黑暗环境下为断开；当暗通灯亮时，黑暗环境下控制颜色传感器输出为接通状态，明亮环境下为断开。

2. 颜色传感器的特性

颜色传感器主要通过模拟人眼的方式来感应物体的颜色信息，而该颜色信息的主要来源是入射光，颜色传感器通过捕获入射光直接或间接的光源来体现物体的颜色。因此，影

响颜色传感器的主要因素为光源、环境温度，这些因素影响颜色传感器的光源响应特性、温度响应特性、分光特性及光源功率特性等。下面主要介绍前三个特性。

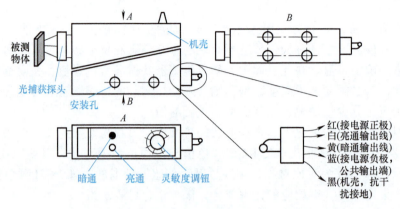

图 4-46　颜色传感器的结构

（1）光源响应特性　来自入射光或环境光的光谱含量会影响人眼对物体颜色的感知，也会影响颜色传感器对物体颜色的感知判断。颜色传感器的光源响应特性如图 4-47 所示，图中给出了归一化后不同光源下，颜色传感器采用 CIE–RGB 三重刺激法受光源光谱含量的影响情况。显然，颜色传感器受荧光灯光源的影响波动较大，分别会在紫光（约410nm）、蓝光（约 460nm）、绿光（约 550nm）和橙光（约 610nm）处出现波动程度不同的峰值，与日光（色温 5000K、色温 6500K）和白炽光形成明显的对比。

（2）温度响应特性　色温是判断颜色传感器受光源或环境温度影响的主要手段。通常情况下，人工光源和自然光源对颜色传感器的影响不同，光源自身的特性使其不方便调控。因此，为了降低光源或环境温度对颜色传感器的影响，通常情况下，颜色传感器内部的光电二极管采用统一的材料，统一光电二极管的温度系数，这种内部补偿效果使光电器件对温度非常不灵敏，使颜色传感器工作时可以不用考虑色温的影响，只需要保证其工作在正常的温度环境下即可。

（3）分光特性　颜色传感器的分光特性（见图 4-48）是通过在其光捕获探头或内部结构中内置具有 RGB 滤光功能的滤光片实现的，滤光片使颜色传感器具备了较高的 RGB分光特性，提高其感知颜色的灵敏度。此外，还可以通过配备红外截止滤光片，使颜色传感器具备红外线去除性，从而可以高精度识别颜色。

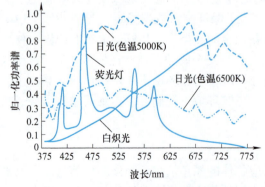

图 4-47　颜色传感器的光源响应特性

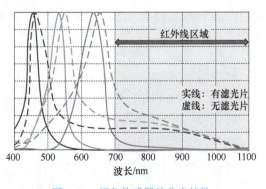

图 4-48　颜色传感器的分光特性

4.4.5　颜色传感器的工作电路原理

1. 基础设计电路

随着工业和自动化的高速发展，当前业界内的颜色传感器的工作过程已经不只局限于光到光电流转化过程，还可以搭载其他微处理器或逻辑电路完成所需功能。因此，颜色传感器的电路组成已不是简单的光电转化电路，应该在基础电路中留有各类搭载电路的引脚，以满足实际工程项目所需。图 4-49 所示为某型号颜色传感器的引脚和功能框图，这是智能化颜色传感器发展的基础。该设计将颜色传感器的光电二极管和电流 / 频率转换器集成于单一的 CMOS（互补金属氧化物半导体）电路上，并在内置芯片上集成 RGB 滤光器，同时留有多种兼容接口，方便搭载微处理器或其他逻辑电路。该传感器的芯片采用 8 引脚的小外形集成电路封装，集成有 64 个交叉排列的光电二极管，分别对应 R、G、B 和无色滤光器（每个滤光器 16 个），可最大程度降低入射光分布的不均性，提高物体颜色识别的精度。其中，S0、S1 用于选择输出比例或电源关断模式；S2、S3 用于选择滤光器的种类（R、G、B 或无色）；OE 是频率输出引脚，用于控制多个芯片引脚共用微处理器输入引脚时的输出状态；OUT 是频率输出引脚；GND 是接地引脚；VCC 是电路的工作电压引脚。此外，该类颜色传感器所集成的 64 个交叉光电二极管，除了可降低入射光或反射光辐射的不均性，提高识别精度外，其在设计上还将相同颜色的 16 个光电二极管并联连接（图 4-49 中 S2、S3 的不同组合搭配），均匀布置的同时，最大程度上消除来自颜色反射的位置误差，进一步提高识别精度。实际工作时，可以通过编译调整两个并联的光电二极管引脚实现 RGB 滤光器的动态选择，同时，与不同测量范围相对应的输出比例也可以通过可编译引脚实现（图 4-49 中 S0、S1 的组合搭配确定输出比例）。S0 ～ S3 的搭配组合见表 4-4。

表 4-4　S0 ～ S3 的搭配组合

S0	S1	输出比例	S2	S3	滤光器选择
L/0	L/0	电源关闭	L/0	L/0	红
L/0	H/1	20%	L/0	H/1	蓝
H/1	L/0	20%	H/1	L/0	无
H/1	H/1	100%	H/1	H/1	绿

2. 智能化设计电路

鉴于前文阐述，当前颜色传感器的发展越来越趋向于智能化，因此在基础设计电路中还可搭载 51 单片机、STM32 等嵌入式系统，使颜色传感器在采集数据的同时实现与上位机间的实时通信，以便进行监控。51 单片机与图 4-49 所示的颜色传感器组合的颜色传感器智能接口电路如图 4-50 所示，该组合能够保证颜色数据识别、采集精度和效率同时，便于与 51 单片机的上位机进行通信。

显然，图 4-50 所示的电路中，颜色传感器是该智能接口电路的主体，其所预留的各类接口便于与智能控制板块对接，实现了颜色传感器的智能化。在该接口电路中，51 单片机可通过 P1 系列的几个引脚来控制颜色传感器的各个引脚，进而实现对输出比例和颜色滤光器的选择。而定时 / 计数器接口 P35 与颜色传感器的输出接口 OUT 对接，在可编程电路中，通过软件编译可利用 51 单片机的计数器功能读取颜色传感器的输出比例，参考表 4-4，确定物体的 RGB 数据。

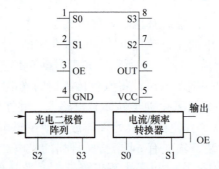

图 4-49　某型号颜色传感器的引脚和功能框图

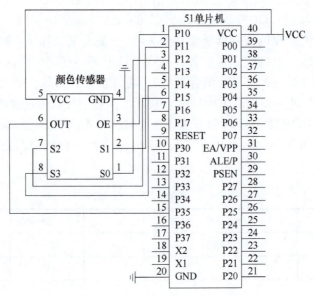

图 4-50　颜色传感器智能接口电路

工程应用

项目 4.1　光敏电阻传感器在 LED 自动灯中的应用

一、行业背景

自动调节亮度的灯具提供了舒适性和方便性，在家庭和公共场所都有广泛应用。通过采光模块将光照转化为数字电压，并使用单片机进行处理，可以实现补光和手动调节亮度功能。该系统操作简单、实用，适用于常规家庭照明和公共场所照明控制，同时能够节约能源和电力消耗。

二、项目描述与要求

1. 项目描述

利用光敏电阻传感器完成 LED 自动灯控制的设计任务。

2. 项目要求

要求 1：了解利用光敏电阻传感器完成 LED 自动灯控制的工作原理。

要求 2：绘制系统框图。

要求 3：绘制光敏电阻传感器原理图。

要求 4：绘制系统硬件电路原理图。

要求 5：绘制系统软件程序流程图。

要求 6：设计系统主要程序代码。

三、项目分析与计划

项目名称	光敏电阻传感器在 LED 自动灯中的应用
序号	项目计划
1	
2	
3	

四、项目内容

1. 工作原理

要求 1：了解利用光敏电阻传感器完成 LED 自动灯控制的工作原理。

当光敏电阻传感器的电流随光照强度变化时，将电流的变化转换为电压的变化，通过 A/D 转换模块将采集到的模拟量转换为数字量，通过串行 I²C 传入单片机 AT89C52 进行一系列处理，并且采用液晶显示器直观显示采集到的光照强度，将数据与存入 EEPROM 的校准数据进行对比，以较为准确地判断需要的补光程度，每次与光照校准系数比较，进而达到精准效果，运用 74LS245 方向可控的八路缓冲器，保护脆弱的主控芯片，再加入人为调节亮度的按键，方便人为补光。布局上将补光模块与采光模块尽量靠近，这样就能通过补光模块与采光模块组成的负反馈网络达到动态平衡，实现智能调光。

2. 系统框图

要求 2：绘制系统框图如图 4-51 所示。

3. 硬件电路设计

根据系统框图可知，系统包括参数存储电路、复位电路、晶振电路、采光模块和 A/D 转换模块、按键电路、液晶显示器和补光模块。

1）复位电路：当系统发生异常情况时，按下复位键可以使系统重新开始正常运行。

2）晶振电路：AT89C52 单片机虽然有内部振荡电路，但需要外部附加电路来形成时钟。本设计采用内部时钟方式，利用芯片内部的振荡电路，在 XTAL1 和 XTAL2 引脚上外接定时元件，以产生自激振荡。最常用的内部时钟方式是使用外部晶体和电容组成并联谐振回路。本设计选择了 11.0592MHz 的振荡晶体和 20pF 的电容。

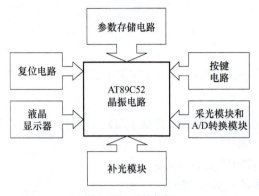

图 4-51　系统框图

3）采光模块和 A/D 转换模块：当光敏电阻传感器接入电路时，电流随光照强度呈线性变化。将其与电阻串联转换为电压的变化。本系统采用 PCF8591 作为 A/D 转换模块。PCF8591 是一种低功耗的 8 位 CMOS 数据获取器件，具有 4 个模拟输入、1 个模拟输出和 1 个串行 I²C 接口，地址、控制和数据信号都通过双线双向 I²C 以串行方式传输。本系统使用 AIN0 输入获取采光模块的模拟电压，并将其转换为数字量，通过 I²C 传输到单片机中进行处理。

要求 3：绘制光敏电阻传感器原理图，如图 4-52 所示。

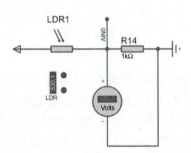

图 4-52　光敏电阻传感器原理图

4. 系统硬件电路原理图

要求 4：绘制系统硬件电路原理图，如图 4-53 所示。

5. 系统软件程序

要求 5：绘制系统软件程序流程图，如图 4-54 所示。

首先，接通电源后，系统会进行上电复位。这一步是为了确保系统从一个已知的初始状态开始工作，从而保证程序的稳定性和可靠性。其次，程序会启动定时器 T0 并运行按键状态机。按键状态机是一种程序逻辑，用于处理用户的按键输入，可以根据不同的按键状态执行相应的操作。然后，程序会检测 EEPROM 是否有参数。EEPROM 是一种非易失性存储器，用于保存设备的配置信息和参数。如果 EEPROM 中有参数，程序就会直接使用这些参数继续执行；如果 EEPROM 中没有参数，程序会提示用户通过按键 KEY1 设置校准系数。校准系数是一些用于调整设备性能的参数，确保系统在不同环境下能够正常工作。最后，程序会启动定时器 T1，并设置每 500ms 更新一次显示数据。

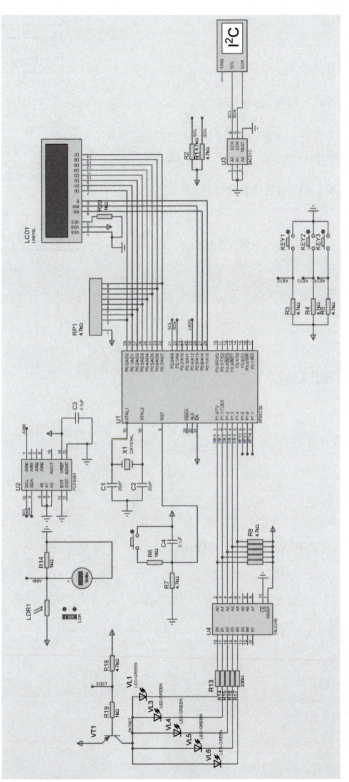

图 4-53　系统硬件电路原理图

要求6： 设计系统主要程序代码。

1）上电复位后的程序代码如下：

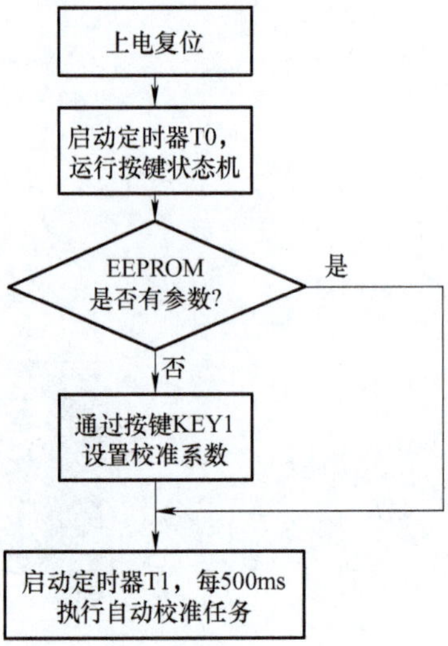

```
void run()
{
    // 初始化液晶显示器
    init_LCD();
    // 启动按键扫描：每隔10ms扫描一次
    configTimer0(10);
        // 上电复位后，检测EEPROM是否有光照校准系数
        if(isExistCali())
        {
          // 若有，则先读校准系数
          cali=getCali();
        }else{
          // 若没有，则进入系数校准状态
          calibrationSetting();
        }
    // 开始自动补光：以后每间隔500ms进行一次转换（采用定时器进行精确进行），输
    // 出到LCD1602上进行显示
    configTimer1(5);
}
```

图4-54 系统软件程序流程图

2）主函数的程序代码如下：

```
void main()
{
  run()
  while(1)
  {
  keyHandler();
  }
}
```

3）LED管理和自动补光的程序代码如下：

```
// 定义5个LED的I/O引脚
sbit LED1=P1^4;
sbit LED2=P1^3;
sbit LED3=P1^2;
sbit LED4=P1^1;
sbit LED5=P1^0;
// 定义5个LED的总开关
sbitLED_Switch=P2^4;
// 枚举LED的所有情况
typedef enum{
    LED_0=0,
    LED_1,
    LED_2,
    LED_3,
```

```
        LED_4,
        LED_5
}LED_Num;
```

五、项目小结

智能 LED 照明不仅局限于可调光、调色温和监控等功能，它使得照明行业向服务模式转变，增加了附加值。未来的趋势是将照明与互联网融合，整合健康、能源、服务、视频、通信等领域。智能照明系统需要与传感技术结合，传感器在实现智能照明中起着重要作用。LED 不仅节能，还可以通过光线传输信号和控制指令，成为家用电器的指挥官。智能化是 LED 照明的未来趋势。

六、拓展实践

从应用场景、功能转变、统一标准等方面说一说智能灯未来发展的趋势是什么。

项目 4.2　光电二极管在温室环境中的应用

一、行业背景

温室大棚中的光照控制非常重要。充足的光照促进植物生长和发育，密闭的大棚需要根据植物需求调节光照。使用光照强度传感器监测实时光照强度，并根据数据使用遮光布或补光灯等设备来提供适合植物生长的光照条件。BH1750 光照强度传感器通过将光信号转换为电信号，经过放大和采集后存储在内部寄存器中，以判断光照强度。

二、项目描述与要求

1. 项目描述

依据行业背景完成基于单片机的温室环境检测系统的设计。

2. 项目要求

要求 1：了解 BH1750 产品的工作原理。
要求 2：绘制系统总体硬件设计图。
要求 3：绘制 BH1750 接口电路图。
要求 4：编写主要传感器软件程序。

三、项目分析与计划

项目名称	光电二极管在温室环境中的应用
序号	项目计划
1	
2	
3	

四、项目内容

1. BH1750 产品简介

要求 1： 了解 BH1750 产品的工作原理。

BH1750 是一款数字光照强度传感器芯片，适用于两线式串行总线接口。它可以通过收集的光照强度数据自动调整液晶或键盘背景灯的亮度，具有高分辨率，能够检测较广的光照强度变化范围。BH1750 实物如图 4-55 所示。

BH1750 芯片的工作原理是利用光电二极管 VD 将光照强度转换为电流变化，然后经过运算放大器 AMP 转换为电压变化，A/D 转换电路（ADC）将其转换为 16 位数字量，并进入数据处理单元进行校准后输出。晶振（OSC）提供时钟信号用于转换。外部微处理器按照传感器的时序要求通过 I^{2}C 与之通信，以获取光照强度数据。BH1750 结构框图如图 4-56 所示，这个系统简单、精确且稳定。

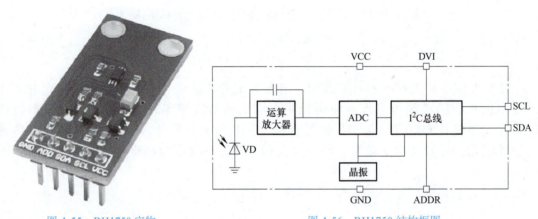

图 4-55 BH1750 实物   图 4-56 BH1750 结构框图

2. 系统总体硬件设计

要求 2： 绘制系统总体硬件设计图，如图 4-57 所示。

系统总体硬件设计包括采集节点设计和通信控制器设计两部分，采集节点设计包括单片机的选型与外围电路设计、传感器选型与设计，通信控制器设计包括微处理器选型与设计、NB-IoT（窄带物联网）模块选型。

3. 传感器和通信模块介绍

要求 3： 绘制 BH1750 接口电路图，如图 4-58 所示。

（1）光照强度传感器 光敏电阻适用于开关量光照参数检测，如用于声控灯，但在精确检测光照强度的场合应用较少，需要增加 A/D 转换电路转换为数字信号，增加了设计难度和成本。因此，BH1750 是一种更好的选择，它具有数字输出、高分辨率和较广的检测范围，内部已集成光照强度转换电路，有效降低了误差。

（2）二氧化碳浓度传感器 二氧化碳浓度值是种植物生长过程中非常重要的参数，为实现对该参数的不间断监测，进而调节种植物的生长周期，通过设计方案的对比，本系统选择 MG811 作为二氧化碳浓度传感器。MG811 具有灵敏度高、选择性较好、稳定、线性度高、不受外围环境干扰等特性，实物如图 4-59 所示。MG811 外接集成运算放大器

CA3140 实现阻抗变换，输出模拟信号给微处理器，其接口电路图如图 4-60 所示。

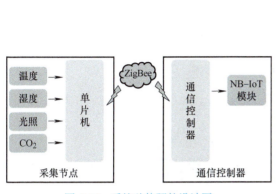

图 4-57　系统总体硬件设计图

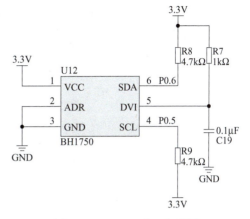

图 4-58　BH1750 接口电路图

图 4-59　MG811 实物

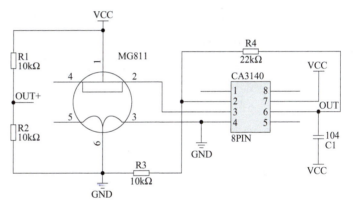

图 4-60　MG811 接口电路图

（3）NB-IoT 通信模块　WH-NB75 是上海稳恒电子科技有限公司生产的 NB-IoT 模块，兼容我国三大运营商。WH-NB75 支持两路 UDP（用户数据报协议）连接和 AT 指令配置，具有转串口双向直传功能，符合 UDP 和 CoAP，并在室外环境下可实现低功耗，可续航数年，实物如图 4-61 所示。

NB-IoT 通信模块的技术特点如下：

1）大量接入：NB-IoT 单基站接入数量较传统无线网络高近百倍。

2）强大覆盖：在室内应用场景中，NB-IoT 比 LTE（长期演进技术）的增益高 20dB，相当于空间增益提升了 100 倍。

3）低功耗：对于电池供电的物联网系统，模块的功耗是主要性能参数，而 NB-IoT 具有非常低的功耗。

4）低成本：与其他无线技术相比，NB-IoT 技术的外围电路结构简单，因此模块成本非常低。

模块应用框图如图 4-62 所示。

图 4-61　WH-NB75 实物

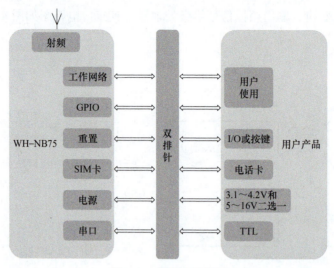

图 4-62　模块应用框图

4.系统软件设计（传感器部分）

要求 4：编写主要传感器软件程序。

（1）DHT11 软件程序设计　本系统的传感器部分包括温湿度传感器 DHT11，DHT11 工作流程图如图 4-63 所示。

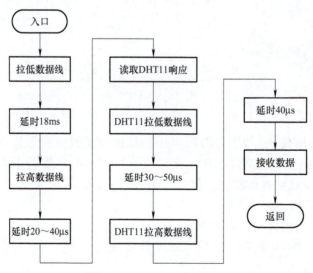

图 4-63　DHT11 工作流程图

主要程序代码如下：

```
#include <stdint.h>
/****** 定义 DQ 引脚,DQ 连接到 GPIOB 的引脚 6******/
#define DQ_PIN              GPIO_Pin_6
#define DQ_GPIO_PORT        GPIOB
#define DQ_GPIO_CLK         RCC_APB2Periph_GPIOB

/****** 定义延时函数 ******/
```

```
void Delayus(uint32_t us){
    uint32_t start = SysTick->VAL;
    while((us *(SystemCoreClock / 48000))>(SysTick->VAL - start));
}


void Delay19ms(void){
    Delayus(19000);//约19ms 的延时 ,us 参数是微秒
}
/******空操作 , 使用 CMSIS 的内建 NOP 指令 ******/
void _nop_(void){
    __NOP();
}


/******GPIO 操作函数 ******/
void GPIO_SetPinHigh(uint16_t pin){
    GPIO_SetBits(DQ_GPIO_PORT,pin);
}


void GPIO_SetPinLow(uint16_t pin){
    GPIO_ResetBits(DQ_GPIO_PORT,pin);
}


uint8_t GPIO_ReadPin(uint16_t pin){
    return GPIO_ReadInputDataBit(DQ_GPIO_PORT,pin);
}


/******DHT11 通信函数 ******/
uint8_t Read_Dat_Bit(void){
    uint8_t bit = 0;
    while(GPIO_ReadPin(DQ_PIN)== Bit_RESET);        // 等待 DQ 变为低电平
    Delay60us(18);                                  // 延时 18μs, 等待 DHT11 的响应
    if(GPIO_ReadPin(DQ_PIN)!= Bit_RESET){           // 若 DQ 仍然为高 , 则读取到 1
        bit = 1;
        Delay60us(26);                              // 等待 26μs, 读取剩余的低电
                                                    // 平时间
    }
    return bit;
}


uint8_t Read_Dat(void){
    uint8_t i,dat = 0;
    for(i = 0;i < 8;i++){
        dat <<= 1;
        dat |= Read_Dat_Bit();
    }
    return dat;
}
```

```
/****** 读取 DHT11 的数据 ******/
uint32_t Read_DHT11(void){
    uint8_t RH1,RH2,TEMP1,TEMP2,JYW;
    uint32_t Dat = 0;

    GPIO_SetPinHigh(DQ_PIN);              // 将 DQ 置为高电平
    _nop_();                              // 空操作，确保 GPIO 状态稳定
    GPIO_SetPinLow(DQ_PIN);               // 将数据线置低电平约 18ms
    Delay19ms();
    GPIO_SetPinHigh(DQ_PIN);              // 释放数据线，准备读取 DHT11 的响应

    /****** 等待 DHT11 的响应 ******/
    while(GPIO_ReadPin(DQ_PIN)!= Bit_SET);      // 等待 DQ 变高
    while(GPIO_ReadPin(DQ_PIN)!= Bit_RESET);    // 等待 DQ 变低
    while(GPIO_ReadPin(DQ_PIN)!= Bit_SET);      // 等待 DQ 再次变高

    /****** 读取数据 ******/
    RH1 = Read_Dat();                     // 湿度整数部分
    RH2 = Read_Dat();                     // 湿度小数部分
    TEMP1 = Read_Dat();                   // 温度整数部分
    TEMP2 = Read_Dat();                   // 温度小数部分
    JYW = Read_Dat();                     // 校验和

    /****** 校验数据 ******/
    if(JYW ==(RH1 + RH2 + TEMP1 + TEMP2)){
        Dat =((uint32_t)RH1 << 24) | ((uint32_t)RH2 << 16) |
            ((uint32_t)TEMP1 << 8) | TEMP2);
    }

    return Dat;
}

int main(void){
    SystemInit();                         // 初始化系统，包括时钟设置

    /****** 初始化 DQ 引脚为 GPIO 输入 ******/
    RCC_APB2PeriphClockCmd(DQ_GPIO_CLK,ENABLE); // 使能 GPIOB 时钟
    GPIO_InitTypeDef GPIO_InitStructure;
    GPIO_InitStructure.GPIO_Pin = DQ_PIN;
    GPIO_InitStructure.GPIO_Mode = GPIO_Mode_IN_FLOATING;// 浮空输入
    GPIO_Init(DQ_GPIO_PORT,&GPIO_InitStructure);

    /****** 主循环 ******/
    while(1){
        uint32_t dht11Data = Read_DHT11();
        if(dht11Data!= 0){
            uint8_t humidity =(dht11Data >> 24)& 0xFF;
```

```
        int8_t temperature =(int8_t)(dht11Data & 0xFF);


      }
    }
  }
```

（2）光照强度采集部分程序设计　BH1750 与单片机通过 I²C 进行通信连接，数据输出过程为：首先通电，发送指令 0x01，然后发送模式指令，延时等待光照强度测量完成，最后进行数据的传送。光照强度的计算公式为（返回值 × 分辨率）/（1.2 × 灵敏度）。

下面详细说明通信过程。首先，主机把开始指令传给 BH1750，同时传送地址和写指令，延时等待 BH1750 响应；其次，单片机把寄存器地址给 BH1750，单片机延时等待 BH1750 响应；最后，单片机把停止指令给 BH1750。

程序代码如下：

```
#include <stdint.h>
#define S_Add 0x46                  //ADDR 设为低电平，模块地址是 0x46
                                    //（即 01000110）

/**********
** 函数名 :BH1750_Wr
** 功能描述 :BH1750 写寄存器
** 输入参数 :R_Add – 寄存器地址
** 输出参数 :无
** 返回 :无
**********/
void BH1750_Wr(uint8_t R_Add)       // 使用 uint8_t 替代 u8，若 u8 已定义，则
                                    // 无须更改
{
    IIC_Start();                    // 起始指令
    IIC_Send_Byte(S_Add);           // 把地址和写指令给传感器
    IIC_Wait_Ack();                 // 延时等待响应
    IIC_Send_Byte(R_Add);           // 内部寄存器的地址
    IIC_Wait_Ack();                 // 延时等待响应
    IIC_Stop();                     // 停止指令
}
```

BH1750 进行一次光照强度检测的时间小于 180ms，输出数据长度为 16 位，传输时高 8 位和低 8 位分开发送。主机把开始指令传给 BH1750，同时传送地址和写指令，延时一段时间后，BH1750 发送数据的高 8 位，完成后回传应答信号，再继续发送数据的低 8 位，本次不再回传应答信号，单片机把停止指令给 BH1750，至此完成一次数据传输过程。

程序代码如下：

```
#include <stdint.h>
/**********
** 函数名 :BH1750_Read_Data
** 功能描述 :读取数据的高 8 位和低 8 位
** 输入参数 :无
```

```
** 输出参数：无
** 返回：读取的数据（16 位）
**********/
uint16_t BH1750_Read_Data(void)
{
    uint8_t hbyte = 0,lbyte = 0;

    IIC_Start();                        // 传送起始指令
    IIC_Send_Byte(S_Add);               // 把地址（读模式）给传感器
    IIC_Wait_Ack();                     // 等待从机应答

    hbyte = IIC_Read_Byte(1);           // 读取高 8 位，发送 ACK
    lbyte = IIC_Read_Byte(0);           // 读取低 8 位，发送 NACK

    IIC_Stop();                         // 传送停止指令

    return((hbyte << 8) | lbyte);// 将高 8 位和低 8 位组合成 16 位数据并返回
}


/******IIC_Read_Byte 函数 ******/
uint8_t IIC_Read_Byte(uint8_t ack){
    uint8_t data = 0;
        I2C_ReceiveData(I2C1,&data,I2C_SOFTEND_MODE,I2C_ACK_LAST_
BYTE,I2C_TIMEOUT_DURATION);
    return data;
}


/******IIC_Stop 函数 ******/
void IIC_Stop(void){
I2C_StopTransmission(I2C1,I2C_SOFTEND_MODE,
I2C_TIMEOUT_DURATION);
}


/****** 主函数 ******/
int main(void){
    HAL_Init();
    SystemClock_Config();
    MX_GPIO_Init();
    MX_I2C1_Init();                     // 确保调用 I2C 初始化函数

while(1)
{

    uint16_t light_data = BH1750_Read_Data();// 读取 BH1750 的数据
    float lux = Convert_Light_Data_To_Lux(uint16_t light_data);
                                // 将原始数据转换为光照强度值
```

```
            printf("Ambient Light:%.2f Lux\n",lux);// 显示光照强度
            if(lux < 100.0f)// 阈值检测：若光照强度低于1001x,则打开LED
    {

                HAL_GPIO_WritePin(GPIOA,GPIO_PIN_5,GPIO_PIN_SET);
                                        //LED 连接到 GPIOA 的引脚 5
            } else {
                HAL_GPIO_WritePin(GPIOA,GPIO_PIN_5,GPIO_PIN_RESET);
            }
            HAL_Delayus(1000);              // 延时 1s
        }
    }
```

（3）MG811 二氧化碳浓度采集部分程序设计　MG811 常用于探测家庭、温室环境内二氧化碳的浓度，它可以将 $0 \sim 10000 \times 10^{-6}$ 的二氧化碳浓度值转换为 $2 \sim 0V$ 的模拟量电压，输出的电压值与浓度值成反比。为降低环境温度对测量结果的影响，MG811 内置温度补偿电路，提高了抗干扰性和数据的准确性。当空间温度为标称值时，温度补偿电压 $U_{cm} = 0.5V_{CC}$，还可以利用程序对测量数据进行校准，进一步减小温度对探头的影响。测试环境如下：温度为 28℃，湿度为 65%RH，氧气浓度为 21%。

程序代码如下：

```
#include "stm32f10x.h"
#define Channel_MG811 0x04              //P1.4 作为 MG811 的 A/D 输入
#define sfr_P1ASF     0x9D              //P1 口中哪一个引脚作为 A/D 输入的特殊功
能寄存器
#define sfr_ADC_CONTR 0xBC              //A/D 转换控制寄存器
#define sfr_ADC_RES   0xBD              //A/D 转换数据的高 8 位
#define sfr_ADC_RESL  0xBE              //A/D 转换数据的低 8 位（如果需要的话）
#define Channel_MG811 0x04              //P1.4 作为 MG811 的 A/D 输入
#define sfr_P1ASF     0x9D              //P1 口中哪一个引脚作为 A/D 输入的特殊功
                                        // 能寄存器
#define sfr_ADC_CONTR 0xBC              //A/D 转换控制寄存器
#define sfr_ADC_RES   0xBD              //A/D 转换数据的高 8 位
#define sfr_ADC_RESL  0xBE              //A/D 转换数据的低 8 位（如果需要的话）

void delay(uint32_t ms);
unsigned char ADC_change(unsigned char channel);

void ADC_Init(void){
    ADC_InitTypeDef ADC_InitStructure;
    GPIO_InitTypeDef GPIO_InitStructure;

    RCC_APB2PeriphClockCmd(RCC_APB2Periph_ADC1 | RCC_APB2Periph_
GPIOA,ENABLE);                          // 使能 ADC 和 GPIOA 时钟

    /****** 将 PA4 设置为模拟输入 ******/
    GPIO_InitStructure.GPIO_Pin = GPIO_Pin_4;
```

```
        GPIO_InitStructure.GPIO_Mode = GPIO_Mode_AIN;
        GPIO_Init(GPIOA,&GPIO_InitStructure);

        /****** ADC 初始化 ******/
        ADC_InitStructure.ADC_Mode = ADC_Mode_Independent;
        ADC_InitStructure.ADC_ScanConvMode = DISABLE;
        ADC_InitStructure.ADC_ContinuousConvMode = ENABLE;
        ADC_InitStructure.ADC_ExternalTrigConv = 0;
        ADC_InitStructure.ADC_DataAlign = ADC_DataAlign_Right;
        ADC_InitStructure.ADC_NbrOfChannel = 1;
        ADC_Init(ADC1,&ADC_InitStructure);

        ADC_RegularChannelConfig(ADC1,Channel_MG811,1,ADC_SampleTime_3Cycles);
                                        // 选择 ADC 通道
        ADC_Cmd(ADC1,ENABLE);           // 使能 ADC
        while(!ADC_GetFlagStatus(ADC1,ADC_FLAG_RDY));
                                        // 等待 ADC 准备就绪
}

/****** 延时函数 ******/
void delay(uint32_t ms){
    uint32_t i,j;
    for(i = 0;i < ms;i++)
        for(j = 0;j < 1234;j++);
}

/****** ADC 读取函数 ******/
unsigned char ADC_change(unsigned char channel){
    if(channel == Channel_MG811){
        ADC_StartConversion(ADC1);      // 启动 ADC 转换

        while(!ADC_GetFlagStatus(ADC1,ADC_FLAG_EOC));
                                        // 等待 ADC 转换完成

        unsigned char result =(unsigned char)(ADC_GetConversionValue(ADC1)>> 8);
                                        // 读取转换结果的高 8 位

        return result;
    }

    return 0;
}

/****** 在主函数中，初始化 ADC，并读取 MG811 的数据 ******/
int main(void){
    SystemInit();                       // 初始化系统时钟

    GPIO_InitTypeDef GPIO_InitStructure;        // 初始化 GPIO
```

```
    ADC_Init();                                           // 初始化 ADC

    GPIO_InitStructure.GPIO_Pin = GPIO_Pin_4;    // 将 PA4 设置为模拟输入
    GPIO_InitStructure.GPIO_Mode = GPIO_Mode_AIN;
    GPIO_Init(GPIOA,&GPIO_InitStructure);

    while(1){
        unsigned char adc_value = ADC_change(Channel_MG811);
                                                  // 读取 MG811 的数据

        float voltage = adc_value * 3.3 / 255;    // 将 ADC 值转换为电压值

        printf("Voltage:%.2fV\n",voltage);        // 打印电压值

        Delayus(1000);                            // 延时 1s
    }
}
```

五、项目小结

1）光照控制：光照是植物生长和发育的重要因素之一。BH1750 可以测量环境中的光照强度，并根据设定的阈值自动调整灯光或遮阳网，以确保植物获得适宜的光照条件。通过维持恰当的光照水平，植物的光合作用效率提高，从而促进植物生长和增加产量。

2）反向覆盖控制：过高的光照强度可能会对植物产生负面影响，如叶片烧伤、水分蒸发过快等。BH1750 可以检测到这种情况，并触发自动控制系统，使遮阳网覆盖温室大棚，减少太阳直射光的作用，从而避免植物的伤害。

3）节能管理：BH1750 还可以结合其他传感器（如温度传感器、湿度传感器等），实现精确的温室大棚控制。通过根据光照强度自动调整灯光的亮度和使用时间，以及优化通风和空调系统的运行，可以实现节能管理，降低能源消耗成本。

4）智能监测与数据分析：BH1750 可以提供实时的光照强度数据，这些数据可以被温室大棚的智能控制系统利用来监测植物生长环境的变化，并进行数据分析。基于这些数据，农民可以更好地了解和掌握植物的生长需求，进行精确的农事管理，从而提高农作物的产量和质量。

智能传感器能够优化植物生长环境，提供适宜的光照条件，防止过度曝光和伤害，节约能源并提供农事管理的数据支持。这些功能使得农作物能够获得最佳生长条件，进而增加农产品的产量和质量。

六、拓展实践

从应用场景、功能转变、统一标准等方面说一说温室大棚未来的发展趋势。

项目 4.3　热释电传感器在人体探测报警中的应用

一、行业背景

热释电传感器在安防行业中应用广泛，它通过感知人体红外辐射进行人体探测报警。高灵敏度、快速响应和低功耗的特点使其适用于家庭安防、商业建筑、公共交通和工业场所等领域。随着社会安全意识的提高，安防市场迅速发展，成为一个重要且有潜力的行业，预计该传感技术将持续发展并在安全监测与预防方面发挥关键作用。

二、项目描述与要求

1. 项目描述

依据行业背景完成基于 STM32 的人体探测报警系统的设计。

2. 项目要求

要求 1：了解 HC–SR501 人体感应模块的工作原理。
要求 2：绘制 HC–SR501 人体感应模块电路连接图。
要求 3：编写主要传感器软件程序。

三、项目分析与计划

项目名称	热释电传感器在人体探测报警中的应用
序号	项目计划
1	
2	
3	

四、项目内容

1. HC–SR501 人体感应模块产品简介

要求 1：了解 HC–SR501 人体感应模块的工作原理。

HC–SR501 人体感应模块是一种常用的热释电传感器模块，通常用于检测人体的存在和运动，实物如图 4-64 所示。它基于红外技术，能够探测到人体发出的红外辐射，从而实现对人体的感知。HC–SR501 人体感应模块具有以下特点。

1）灵敏度调节：该模块有一个可调电位器，可以通过调节来改变模块对人体活动检测的灵敏度。

2）时间延迟调节：该模块还有一个可调时间延迟电位器，用于设置感应到人体后输出信号的持续时间。

3）工作电压范围广：该模块可以在 5 ～ 20V 的电压范围内工作，适用于多种电源供电环境。

图 4-64　HC–SR501 人体感应模块实物

4）输出信号：当检测到人体活动时，该模块会通过输出引脚输出高电平信号。

5）视野范围：该模块的视野范围通常为 120°，可以广泛涵盖感应区域。

HC-SR501 人体感应模块广泛应用于安防、自动照明及智能家居等领域，通过与其他电子设备结合，可以实现人体感应触发的自动化控制，提高系统的便利性和节能性。

2. 系统硬件设计

要求 2： 绘制 HC-SR501 人体感应模块电路连接图。

HC-SR501 人体感应模块的感应范围如图 4-65 所示。

图 4-65　HC-SR501 人体感应模块的感应范围

热释电传感器是一种温度敏感的传感器，利用热释电效应在温度变化时产生微弱电压。它由陶瓷氧化物或压电晶体元件组成，通过电极在两个表面收集电荷。传感器的输出阻抗很高，需要通过场效应晶体管进行阻抗变换。热释电效应产生的电荷会被空气中的离子结合而消失，因此当环境温度稳定时，传感器没有输出。然而，当有人体或动物进入检测区域时，由于其体温与环境温度不同，会引起温度变化，从而激活传感器并产生输出。实验证明，加上光学透镜（菲涅耳透镜）后，热释电传感器的检测距离可大于 7m，而无透镜时检测距离小于 2m。因此，热释电传感器通常用于检测人体或动物的活动。HC-SR501 人体感应模块电路连接图如图 4-66 所示。

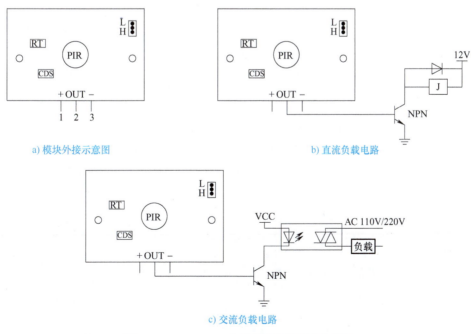

a) 模块外接示意图　　　　　　　　　　　　b) 直流负载电路

c) 交流负载电路

图 4-66　HC-SR501 人体感应模块电路连接图

1—电源正极　2—信号输出　3—电源负极
H—可重复触发端口　L—不可重复触发端口　CDS—光敏电阻　RT—温度补偿电阻

3. 系统软件设计（传感器部分）

要求 3： 编写主要传感器软件程序。

因感应模块通电后有 1min 左右的初始化时间，此期间模块会间隔地输出人体红外检测信号 0～3 次，1min 后进入待机状态，因此程序思路如下：

1）初始化所有需要初始化的程序（除了 HC-SR501 人体感应模块程序）。

2）延时 10s。

3）蜂鸣器响 1s。

4）初始化 HC-SR501 人体感应模块程序。

5）开启中断（若有人进入其感应范围，则输出高电平；若人离开感应范围，则自动延时关闭高电平，输出低电平。因此设置上升沿中断或双边沿中断）。

程序代码如下：

```
#include "hcsr501.h"
#include "usart.h"
#include "beep.h"
#include "delay.h"
u8 flag=0;
void Hcsr501_Init(void)
{
    GPIO_InitTypeDefGPIO_InitStruct;
    EXTI_InitTypeDefEXTI_InitStruct;
    NVIC_InitTypeDefNVIC_InitStruct;
    RCC_APB2PeriphResetCmd(RCC_APB2Periph_GPIOB,ENABLE);
    RCC_APB2PeriphClockCmd(RCC_APB2Periph_AFIO,ENABLE);// 开启 AFIO 时钟
     GPIO_InitStruct.GPIO_Mode=GPIO_Mode_IPD;
    GPIO_InitStruct.GPIO_Pin=Hcsr501_Pin;
    GPIO_InitStruct.GPIO_Speed=GPIO_Speed_50MHz;
    GPIO_Init(Hcsr501Port,&GPIO_InitStruct);

    EXTI_InitStruct.EXTI_Line=EXTI_Line5;
    EXTI_InitStruct.EXTI_LineCmd=ENABLE;
    EXTI_InitStruct.EXTI_Mode=EXTI_Mode_Interrupt;
    EXTI_InitStruct.EXTI_Trigger=EXTI_Trigger_Rising;
    EXTI_Init(&EXTI_InitStruct);
    GPIO_EXTILineConfig(GPIO_PortSourceGPIOB,GPIO_PinSource5);
    NVIC_InitStruct.NVIC_IRQChannel=EXTI9_5_IRQn;
    NVIC_InitStruct.NVIC_IRQChannelCmd=ENABLE;
    NVIC_InitStruct.NVIC_IRQChannelPreemptionPriority=2;
    NVIC_InitStruct.NVIC_IRQChannelSubPriority=1;
    NVIC_Init(&NVIC_InitStruct);
}
void EXTI9_5_IRQHandler(void)
{
    if(EXTI_GetITStatus(EXTI_Line5)!=RESET)
    {
        flag=1;                              // 此标志说明有人进入感应范围
```

```
        printf("有人闯入 !!!\r\n");                      // 用于测试
    }
    EXTI_ClearITPendingBit(EXTI_Line5);
}
```

五、项目小结

1）检测人体热量：热释电传感器可以探测到人体散发的红外辐射热量。人体通常会散发比周围环境更高的热量，热释电传感器可以察觉到这种差异，并将其用于人体检测。

2）识别移动目标：热释电传感器可以精确地检测到移动目标，例如一个人或动物在夜晚的野外环境中的移动。它能够监测到目标的热能变化，从而区分人体与其他非人体的物体。

3）触发报警系统：当热释电传感器检测到移动的人体时，它会触发报警系统，即通过发出声音警报、启动闪光灯或向安全人员发送信号等方式来提醒注意。这对于保护野外区域的安全至关重要，尤其是在夜间或无人居住的地方。

4）节省能源：相对于其他类型的传感器，热释电传感器通常具有较低的功耗，这使得它们适用于需要长时间运行且长期处于待机模式的情况。热释电传感器探测到人体时才将系统激活，可以节省能源。

六、拓展实践

从应用场景、功能转变、统一标准等方面说一说热释电传感器还应用于哪些行业。

思考与练习

4-1　因外光电效应逸出的电子的初始能量怎么获得？

4-2　简述半导体 PN 结的整流效应原理。

4-3　环境温度的变化对热释电传感器内部组件特性有什么影响？

4-4　简述热释电效应的原理。

4-5　简述颜色传感器的两种工作模式。

4-6　简述颜色传感器矩阵方法的原理。

4-7　简述光电二极管的工作模式。

4-8　简述光电导效应中光电流产生原理。

第 5 章

位置和位移传感器

位置和位移传感器种类丰富，主要应用于航空航天、工业生产的过程控制和机械领域中位置、位移的控制等。位置传感器的基本原理是将各种被测物理量（如液位、料位等非电量）的变化转换成电阻或电压变化量，然后通过对电阻或电压变化量的测量，达到非电量检测的目的。位移传感器的基本原理是将直线或环形机械位移量转换成电信号，通过对电阻或电压变化量的测量，达到对位移、距离、位置、尺寸、角度、角位移等物理量的测量。本章主要介绍的位置和位移传感器有霍尔式接近开关传感器、超声波接近开关传感器、电容式接近开关传感器、光电开关、光栅位移传感器、磁栅位移传感器等，重点分析它们的工作原理及在工程技术中的应用。

理论知识

5.1　霍尔式接近开关传感器

物体的位置简称物位，物位包括料位和液位。物位的检测与控制广泛应用于航空航天技术、机床、储料及其他工业生产的过程控制中。位置传感器是能感受物位并转换成可用输出信号的传感器，可分为两类，一类是连续测量物位变化的连续式位置传感器；另一类是以点测为目的的开关式位置传感器（即物位开关）。目前，开关式位置传感器比连续式位置传感器应用广，主要用于过程自动控制的门限、溢流和防止空转等。

开关式位置传感器是利用位置传感器对接近物体的敏感特性，控制开关通断电的一种装置。根据被测物体的特性不同，依据不同的原理和工艺做成各种类型的接近开关传感器，如行程开关、电感式接近开关传感器、电容式接近开关传感器、磁敏接近开关传感器、光电开关、超声波接近开关传感器等。磁敏接近开关传感器利用导体和磁场发生相对运动产生电动势，它不需要辅助电源就能把被测对象的机械量转换成易于测量的电信号，属于有源传感器。磁敏接近开关传感器主要包括霍尔式接近开关传感器和干簧管接近开关传感器。

5.1.1　霍尔式接近开关传感器的工作原理、分类和特点

霍尔式接近开关传感器是利用霍尔效应原理将被测物理量转换成电动势输出的一种传感器，主要的被测物理量有电流、磁场、位移、压力和转速等。霍尔式接近开关传感器的优点是结构简单、体积小、坚固耐用、频率响应宽、动态输出范围大、无触点、使用寿命

长、可靠性高、易于微型化和集成电路化，易于与计算机或 PLC 配合使用；其缺点是转换率较低，受温度影响较大，在要求转换精度较高的场合必须进行温度补偿。

1. 霍尔式接近开关传感器的工作原理

霍尔效应原理如图 5-1 所示。将一块半导体或导体材料，沿 z 轴方向加以磁场 B，沿 x 轴方向通以工作电流 I，则在 y 轴方向产生电动势，这种现象称为霍尔效应，电动势 E_H 称为霍尔电压。作用在半导体薄片上的磁感应强度 B 越强，霍尔电压越高，这种半导体薄片称为霍尔元件。

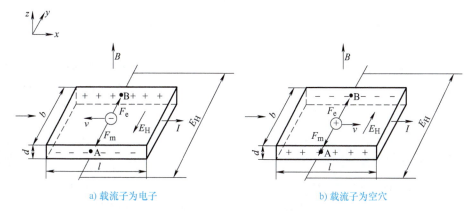

| a) 载流子为电子 | b) 载流子为空穴 |

图 5-1　霍尔效应原理

霍尔电压的大小为

$$E_H = K_H IB \tag{5-1}$$

式中，K_H 为霍尔元件的灵敏度。

若磁感应强度 B 不垂直于霍尔元件，而是与其法线成某一角度 θ，则实际作用于霍尔元件的有效磁感应强度是磁感应强度 B 法线方向（与薄片垂直的方向）的分量，即这时的霍尔电压为

$$E_H = K_H IB \cos\theta \tag{5-2}$$

霍尔式接近开关传感器的工作原理电路如图 5-2 所示。当磁性物体靠近霍尔元件时，霍尔元件产生电动势 E_H，与基极直流电压叠加使晶体管 VT 饱和导通，其集电极的继电器吸合或光电耦合器工作，使霍尔式接近开关传感器动作，改变电路原来的通断状态，即接通或断开电路。需要注意的是，霍尔式接近开关传感器检测的对象必须是磁性物体。

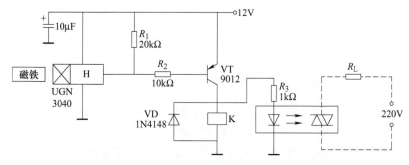

图 5-2　霍尔式接近开关传感器的工作原理电路

2. 霍尔式接近开关传感器的分类

霍尔式接近开关传感器按被测量的性质可分为电量型（电流型、电压型）和非电量型（开关型和线性型）两大类。按霍尔元件的功能可分为霍尔线性元件和霍尔开关元件。霍尔线性元件输出模拟量，霍尔开关元件输出数字量。按被测对象的性质又可将霍尔开关元件的应用分为直接应用和间接应用。

3. 霍尔式接近开关传感器的特点

1）霍尔式接近开关传感器为非接触检测，不影响被测物体的运动状况，且无机械磨损和疲劳损伤，工作寿命长。

2）霍尔式接近开关传感器为电子器件，响应快（一般响应时间可达几毫秒或几十毫秒）。

3）霍尔式接近开关传感器采用全封闭结构，防潮、防尘，可靠性高且维护方便。

4）霍尔式接近开关传感器可以输出标准电信号，易与计算机或 PLC 配合使用。

5.1.2 霍尔式接近开关传感器的应用

1. 气缸活塞运动位置测量

图 5-3 所示为气缸活塞运动位置的测量及控制元件实物。在气缸活塞的两端装上磁性物质（如磁铁），在气缸两端安装霍尔式接近开关传感器，即可检测、控制活塞运动的极限位置。

2. 机械手位置测量

在机械手的手臂上安装两个磁极，磁极与霍尔式接近开关传感器处于同一水平面上，如图 5-4 所示。当磁铁随机械手运动到距霍尔式接近开关传感器几毫米时，霍尔式接近开关传感器工作，驱动电路使控制机械手动作的继电器或电磁阀释放，控制机械手停止运动，起到限位的作用。

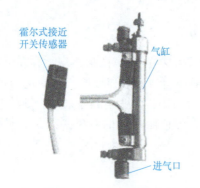

图 5-3　气缸活塞运动位置的测量及控制元件实物

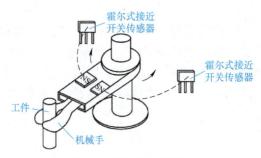

图 5-4　机械手位置测量

3. 转盘（转轴）转速测量

如图 5-5 所示，在转盘上均匀地固定几个小磁铁，当转盘转动时，固定在转盘附近的霍尔式接近开关传感器便可在每一个小磁铁通过时产生一个相应的脉冲，检测出单位时间内的脉冲数（即频率），结合转盘上小磁铁的数目即可测定转盘的转速。

图 5-5 转盘（转轴）转速测量

5.2 超声波接近开关传感器

超声波接近开关传感器是将超声波信号转换成其他能量信号（通常是电信号）的传感器。超声波是振动频率高于 20kHz 的机械波，它具有频率高、波长短、绕射现象小，特别是方向性好，能够成为射线而定向传播等特点。超声波对液体、固体的穿透能力很强，尤其是在阳光不能透过的固体中。超声波碰到杂质或分界面会产生显著反射形成反射波，碰到活动物体能产生多普勒效应。超声波接近开关传感器广泛应用于工业、国防、生物医学等领域。

1. 超声波测距原理

如图 5-6 所示，超声波测距原理是通过超声波发射器向某一方向发射超声波（一般为 40kHz 的超声波），在发射时刻的同时开始计时，超声波在空气中传播时碰到障碍物立即返回，超声波接收器收到反射波立即停止计时。超声波

图 5-6 超声波测距原理

在空气中的传播速度为 v，根据计时器的记录，计算出发射和接收的时间差 Δt，就可以计算出发射点距障碍物的距离 S，即

$$S = \frac{v\Delta t}{2} \tag{5-3}$$

2. 超声波接近开关传感器的结构和原理

超声波接近开关传感器包括超声换能器、处理单元、输出级三个部分，其结构如图 5-7 所示。

超声换能器交替着作为发射器与接收器使用。当加上触发脉冲时，超声换能器受激以脉冲形式发出超声波，随后超声换能器转入接收状态，发射出来的超声波脉冲作用到一个可以声反射的物体上，经过一段时间后，被反射回来的超声波脉冲又重新回到超声换能器上，经过单片机分析处理之后，根据所设定的开关距离确定物体是否在开关动作范围之内，若是，则激活相应的输出级，使其对应的开关点有控制信号输出，否则无信号输出。

超声波接近开关传感器的量程（最远探测距离）根据超声换能器的频率而定，频率越高，量程越小。实际应用中往往只要求在量程范围的某段距离内允许开关动作，开关动作范围调节原理如图 5-8 所示，可以采用设定允许检测的时间范围来调节超声波接近开关传

感器的开关动作范围。在电路中用两个电位器来调整其开关动作范围，用 S_1 调整开关动作范围的起始值，用 S_2 调整开关动作范围的宽度（深度），这将确保被测物体在非检测区误操作。

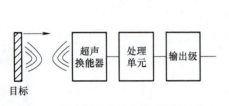

图 5-7　超声波接近开关传感器的结构

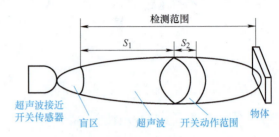

图 5-8　开关动作范围调节原理

5.3　电容式接近开关传感器

电容式接近开关传感器也属于一种具有开关量输出的位置传感器，主要用于定位或开关报警控制等场合。它的特点是无抖动、无触点、非接触监测、体积小、功耗低、寿命长、检测物体范围广、抗干扰能力强以及耐腐蚀性能好。与电涡流式接近开关、霍尔式接近开关传感器相比，电容式接近开关传感器检测距离远，而且静电电容式接近开关传感器还可以检测金属、塑料和木材等物体的位置。

电容式接近开关传感器的测量头通常是构成电容器的一个极板，而另一个极板是被测物体本身，当被测物体移向接近开关时，被测物体和接近开关之间的介电常数发生变化，使得和测量头相连的电路状态也随之发生变化，由此便可控制接近开关的接通和关断。

在齿状物（如齿轮）旁边安装一个电容式接近开关传感器以测量齿轮转速，如图 5-9 所示，当转轴转动时，电容式接近开关传感器周期地检测到齿轮的齿顶面，输出周期性变化的信号，该信号经放大、变换后，可以用频率计测出其变化频率，从而测出齿轮转速。

图 5-9　电容式接近开关传感器测齿轮转速

5.4　光电开关

光电开关利用光束如近红外线和红外线来检测、判别物体，是利用被测物体对红外光束的遮光或反射，根据同步电路的通断情况来检测物体的有无，被测物体不限于金属，所有能反射光线的物体均可检测。部分光电开关的外形如图 5-10 所示。

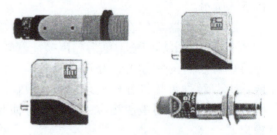

图 5-10　部分光电开关的外形

光电开关由发射器、接收器和检测电路三部分组成，其工作原理如图 5-11 所示。发射器对准目标发射光束，发射的光束一般来源于 LED 和激光二极管。光束不间断地发射，或者改变脉冲宽度。接收器由光电二极管或光电晶体管组成。接收器的前面装有光学元件如透镜和光圈等。接收器的后面是检测电路，它能滤出有效信号并应用该信号。

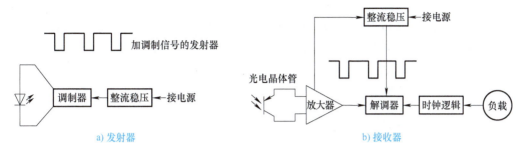

图 5-11　光电开关工作原理

图 5-12 所示为光电开关工作示意，包括对射式、镜反射式、漫反射式、槽式、光纤式等方式。作为光控制和光探测装置，光电开关广泛应用于工业控制、自动化包装线及安全装置中。例如，光电开关可在自动控制系统中进行物体检测、产品计数、料位检测、尺寸控制、安全报警以及用作计算机输入接口等。

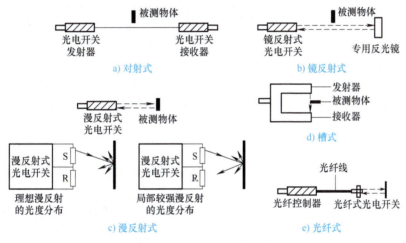

图 5-12　光电开关工作示意

图 5-13 所示为检测生产流水线上瓶盖及商标实例。除计数外，光电开关还可进行位置检测（如装配体有没有到位）、质量检查（如瓶盖是否压上、标签是否漏贴等）。

图 5-14 所示为自动切断控制实例。光电开关可以根据被测物体的特定标记进行自动控制，如根据特定的标记检测后进行自动切断、封口等。

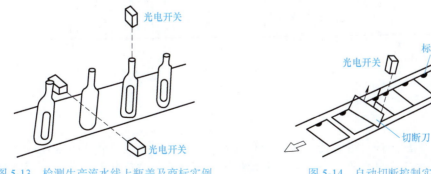

图 5-13　检测生产流水线上瓶盖及商标实例　　图 5-14　自动切断控制实例

5.5 光栅位移传感器

光栅位移传感器是位置和位移传感器的一种特殊应用。光栅位移传感器具有原理简单、测量精度高、响应速度快、易于实现自动化和数字化等优点，广泛应用于数控机床等闭环系统的线位移、角位移的精密测量和数控系统的位置检测等。

光栅位移传感器是根据莫尔条纹原理制成的一种脉冲输出数字式传感器。

5.5.1 光栅位移传感器和光栅

1. 光栅位移传感器

光栅位移传感器主要由光栅副、光源和光电器件等组成。光栅副即光栅尺，包括主光栅和指示光栅。光栅位移传感器外形如图 5-15 所示。

图 5-15　光栅位移传感器外形

主光栅和被测物体相连，它随被测物体的移动而产生位移。当主光栅产生位移时，形成的莫尔条纹便随之产生位移，若用光电器件记录莫尔条纹通过某点的数目，便可知主光栅移动的距离，也就测得了被测物体的位移量。

2. 光栅

光栅条纹如图 5-16 所示。图中，平行等距的刻线称为栅线，a 为不透光区的宽度，b 为透光区的宽度，一般情况下 $a=b$。$a+b=W$，W 为光栅栅距（简称栅距，也称光栅节距或光栅常数），它是光栅的一个重要参数。光栅按形状和用途可分为长光栅和圆光栅，长光栅用于测量长度，圆光栅用于测量角度。圆光栅又分为径向光栅和切向光栅，径向光栅沿圆形基体的周边，在直径方向上刻划栅线，而切向光栅全部栅线都与中央的一个同心小圆相切。常见长光栅的线纹密度有 25 条 /mm、50 条 /mm、100 条 /mm、125 条 /mm、250 条 /mm 等。对于圆光栅，刻线是等栅距角的向心条纹，两条相邻刻线的中心线的夹角称为栅距角夹距 r。

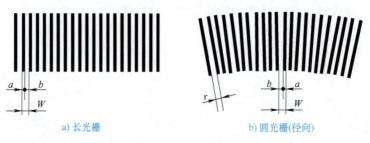

a) 长光栅　　　　　　　　　　　b) 圆光栅(径向)

图 5-16　光栅条纹

光栅按光线的走向可分为透射式光栅和反射式光栅，其结构如图 5-17 所示。图 5-17a 所示为透射式光栅，是在光学玻璃基体上均匀地刻划间距、宽度相等的条纹，每条刻线处不透光，两条刻线之间的狭缝透光，从而形成断续的透光区和不透光区。图 5-17b 所示为反射式光栅，一般用不锈钢或镀金属膜的玻璃作为基体，用化学方法制作出黑白相间的条纹，形成强光反光区和不反光区。直线光栅通常由一长和一短两块配套使用，其中长的称为主光栅或长光栅，短的称为指示光栅或短光栅。透射式直线光栅的应用比较广泛。

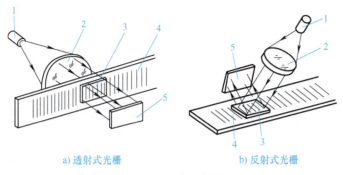

a) 透射式光栅　　　　b) 反射式光栅

图 5-17　光栅的结构

1—光源　2—透镜　3—指示光栅　4—主光栅　5—光电器件

此外，光栅按物理原理可分为黑白光栅（幅值光栅）和闪耀光栅（相位光栅）。长光栅中有黑白光栅，也有闪耀光栅，两者均有透射式光栅和反射式光栅，而圆光栅一般只有黑白光栅，主要是透射式光栅。

5.5.2　工作原理和测量电路

1. 工作原理

光栅位移传感器是利用物理上莫尔条纹的形成原理进行工作。等栅距黑白投射光栅形成的莫尔条纹（$\theta \neq 0$）如图 5-18 所示。把两块栅距 W 相等的光栅面平行安装，且让它们的刻线之间有较小的夹角 θ，这时光栅上会出现若干条明暗相间的条纹，构成一系列四棱形图案。在两光栅刻线的重合处，光从缝隙透过，形成亮带，如图 5-18 中 a–a 线所示。在两光栅刻线的错开处，由于相互挡光的作用而形成暗带，如图 5-18 中 b–b 线所示。这种亮带和暗带形成的明暗相间的条纹称为莫尔条纹，条纹方向与刻线方向近似垂直。

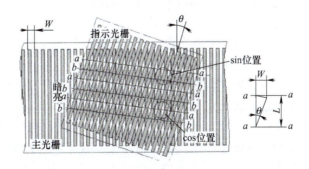

图 5-18　等栅距黑白投射光栅形成的莫尔条纹（$\theta \neq 0$）

相邻两莫尔条纹的间距为 L，其表达式为

$$L = \frac{W}{\sin \theta} \approx \frac{W}{\theta} \tag{5-4}$$

式中，W 为光栅栅距；θ 为两光栅刻线夹角，必须用弧度表示，此时式（5-4）才成立。

当两光栅在栅线垂直方向相对移动一个栅距 W 时，莫尔条纹在栅线方向移动一个莫尔条纹间距 L。通常在光栅的适当位置（图 5-18 中的 sin 位置或 cos 位置）安装光电器件。

莫尔条纹具有如下特性：

1）放大作用。莫尔条纹的间距是放大的光栅栅距，它随着两块光栅栅线之间的夹角而改变。由于 θ 较小，因此具有明显的光学放大作用，其放大比为

$$K = \frac{L}{W} \approx \frac{1}{\theta} \tag{5-5}$$

光栅栅距很小，肉眼分辨不清，而莫尔条纹却清晰可见。

光栅的光学放大作用与安装角度有关，而与两光栅的安装间隙无关。莫尔条纹的宽度必须大于光电器件的尺寸，否则光电器件无法分辨光强的变化。

2）平均效应。莫尔条纹由大量的光栅栅线共同形成，因此对光栅栅线的刻划误差有平均作用。通过莫尔条纹所获得的精度可以比光栅本身栅线的刻划精度还要高。

3）运动方向。当两光栅沿与栅线垂直的方向做相对运动时，莫尔条纹沿光栅刻线方向移动（两者运动方向垂直）；光栅反向移动，莫尔条纹也反向移动。在图 5-18 中，当指示光栅向右移动时，莫尔条纹向上移动。

4）对应关系。当指示光栅沿 x 轴自左向右移动时，莫尔条纹的亮带和暗带（a–a 线和 b–b 线）将按顺序自下而上（y 方向）不断掠过光电器件。光电器件接收到的光强变化近似于正弦波变化。光栅移动一个栅距 W，光强变化一个周期。光栅位移与光强、输出电压的关系如图 5-19 所示。

莫尔条纹移过的条纹数等于光栅移过的栅线数。例如，当采用 100 条 /mm 的光栅时，若光栅位移为 x（单位为 mm），即移过了 $100x$ 条光栅栅线，则从光电器件前掠过的莫尔条纹数也为 $100x$。由于莫尔条纹间距比栅距宽得多，因此能够被光电器件识别。将此莫尔条纹产生的电脉冲信号计数，就可以知道实际位移。

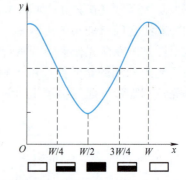

图 5-19　光栅位移与光强、输出电压的关系

2. 测量电路

光栅测量系统由光源、聚光镜、光栅尺、光电器件和驱动电路等组成。光源采用普通的灯泡，发出辐射光线，经过聚光镜后变为平行光束，照射光栅尺。光电器件（常使用硅光电池）接收透过光栅尺的光信号，并将其转换成相应的电压信号。由于此电压信号比较微弱，长距离传递时很容易被各种干扰信号淹没，造成传递失真，驱动电路的作用就是将电压信号进行电压和功率放大。除主光栅与工作台一起移动外，光源、聚光镜、指示光栅、光电器件和驱动电路均装在一个壳体内，作为一个单独部件固定在机床上，这个部件称为光栅读数头，又称为光电转换器，作用是把光栅莫尔条纹的光信号变成电信号，再经过后续的测量电路输出反映位移大小、方向的脉冲信号。图 5-20 所示为光栅传感器测量电路原理框图。

图 5-20　光栅传感器测量电路原理框图

（1）细分电路　由前面分析可知，若两光栅相对移动一个栅距 W，莫尔条纹移动一个间距 L，与门输出一个计数脉冲，则它的分辨力为一个光栅栅距 W。为了提高分辨力，一种方法是通过增大刻线密度来减少栅距，但这种方法受到制造工艺或成本的限制；另一种方法是采用细分技术，在不增加刻线数的情况下提高光栅的分辨力，即在光栅每移动一个栅距，莫尔条纹变化一个周期时，不是输出一个脉冲，而是输出均匀分布的 n 个脉冲，从而使分辨力提高到 W/n。细分越多，分辨力越高。由于细分后提高了计数脉冲的频率，因此细分又称为倍频技术。

直接细分又称为位置细分，常用的细分数为 4。四细分可用四个依次等距的光电器件，当莫尔条纹移动时，四个光电器件依次输出相位差为 90° 的电压信号，经过零比较器鉴别出四个信号的零电平，并发出计数脉冲，即一个莫尔条纹周期内发出四个脉冲，实现了四细分。

直接细分的优点是对莫尔条纹信号波形要求不严格，电路简单，可用于静态和动态测量系统；缺点是光电器件安放困难，细分数不能太高。未细分波形与细分波形的比较如图 5-21 所示。图 5-21a 中，u 为输入正弦波形，u_x 为整形波形，u_W 为辨向波形，H 为输出波形，一个输入波形对应一个输出波形。图 5-21b 中，$u_1 \sim u_4$ 为输入正弦波形，$u_{1x} \sim u_{4x}$ 为整形后相位差均为 90° 的电压波形，$u_{1W} \sim u_{4W}$ 为辨向后波形，H 为输出波形，一个输入波形对应四个输出波形，实现四细分。

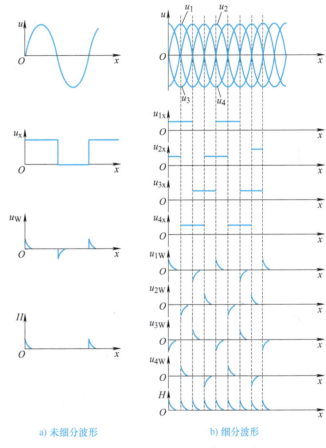

a) 未细分波形　　　b) 细分波形

图 5-21　未细分波形与细分波形的比较

1）电阻电桥细分法（矢量和法）。电阻电桥细分法的表达式为

$$U_{sc} = \frac{R_2}{R_1 + R_2} e_1 + \frac{R_1}{R_1 + R_2} e_2 \tag{5-6}$$

$$U_{sc} = \frac{A\sin(\theta + \alpha)}{\sin\alpha + \cos\alpha} \tag{5-7}$$

电阻电桥细分法用于 10 细分，电路如图 5-22 所示，结构如图 5-23 所示。

2）电阻链细分法（电阻分割法）。电阻链细分电路如图 5-24 所示。

（2）辨向电路　如果传感器只安装一套光电器件，那么在实际应用中，无论光栅做正向移动还是反向移动，光电器件都产生相同的正弦信号，无法分辨移动方向。

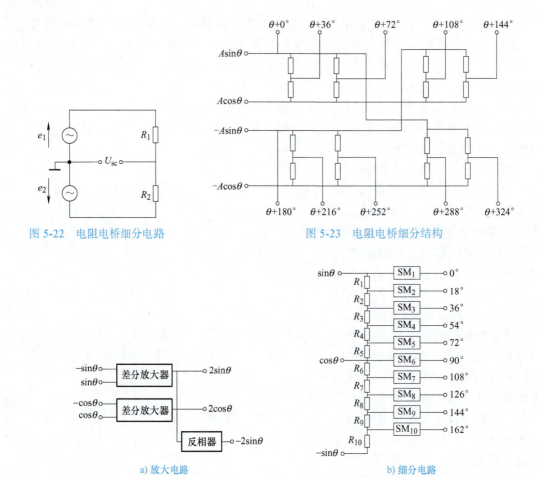

图 5-22　电阻电桥细分电路

图 5-23　电阻电桥细分结构

a) 放大电路

b) 细分电路

图 5-24　电阻链细分电路

因此，必须设置辨向电路。为了辨向，通常可以在沿光栅线 y 方向上相距（$m \pm 1/4$）L（相当于电角度 1/4 周期）的距离处设置 sin 和 cos 两套光电器件，如图 5-25a 所示。这样就可以得到两个相位相差 $\pi/2$ 的电信号 u_{os} 和 u_{oc}，经放大、整形后得到 u'_{os} 和 u'_{oc} 两个方波信号，分别送到图 5-25b 所示的辨向电路中。从图 5-25c 可以看出，当指示光栅向右移动（正向移动）时，u'_{os} 的上升沿经 R_1、C_1 微分后产生的尖脉冲正好与高电平相与。IC_1 处于开门状态，与门 IC_1 输出计数脉冲，并送到计数器的 UP 端（加法端）做加法计数，而 u'_{os} 经 IC_3 反相后产生的微分尖脉冲正好被 u'_{oc} 的低电平封锁，与门 IC_2 无法产生计数脉冲，始终保持低电平。反之，当指示光栅向左移动（反向移动）时，由图 5-25d 可知，IC_1 关闭，IC_2 产生计数脉冲，并被送到计数器的 DOWN 端（减法端），做减法计算，从而达到辨别光栅移动方向的目的。

辨向电路各点波形如图 5-26 所示。

图 5-27 所示为四细分辨向测量电路。在相距 $L/4$ 的位置上，放置两个光电器件，首先得到相位差为 90° 的两路正弦信号 S 和 C，然后将这两路信号送入图 5-27a 所示的细分辨向电路。这两路信号经过放大器放大，再由整形电路整形为两路方波信号，并将这两路信号各反相一次，就可以得到四路相位依次为 0°、90°、180°、270° 的方波信号，经过 RC 微分电路输出四个尖脉冲信号。当指示光栅正向移动时，四个微分

信号分别和有关的高电平相与。与辨向电路原理中阐述的过程相类似，可以在一个 W 的位移内，在 IC_1 的输出端得到四个加法计数脉冲，如图 5-27b 中 u_{Z1} 波形所示，而 IC_2 保持低电平。当光栅移动一个栅距 W 时，可以产生四个脉冲信号；反之，就在 IC_2 的输出端得到四个减法计数脉冲。这样，可逆计数器的计数值就能正确反映光栅的位移值。

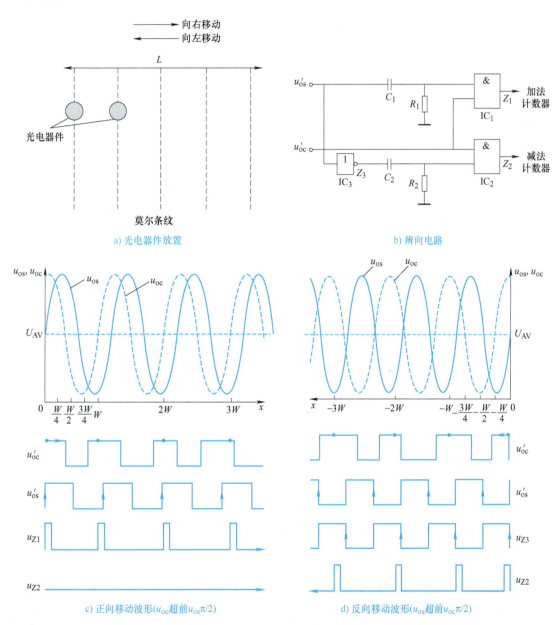

a) 光电器件放置   b) 辨向电路

c) 正向移动波形(u_{oc}超前$u_{os}\pi/2$)   d) 反向移动波形(u_{os}超前$u_{oc}\pi/2$)

图 5-25　辨向电路原理

3. 轴环式光栅数显表

为了方便光栅位移传感器的应用，国内生产光栅位移传感器的厂家研制了多种型号的光栅数显表，可以和光栅位移传感器进行很好的连接。对于用户来说，只要能根据被测量设备（如机床）的最大行程，选择合适的光栅位移传感器和光栅数显表，即可构成数字式位移测量系统。光栅数显表主要有两种类型，即数字逻辑电路数显表和以 MCU（微控制单元）为核心的智能化数显表。数字逻辑电路数显表由传统的放大整形电路、细分电路、辨向电路、可逆计数器及数字译码显示器等电路组成。随着可编程逻辑控制器的广泛使用，将细分电路、辨向电路、计数器、译码驱动电路通过 CPLD（复杂可编程逻辑器件）来实现，使得数显表的电路大为简化，体积缩小很多。

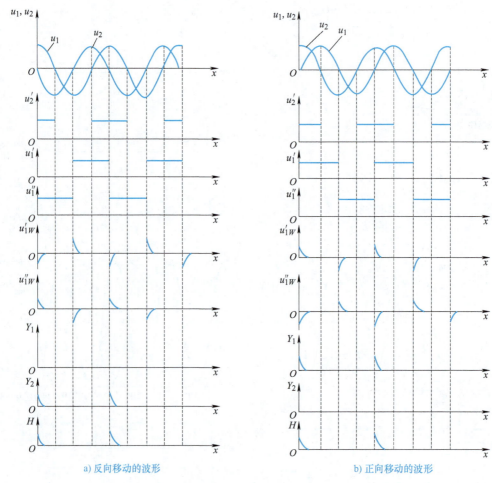

a) 反向移动的波形　　　　　　　　b) 正向移动的波形

图 5-26　辨向电路各点波形

采用以 MCU 为核心的智能化数显表时，光栅传感器的输出信号经放大整形电路后，送到 MCU 及相关电路进行辨向、细分和计数，数据处理后显示位移值。由于 MCU 具有强大的处理能力，此类数显表除能显示位移之外，还能打印实时数据，并可以和上位机进行通信，是数显表的主要方案。

轴环式光栅数显表的结构和测量电路框图如图 5-28 所示。它的主光栅用不锈钢圆薄片制成，可用于角位移测量。定片（指示光栅）固定，动片（主光栅）与外接旋转轴相连并转动。动片表面均匀地刻有 500 条透光条纹，如图 5-28b 所示。定片为圆弧形薄片，其表面刻有两组透光条纹（每组 3 条），定片上的条纹与动片上的条纹呈角度 θ。两组条纹分别与两组红外 LED 和光电晶体管对应。当动片旋转时，产生的莫尔条纹亮暗信号由光电晶体管接收，相位正好相差 $\pi/2$，即第一个光电晶体管接收到正弦信号，第二个光电晶体管接收到余弦信号，经放大整形电路处理后，两者仍保持相差 1/4 周期的相位关系，再经过细分、辨向电路，根据运动的方向来控制可逆计数器做加法或减法计数。测量电路框图如图 5-28c 所示。测量显示的零点由外部复位开关完成。

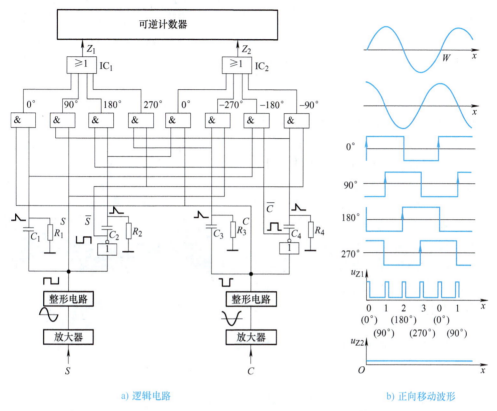

a) 逻辑电路　　　　　　　　　　b) 正向移动波形

图 5-27　四细分辨向测量电路

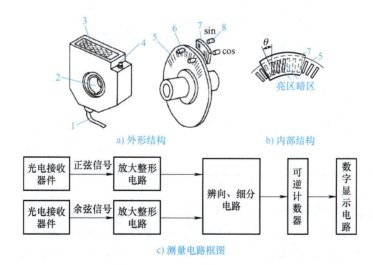

a) 外形结构　　　　　b) 内部结构

c) 测量电路框图

图 5-28　轴环式光栅数显表的结构和测量电路框图

1—电源线（5V）　2—轴套　3—数字显示器　4—复位开关　5—主光栅　6—红外 LED
7—指示光栅　8—光电晶体管

155

5.6 磁栅位移传感器

步进电动机是一种离散运动装置，它和现代数字控制技术有着密切的联系。目前在国内的数字控制系统中，步进电动机的应用十分广泛。但传统步进电动机的控制方式为开环控制，起动频率过高或负载过大，易丢步或堵转，停止时转速过高，易过冲。为保证步进电动机的控制精度，应处理好升、降速问题。针对步进电动机控制中丢步或失控的情况，采用磁栅位移传感器作为位置检测装置，通过检测步进电动机的位移，并把位移信号转换为脉冲信号反馈给 PLC 以实现闭环控制，使步进电动机的控制性能达到和交流伺服电动机一样的控制效果，同时降低控制系统的成本。

磁栅位移传感器是一种测量大位移的新型数字式传感器，主要用于大型机床和精密机床中，作为位置或位移量检测元件，其行程可达数十米，分辨力优于 1μm，允许最高工作速度为 12m/min，使用的温度范围为 0 ～ 40℃。磁栅位移传感器具有结构简单、使用方便、动态范围大（1 ～ 20m）和磁信号可以重新录制等优点，其缺点是需要屏蔽和防尘。图 5-29 所示为磁栅位移传感器在磨床测长系统中的应用。

磁栅

图 5-29　磁栅位移传感器在磨床测长系统中的应用

5.6.1 磁栅位移传感器的结构和工作原理

磁栅位移传感器由磁栅（磁尺）、磁头和检测电路组成，磁栅的外形和结构如图 5-30 所示。磁栅位移传感器基于电磁感应原理工作，当线圈在一个周期性磁场附近匀速运动时，线圈上会产生不断变化的感应电动势。感应电动势的大小既与线圈的运动速度有关，还与磁体和线圈接触时的磁性大小及变化率有关。根据感应电动势的变化情况，就可获得线圈与磁体相对位置和运动的信息。

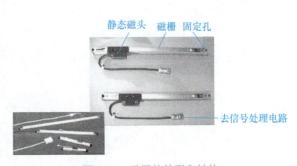

静态磁头　磁栅　固定孔

去信号处理电路

图 5-30　磁栅的外形和结构

磁栅是有磁信息的标尺，由在非磁体的平整表面上镀一层约 0.02mm 厚的 Ni-Co-P 磁性薄膜，并用录音磁头沿长度方向按一定的激光波长 λ 录上磁性刻度线构成。磁栅的磁化结构如图 5-31 所示，其中上部为不导磁的基底，下部 N—S 和 S—N 为录制磁信息的栅条。

录制磁信息时，要使磁栅固定，磁头根据来自激光波长的基准信号，以一定的速度在其长度方向上边运行边流过一定频率的相等电流，这样就在磁栅上记录了相等节距的磁信息。必要时可将原来的磁信息抹去，重新录制。可以安装后再录制磁信息，这对于消除安装误差和提高测量精度都十分有利。激光定位录磁的精度较高，分辨力可达 0.01mm/m。

磁栅录制后的磁化结构相当于一个个小磁铁按 N—S、S—N 交替排列，如图 5-31 所示，因此磁栅上的磁场强度呈周期性地变化，并在 N—N 或 S—S 相接处为最大。

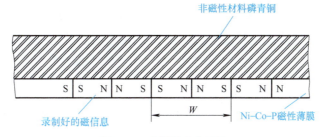

图 5-31　磁栅的磁化结构

磁头按读取方式不同,分为动态磁头和静态磁头两种。

(1) 动态磁头　动态磁头上只有一个输出绕组,只有磁头和磁栅相对运动时才有信号输出,因此动态磁头又称为速度响应磁头。运动速度不同,输出信号的大小和周期也不同,因此,对运动速度不均匀的部件或时走时停的机床,不宜采用动态磁头进行测量。但动态磁头测量位移较简单,磁头输出正弦信号,在 N、N 相接处达到正向峰值,在 S、S 相接处达到负向峰值。动态磁头输出波形与磁栅位置的关系如图 5-32 所

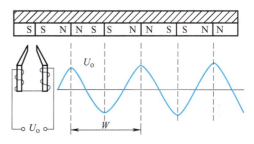

图 5-32　动态磁头输出波形与磁栅位置的关系

示,通过计数磁栅的磁节距个数 n(或正弦波周期个数),可得出磁头与磁栅间的相对位移 X 为

$$X = nW$$

式中, n 为磁节距个数(或正弦波周期个数); W 为磁节距。

(2) 静态磁头　静态磁头是一种调制式磁头,磁头上有两个绕组,一个是励磁绕组,加以励磁电源电压,另一个是输出绕组。即使磁头与磁栅之间处于相对静止状态,输出绕组也会因为有交变励磁信号而产生感应电压信号输出。

静态磁头的结构和输出波形如图 5-33 所示。当静态磁头与磁栅之间有相对运动时,输出绕组产生一个新的感应电压信号输出,它作为包络调制在原感应电压信号频率上。该电压随磁栅磁场强度的周期变化而变化,从而将位移量转换成电信号输出。检测电路主要用来供给磁头励磁电压和把磁头检测到的信号转换为脉冲信号输出,并以数字形式显示出来。磁头的总输出信号为

$$U = U_m \sin\left(2\omega t + \frac{2\pi x}{W}\right) \tag{5-8}$$

可见输出信号是一个幅值不变、相位随磁头与磁栅相对位置变化而变化的信号,可用鉴相电路测出该调相信号的相位,从而测出位移。

5.6.2　磁栅的测量方式

磁栅的测量方式有鉴幅测量和鉴相测量两种。鉴幅测量方式检测电路比较简单,但分辨率受到录磁节距的限制,因此不常采用。鉴相测量方式的分辨率可以远高于录磁节距,并可以通过提高内插脉冲频率的方式提高系统的分辨率。磁栅的测量电路如图 5-34 所示,将图中一组磁头的励磁信号移相 90°,得到输出电压为

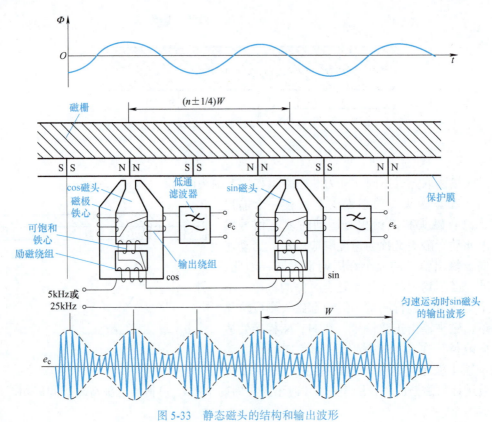

图 5-33 静态磁头的结构和输出波形

$$U_1 = U_0 \sin 2x \cos \omega t \tag{5-9}$$

$$U_2 = U_0 \cos 2x \sin \omega t \tag{5-10}$$

在求和电路中相加，得到磁头的总输出电压为

$$U = U_0 \sin(\omega t + 2x) \tag{5-11}$$

式中，U_0 为输出电压系数；x 为磁头相对磁栅的位移；ω 为励磁电压的角频率。

由式（5-11）可知，总输出电压 U 的幅值恒定，而相位随磁头与磁栅的相对位移 x 变化而变化。用 PLC 脉冲计数器读出输出信号的相位，就可以确定磁头的位置。

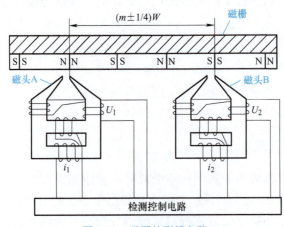

图 5-34 磁栅的测量电路

工程应用

项目 5.1　霍尔式接近开关传感器在电动机转速测试中的应用

一、行业背景

霍尔式接近开关传感器在电动机转速测试中应用广泛。它是一种基于霍尔效应原理的传感器，用于检测电动机转子上的磁极，确定其旋转速度。当磁极经过霍尔式接近开关传感器时，它会产生一个磁场变化，从而触发开关的状态改变。通过记录开关信号的频率和时间间隔，可以计算电动机的转速。这种技术在制造业、汽车工业、航空航天、能源等领域得到广泛应用，可以帮助进行电动机性能评估、故障诊断和预防性维护。

二、项目描述与要求

1. 项目描述

设计一个电动机转速测试实验，使用霍尔式接近开关传感器来测量电动机的转速，具体任务如下：

1）将霍尔式接近开关传感器安装在电动机轴或轴承上，以感应电动机旋转的角度和速度。

2）连接数字信号输出端口到数据采集设备，并设置合适的采样频率。

3）起动电动机，并记录霍尔式接近开关传感器输出的数字信号。

4）根据数字信号的变化计算出电动机转速，并将数据记录下来。

5）在不同负载和电压条件下重复以上步骤，获得不同条件下的电动机转速数据。

2. 项目要求

要求 1：准备实验必要的硬件和软件设备，包括电动机、霍尔式接近开关传感器、数据采集器等。

要求 2：实验过程中注意电路连接的稳定性和正确性，并保证操作安全。

要求 3：提前准备好所需的数据采集及数据处理软件，确保数据的可靠性和分析精度。

要求 4：任务完成后，整理实验数据并进行分析，将结果总结成报告。报告应包含实验目的、方法、数据结果和结论等内容。

要求 5：在完成实验的过程中，遵守实验室安全规定和操作规程，确保实验安全、顺利进行。

三、项目分析与计划

项目名称	霍尔式接近开关传感器在电动机转速测试中的应用
序号	项目计划
1	
2	
3	

四、项目内容

1. 确定实验目标和要求

首先需要明确实验目标和要求，例如测量电动机转速、记录数据、分析结果等。

（1）安装霍尔式接近开关传感器　将霍尔式接近开关传感器安装在电动机轴或轴承上，以感应电动机旋转的角度和速度。通常需要将霍尔式接近开关传感器与电源连接并进行校准，以确保其精度和稳定性。

（2）连接数字信号输出端口　将霍尔式接近开关传感器的数字信号输出端口连接到数据采集设备上，并设置合适的采样频率和数据格式。可以使用计算机、示波器或其他数据采集仪器进行采集和记录。

（3）起动电动机　起动电动机，并记录霍尔式接近开关传感器输出的数字信号。当电动机旋转时，霍尔式接近开关传感器会产生一个短暂的数字信号，以指示电动机已经旋转到特定的位置。通过记录这些信号的时间间隔，可以计算出电动机转速。

（4）计算电动机转速　根据霍尔式接近开关传感器输出的数字信号计算电动机转速。若数字信号频率是 f，则电动机转速 n 为

$$n = \frac{60f}{p}$$

式中，p 为极数，表示每台电动机转一圈所经过的磁极数。例如，1 台电动机有 4 个磁极，则 p=2（因为每个磁极出现两次）。

（5）重复实验　在不同负载和电压条件下重复以上实验步骤，获得不同条件下的电动机转速数据。可以进行多组实验并计算平均值，以提高测量精度。

2. ME3144 霍尔式接近开关传感器

ME3144 霍尔式接近开关传感器是一种单极性霍尔式传感器，该装置集成了反向电池保护二极管、电压调节器、小信号放大器、补偿电路、施密特触发器和集电极开路输出。ME3144 霍尔式接近开关传感器若有适当的输出信号，则可用于双极或 CMOS 逻辑电路。ME3144 霍尔式接近开关传感器是按照单片集成电路的更严格的磁性规范而设计的，可在超过 150℃ 的温度下工作，并且具有更稳定的温度和电压变化。ME3144 霍尔式接近开关传感器如图 5-35 所示。

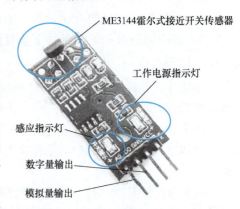

图 5-35　ME3144 霍尔式接近开关传感器

ME3144 霍尔式接近开关传感器的单极开关特性使其非常适合与简单的棒磁铁一起使用。ME3144 霍尔式接近开关传感器由于工作电压和适用温度的范围非常宽，因此非常适合工业、汽车中应用。该传感器以小尺寸晶体管（SOT）或单排塑料（31平板）的形式封装。ME3144 霍尔式传感器是与 RoHS（《关于限制在电子电气设备中使用某些有害物质的指令》）兼容的三线封装，其特点是：4.5 ～ 24V 工作电压，40 ～ 150℃ 高温运行，采用极性技术，25mA 开路集电极输出，反向电池保护，小尺寸 233L 或小口 3L，固态可靠、耐压力，采用小型商用永磁体。ME3144 霍尔式接近开关传感器实物和原理图如图 5-36 和图 5-37 所示。

图 5-36　ME3144 霍尔式接近开关传感器实物

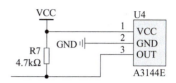

图 5-37　ME3144 霍尔式接近开关传感器原理图

3. 系统硬件组成

系统硬件组成如下：

1）51 单片机：使用 51 单片机作为主控制器，负责接收和处理来自传感器和转换模块的信号，并根据需要进行相应的操作。

2）ME3144 霍尔式接近开关传感器：采用 ME3144 霍尔式接近开关传感器作为转速检测装置。ME3144 霍尔式接近开关传感器可以通过检测磁场的变化来确定电动机转速。将 ME3144 霍尔式接近开关传感器安装在电动机旋转部分附近，以便准确感知电动机转子的位置变化。

3）LM393 A/D 转换模块：使用 LM393 A/D 转换模块将 ME3144 霍尔式接近开关传感器输出的模拟信号转换为数字信号，以便 51 单片机读取和处理这些信号。A/D 转换模块提供可调节的阈值，以便适应不同电动机转速范围的测试需求。

4）电动机驱动电路：根据具体的电动机类型和需求，设计相应的电动机驱动电路，将 51 单片机的输出信号转换为电动机能够接受的电压和电流信号，从而控制电动机转速。

5）显示和记录模块：可以通过液晶显示器或者数码管显示当前的电动机转速及其他相关信息，同时可以使用存储器或者串口等方式将转速数据记录下来，以便后续分析和处理。

6）电源供应：为系统提供稳定可靠的电源供应，包括合适的电压和电流输出，以满足各个模块的工作要求。

4. 软件运行方案

以下是基于 51 单片机、ME3144 霍尔式接近开关传感器和 LM393 A/D 转换模块进行电动机转速测试，并在 LCD1602 上显示转速，系统程序设计简要步骤如下。

1）连接硬件：将 ME3144 霍尔式接近开关传感器与 LM393 A/D 转换模块连接到 51 单片机上，确保正确接线。

2）初始化 LCD1602：使用相应的库函数或编写自定义函数来初始化 LCD1602。

3）配置外部中断：将 ME3144 霍尔式接近开关传感器的输出引脚连接到 51 单片机的外部中断引脚（如 INT0），并配置外部中断相关寄存器以允许中断触发。

4）编写中断服务程序（ISR）：编写一个适当的中断服务程序，在每次 ME3144 霍尔式接近开关传感器检测到磁场变化时被调用。在中断服务程序中，可以通过计数器或计时器来计算电动机转速。

5）显示转速：在主程序中，使用 LCD1602 库函数或自定义函数将转速值显示在 LCD1602 上。需要注意如下一些细节。在中断服务程序中，根据霍尔式接近开关传感器的特性和工作原理，可能需要实现边沿触发或电平触发。通过记录磁场变化的时间间隔，使用合适的公式将其转换为转速值。还可能需要进行一些额外的校准和调试，以确保转速计算的准确性。

核心开发代码如下：

```
void timer0_init(){
    TMOD = 0x01;                        // 定时器 0，工作方式 1
    TH0 = 0xFC;                         // 定时器初值，使定时器溢出时间为 10ms
                                        // (假设晶振频率为 12MHz)
    TL0 = 0x18;
    TR0 = 1;                            // 启动定时器 0
    ET0 = 1;                            // 允许定时器 0 中断
    EA = 1;                             // 允许总中断
}
void main(){
    unsigned char str[16];
lcd_init();                             // 初始化 LCD1602
    timer0_init();                      // 初始化定时器 0

while(1){
if(count > 0){
        speed = 60000 /(count * 10);    // 计算转速（假设每个周期 10ms）
        count = 0;                      // 清零计数器
    }
if(speed < 100){
        led = 1;                        // 低速状态，点亮 LED
    } else {
        led = 0;                        // 非低速状态，熄灭 LED
    }
lcd_clear();
lcd_str("Speed:");
sprintf(str,"%4u RPM",speed);
lcd_str(str);
        delay(100);                     // 延时 100ms
    }
}
void timer0_isr()interrupt 1 {
    TH0 = 0xFC;                         // 重置定时器初值
    TL0 = 0x18;
    count++;                            // 磁场变化次数计数
}
```

五、项目小结

在电动机转速测试项目中，使用霍尔式接近开关传感器进行磁极检测，从而计算出电动机转速。通过这个项目，可以学习以下知识点。

1）霍尔式接近开关传感器的工作原理和使用方法。

2）如何在 LCD1602 上显示数据。

此外，本项目还涉及对程序的功能实现、稳定性、精度、实用性、可扩展性、代码质量和性能等方面的评价，通过对这些维度进行检查和评价，可以更好地了解并优化程序的性能和功能。

六、拓展实践

本项目只是对电动机进行了测速，现在请为这个系统加入新设备，用于解决日常中的问题，如超速报警、电梯下行速率异常等，请写出新设计方案。

项目 5.2　光栅位移传感器在数控机床中的应用

一、行业背景

光栅位移传感器在数控机床中的应用是现代制造业中的重要方面。它能够实时监测工件的位置和运动状态，并反馈给数控系统，以提高加工精度。此外，光栅位移传感器还可检测机床本身的位置和状态，辅助进行维护和保养工作。这种高精度、高分辨率的传感器广泛应用于航空航天、汽车、机械加工、电子等领域，有助于提高生产效率、降低成本、提高产品质量和保证生产安全。

二、项目描述与要求

1. 项目描述

基于 RGH22Y30D61A 光栅位移传感器设计一个检测机床刀头位移的报警系统。

2. 项目要求

要求 1：选择适当的硬件。确保选择与 RGH22Y30D61A 光栅位移传感器兼容的控制器或数据采集单元作为硬件平台。

要求 2：连接传感器。按照 RGH22Y30D61A 光栅位移传感器的说明书，正确连接传感器的电源、地线和信号线，确保输出到所选硬件上。

要求 3：数据处理与解码。使用合适的软件或编程语言读取传感器输出的模拟或数字信号，并将其转换为位移值。可以通过解码传感器输出信号的脉冲数或使用相关算法实现。

要求 4：设定位移阈值。根据应用需求，设置刀头位移的报警阈值。这个阈值应该在预定的安全范围内，超过该范围即触发报警。

要求 5：报警触发与反馈。一旦检测到刀头位移超过设定的阈值，就触发报警逻辑程序。可以使用声音报警器、可视警示灯、触发报警信号等方式提供报警反馈。

三、项目分析与计划

项目名称	光栅位移传感器在数控机床中的应用
序号	项目计划
1	
2	
3	

四、项目内容

1. 光栅位移传感器简介

根据实际需求选择适合的传感器，确定使用的光栅位移传感器的类型和规格。

RGH22Y30D61A 光栅位移传感器是 RENISHAW RGH22 系列光栅尺的一种，主要参数和应用领域如下：

（1）主要参数

1）分辨力：0.1μm。

2）测量范围：300mm。

3）精度：±3μm。

4）输出信号类型：RS-422、TTL（晶体管 – 晶体管逻辑）和 SSI（同步串行接口）格式。

5）工作电压范围：DC 5 ～ 28V。

6）工作温度范围：0 ～ 50℃。

7）最大线速度：10m/s。

8）光栅板间距：20μm。

（2）应用领域　应用于数控机床、印刷设备、测量仪器等，实物如图 5-38 所示。

图 5-38　RGH22Y30D61A
光栅位移传感器实物

2. 系统组成方案

系统组成方案如下：

1）传感器接口电路：连接 RGH22Y30D61A 光栅位移传感器与 51 单片机的传感器接口电路，以及电平转换器、滤波器和放大器，以确保信号的准确性和稳定性。

2）51 单片机：使用 51 单片机作为系统的控制核心。51 单片机具有足够的计算能力和 I/O 口，可用于处理传感器数据和控制报警系统。

3）数据采集：通过传感器接口电路将传感器的输出信号连接到 51 单片机的输入引脚，以获取刀头位移的测量值。

4）数据处理：51 单片机使用适当的程序和算法处理来自传感器的位移数据，可以根据具体需求进行数据滤波、校准和校验，以获取准确的位移值。

5）报警系统：预设位移阈值，51 单片机比较当前位移值与阈值，并触发报警机制。报警机制可以采用声音、光线或其他合适的方式。

3. 系统程序设计

系统程序设计如下：

（1）硬件连接　将 RGH22Y30D61A 光栅位移传感器连接到 51 单片机的输入引脚上；将指示灯或蜂鸣器连接到 51 单片机的输出引脚上，用于发出报警信号。

（2）初始化设置　设置 51 单片机的输入引脚和输出引脚。配置 RGH22Y30D61A 光栅位移传感器的工作模式和参数。

（3）主循环程序　在主循环中，读取 RGH22Y30D61A 光栅位移传感器的输出值，将输出值转换为实际距离值，根据传感器的数据手册和校准曲线进行计算；设置一个阈值，若检测到刀头位移值超过该阈值，则触发报警；若触发报警，则通过输出引脚控制指示灯或蜂鸣器发出报警信号。

（4）可选功能　可以添加人机界面，如液晶显示器或数码管，以显示当前刀头位移值；可以添加数据记录功能，将刀头位移数据保存到存储设备中或发送到上位机进行分析。

核心代码如下：

```c
#include <reg51.h>

/****** 定义 I/O 口连接 RGH22Y30D61A 光栅位移传感器和报警信号指示灯或蜂鸣器的
引脚 ******/
sbitsensorPin = P1^0;
sbitalarmPin = P2^0;

int threshold = 100;                    // 根据实际情况设定阈值，用于判断刀头位移
                                        // 是否超过预设范围
void delay(unsigned int ms){
    unsigned int i,j;
    for(i = 0;i<ms;i++)
        for(j = 0;j < 123;j++);
}


/****** 获取位移的函数 ******/
unsigned int getDistance()
{
    PULSES_PER_MM=100;                  // 传感器每移动 1mm 产生 100 个脉冲
    unsigned int distance = totalPulses / PULSES_PER_MM;
                                        // 将总脉冲数转换为位移值
    totalPulses = 0;                    // 清除脉冲计数器，以便下次重新开始计数
    return distance;
}
void main()
{
    /****** 初始化设置 ******/
    sensorPin = 1;                      // 将传感器引脚配置为输入模式
alarmPin = 0;                           // 将报警信号引脚配置为输出模式
Threshold=50;                           // 设置报警阈值为 50mm
    while(1){
        unsigned int distance = getDistance();   // 获取刀头位移
        if(distance > threshold);// 判断刀头位移值是否超过阈值
  {
            alarmPin = 1;                   // 输出高电平或低电平控制报警信号指示灯
                                            // 或蜂鸣器
            delay(500);                     // 报警持续时间（单位为 mm)
            alarmPin = 0;                   // 关闭报警信号
        }
    }
}
```

五、项目小结

"光栅位移传感器在数控机床中的应用"项目需要对传感器的安装、调试、测量精度、响应速度、数据处理和输出、可靠性和耐久性及维护保养等方面进行全面考核和评估。通过这个项目，可以更好地了解 RGH22Y30D61A 光栅位移传感器的特点和优势，熟悉其使用方法和注意事项，提高工程设计、产品制造等方面的专业技能和水平。

在完成这个项目的过程中，需要注意以下四个方面。

1）严格按照相关规范和标准要求进行操作，确保项目的质量和效率。

2）合理分配时间和资源，做到有条不紊。

3）在遇到问题和困难时，要积极寻找解决方法，不断学习和积累经验。

4）在项目结束后，要认真总结和反思，归纳经验教训，为以后的工作积累经验。

六、拓展实践

光栅位移传感器是一种精密测量设备，广泛应用于数控机床和自动化生产项目中。它通过测量光栅上的栅线数量来确定物体的位移或位置变化。以下是光栅位移传感器的一些应用实例。

1）数控机床定位：在数控机床中，光栅位移传感器用于精确控制机床的轴向移动，确保加工精度。

2）自动对刀系统：自动对刀系统利用光栅位移传感器检测刀具的位置，实现自动换刀和刀具长度补偿。

3）自动化装配线：在自动化装配线上，光栅位移传感器可以用于监测和控制组件在生产线上的精确位置，确保装配的准确性。

4）机器人定位：工业机器人执行任务时，光栅位移传感器可以帮助机器人准确到达预定位置，提高作业效率。

请做一份相关行业的调研报告。

项目 5.3 超声波接近开关传感器在测距中的应用

一、行业背景

超声波接近开关传感器是一种通过发射和接收超声波信号来测量距离并检测物体位置的传感器。它具有非接触、高精度、稳定性好等优点，在很多工业领域中得到了广泛应用。

1）自动化生产线：在自动化生产线上，可以使用超声波接近开关传感器实现对产品的测距、定位和检测。这种传感器能够快速准确地测量距离，并通过控制系统进行反馈，从而提高生产效率和质量。

2）机器人技术：机器人是一个需要精密测量和控制的领域，超声波接近开关传感器可以用于为机器人提供精准的距离测量。例如，在智能仓储机器人中，超声波接近开关传感器可以通过测量货架距离来确保机器人安全、有效地移动。

二、项目描述与要求

1. 项目描述

设计一个基于超声波接近开关传感器的测距仪，它能够测量目标物体的接近距离，并通过液晶显示器输出测量结果。

2. 项目要求

要求 1：绘制 HC-SR04 超声波接近开关传感器电路原理图。

要求 2：绘制系统硬件电路原理图。

要求 3：设计系统程序。

要求 4：培养敏捷操作和严密计划的素养。

要求 5：培养注重细节和高效决策的素养。

三、项目分析与计划

项目名称	超声波接近开关传感器在测距中的应用
序号	项目计划
1	
2	
3	

四、项目内容

1. HC-SR04 超声波接近开关传感器简述

HC-SR04 超声波接近开关传感器是一种常见的测距传感器，通过发射和接收超声波信号，来测量物体与传感器之间的距离。它包括一个发射器和一个接收器，通过发射短脉冲的超声波信号，并计算从发射到接收超声波信号所经历的时间来确定距离。HC-SR04 超声波传感器通常使用 Arduino 或其他微控制器进行控制和读取距离数据，可以广泛应用于避障、自动停车、无人机等领域，其实物如图 5-39 所示。

图 5-39　HC-SR04 超声波接近开关传感器实物

要求 1：绘制 HC-SR04 超声波接近开关传感器电路原理图，如图 5-40 所示。

2. 系统硬件组成

系统主要由 LCD1602 显示模块、STC89C51 芯片、超声波发射模块、超声波接收模块、电源模块等五大模块组成。

1）初始化：系统启动时，STC89C51 芯片进行初始化设置，包括配置 I/O 口、初始化计时器等。

2）发射超声波脉冲：STC89C51 芯片控制超声波发射模块发射一个短暂的超声波脉冲。该脉冲会经过一定的传播时间后达到目标物体并反射回来。

3）接收回波信号：超声波接收模块接收到从目标物体反射回来的超声波信号，这个信号会被转换为电信号，并由 STC89C51 芯片进行处理。

4）计算距离：通过测量超声波脉冲发射和接收之间的时间差，STC89C51 芯片可以计算出目标物体与传感器之间的距离。这通常涉及使用计时器记录时间和执行一些基本的数学运算。

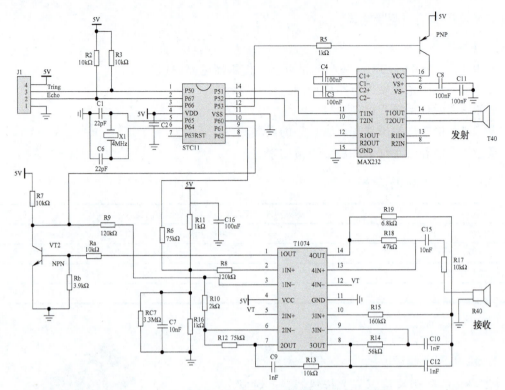

图 5-40 HC-SR04 超声波接近开关传感器电路原理图

5）显示结果：STC89C51 芯片将测得的距离值转换为适当的格式，并将相应数字信号发送给 LCD1602 显示模块。LCD1602 显示模块显示计算结果，包括距离值及可能的单位或其他相关信息。

要求 2：绘制系统硬件电路原理图，如图 5-41 所示。

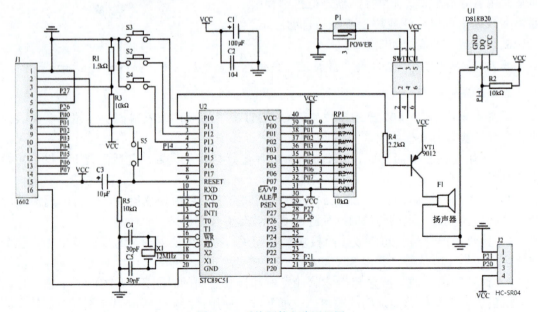

图 5-41 系统硬件电路原理图

3. 系统程序设计

要求 3：进行系统程序设计。

1）初始化 LCD1602：设置数据线、控制线的引脚，并发送初始化指令。

2）初始化超声波接近开关传感器：设置触发引脚和接收引脚的引脚模式。

3）设置定时器：使用定时器生成超声波传感器触发信号。

4）测距操作：通过触发超声波接近开关传感器并计算回波时间来测量距离。

5）将测得的距离值转换为字符串格式。

6）将距离数据发送到 LCD1602 上显示：将字符串数据写入特定位置的 LCD1602 寄存器。

7）设计报警逻辑：根据测得的距离值判断是否触发报警，并相应地控制蜂鸣器或其他输出设备。

8）循环执行以上步骤，以实现连续的距离测量和显示。

系统主函数如下：

```c
#include <reg51.h>
#include <stdio.h>
#include <intrins.h>
#define uint unsigned int
#define uchar unsigned char

sbit RS = P1^0;                        //LCD1602 控制引脚
sbit RW = P1^1;
sbitE  = P1^2;

void delay(uintms){
uinti,j;
    for(i = ms;i> 0;i--)
        for(j = 110;j > 0;j--);
}

void writeCommand(uchar command){
    RS = 0;                            // 设置为命令模式
    RW = 0;
    P0 = command;
    E = 1;
    _nop_();
    _nop_();                           // 延时一段时间
    E = 0;
    delay(5);                          // 等待指令执行完毕
}
void writeData(uchar data){
    RS = 1;                            // 设置为数据模式
    RW = 0;
    P0 = data;
    E = 1;
```

```
        _nop_();
        _nop_();                         // 延时一段时间
        E = 0;
        delay(5);                        // 等待数据写入完毕
    }
    void initLCD(){
        writeCommand(0x38);              // 初始化LCD1602,设置8位数据线、2行
                                         // 显示、5×7点阵字体(LCD1602初始化的信号
                                         // 就是0x38,这个是手册里面的。)
        Delay(5);                        // 短暂延时,等待LCD1602初始化
        writeCommand(0x0C);              // 开启显示、关闭光标
        Delay(5);                        // 短暂延时
        writeCommand(0x01);              // 清屏
        Delay(5);                        // 清屏后延时
        writeCommand(0x0C);              // 清屏后重新开启显示
    }
    void displayDistance(uint distance){
    ucharstr[8];
    sprintf(str,"Distance:%u",distance);
    writeCommand(0x80);                  // 设置光标位置为第1行第1列
        for(uinti = 0;i< 16;i++){
            if(str[i] == '\0')
                break;
    writeData(str[i]);
        }
    }
    void main(){
    initLCD();
        while(1){
          uint distance = measureDistance();
                                         // 进行距离测量,获取distance值

          displayDistance(distance);     // 在LCD1602上显示距离

        /****** 若距离小于30cm,则触发报警动作 ******/
         if(distance < 30){
            ALARM_LED = 0;               // 打开报警指示灯
            ALARM_BUZZER = 0;            // 激活蜂鸣器
          }
      else {
            ALARM_LED = 1;               // 关闭报警指示灯
            ALARM_BUZZER = 1;            // 关闭蜂鸣器
          }
          delay(500);                    // 控制测量和显示的时间间隔
        }
    }
```

五、项目小结

超声波接近开关传感器作为一种非接触式的测距传感器，在自动化控制、机器人技术、物体检测等领域得到广泛应用。本项目以 HC–SR04 超声波接近开关传感器为例，详细介绍了其硬件设计、控制程序编写等。

在项目实施过程中，需要注意选型、设计、编程、测试和文档编写等方面的细节问题，确保系统的稳定性、可靠性和可维护性。

六、拓展实践

超声波接近开关传感器还有以下应用方案。

1）多点测距：可以使用多个超声波接近开关传感器组成一个测距阵列，实现对多个位置的同时测距。多点测距在机器人导航、智能家居、自动驾驶等领域都有广泛应用。

2）动态障碍检测：可以将超声波接近开关传感器安装在移动设备上，实时检测前方的障碍物并进行预警。动态障碍检测在机器人避障、智能车辆安全行驶等领域都有广泛应用。

3）人体检测：可以利用超声波接近开关传感器进行人体检测，例如测量人体到墙面的距离，用于人体定位等。

请从上述应用方案中选择一个进行项目设计，提交项目设计书。

思考与练习

5-1　霍尔式接近开关传感器的工作原理是什么？

5-2　霍尔式接近开关传感器常见于哪些行业？

5-3　超声波接近开关传感器常见于哪些行业？

5-4　超声波接近开关传感器的工作原理是什么？

5-5　磁栅位移传感器的工作原理是什么？

5-6　磁栅位移传感器的主要功能是什么？

5-7　光栅位移传感器的主要功能是什么？

5-8　光栅位移传感器有哪些常见应用？

5-9　超声波接近开关传感器在物流和仓储中有什么应用？

5-10　霍尔式接近开关传感器在汽车制造中有什么应用？

5-11　光栅位移传感器如何实现对物体位移的测量？

5-12　磁栅位移传感器适用于哪些需要高精度位移测量的应用？

第6章

环境传感器

环境传感器能够感知环境中气体、湿度、声音等各种物理量，通过敏感元件将有关信息转换成电信号，根据这些电信号的强弱便可获得待测量在环境中存在情况有关的信息，从而可以进行检测、监控和报警，还可以通过接口电路与计算机组成自动检测、控制和报警系统。

本章主要介绍的环境传感器有气体传感器、湿度传感器及声敏传感器等，重点分析它们的工作原理及在工程技术中的应用。

理论知识

6.1 气体传感器

气体传感器可以检测烟雾、可燃气体等。它们广泛应用于住宅、商业建筑和工业场所的火灾报警系统和安全设备中。气体传感器也可用于检测室内和室外空气中的污染物，如甲醛、二氧化碳、挥发性有机化合物等，对于室内空气质量监测、工业废气处理和环境保护非常重要。气体传感器在工业生产中可用于监测和控制气体的浓度和成分，例如，检测燃烧过程中的氧气浓度，监测化学反应中的反应气体浓度等。气体传感器也广泛应用于汽车领域，如检测汽车尾气排放、车内空气质量和轮胎压力等。此外，气体传感器还可用于呼吸机、麻醉设备和健康监护仪器，监测呼吸气体中的氧气、二氧化碳和其他气体成分。

6.1.1 气体传感器的特性参数

1. 固有电阻 R_a

常温下，电阻式气体传感器在洁净空气中的电阻称为固有电阻，固有电阻 R_a 一般在几十到几百千欧范围内。

由于经济和地理环境的差异，各地区空气中含有的气体成分差别较大，即使对于同一气体传感器，在相同温度条件下的不同地区进行测定，其固有电阻也有所差别。因此，测定固有电阻 R_a 必须在洁净的空气环境中进行。

2. 灵敏度

灵敏度是指气体传感器对被测气体的敏感程度。表征气体传感器灵敏度的参数通常有下列三个。

1）电阻灵敏度：指气体传感器在一定浓度的被测气体中的固有电阻 R_a 与电阻 R_g 之比，可表示为

$$K = \frac{R_a}{R_g} \qquad (6-1)$$

2）气体分离度：指气体浓度分别为 g_1、g_2 时，气体传感器的电阻 R_{g1}、R_{g2} 之比，可表示为

$$\alpha = \frac{R_{g1}}{R_{g2}} \qquad (6-2)$$

3）电压灵敏度：指气体传感器的电阻为固有电阻时的输出电压 V_a 与在规定浓度下负载电阻两端电压 V_g 之比，表示为

$$K_V = \frac{V_a}{V_g} \qquad (6-3)$$

3. 分辨率

分辨率是指在多种气体共存的条件下，气体传感器具有的区分气体种类的能力。以被测气体的灵敏度与干扰气体的灵敏度之比 S 表示，即

$$S = \frac{K_{g1}}{K_{g2}} \qquad (6-4)$$

式中，K_{g1} 为气体传感器对被测气体的灵敏度；K_{g2} 为气体传感器对干扰气体的灵敏度。当相同浓度的几种气体共存时，气体传感器对某种气体具有较高的灵敏度，而对其余几种气体的灵敏度比较低，即 S 值较大，说明这种气体传感器对灵敏度高的气体具有较好的选择性。

由电压灵敏度也可得第二种分辨率表达式，即

$$S = \frac{V_g - V_a}{V_{gi} - V_a} \qquad (6-5)$$

式中，V_{gi} 为规定浓度下气体传感器在第 i 种气体中时负载电阻上的电压。

4. 响应时间 t_r

响应时间是指气体传感器对被测气体的响应速度。原则上讲，响应越快越好，即气体传感器接触被测气体或气体浓度有变化时，气体传感器的电阻马上随之变化到稳定值。但实际上，气体传感器的电阻总要经过一段时间才能达到稳定值。定义响应时间 t_r 为气体传感器接触被测气体后，电阻达到该浓度下稳定阻值的 63% 时所需的时间。

5. 恢复时间 t_{rc}

与响应时间不同，恢复时间是指气体传感器对被测气体的脱附速度，又称为脱附时间。同样，恢复时间也是越短越好。恢复时间 t_{rc} 定义为气体传感器脱离被测气体开始，到其电阻恢复到固有电阻的 63% 所需的时间。

6. 加热电阻 R_H 和加热功率 P_H

1）加热电阻 R_H：气体传感器一般工作在 200℃ 以上的高温环境中，为气体传感器提供必要工作温度的加热电路中的电阻（指加热器的电阻）称为加热电阻。一般直热式气体

传感器的加热电阻小于 5Ω；旁热式气体传感器的加热电阻大于 20Ω。

2）加热功率 P_H：气体传感器正常工作所需加热电路的功率称为加热功率，一般在 $0.5 \sim 2W$ 之间。

7. 污染物浓度

空气中的污染物浓度有两种表示方法，即单位体积质量浓度和体积比浓度，根据污染物存在状态选择使用。

1）单位体积质量浓度：指单位体积空气中所含污染物的质量数，常用单位为 mg/m^3 和 $\mu g/m^3$。这种表示方法对任何状态的污染物都适用。

2）体积比浓度：指 100 万体积空气中含污染气体或蒸气的体积数，常用单位为 mL/m^3 和 $\mu L/m^3$。显然，这种表示方法仅适用于气态或蒸气态物质，它不受空气温度和压力变化的影响。

因为单位体积质量浓度受温度和压力变化的影响，为使计算出的浓度具有可比性，我国空气质量标准采用标准状况（0℃，101.325kPa）时的体积。

6.1.2　气体传感器的分类及工作原理

气体传感器种类较多，下面简单介绍 4 种典型种类。

1. 电阻式半导体气体传感器

半导体气体传感器是一种利用半导体气敏元件与气体接触，而引起半导体性质变化，以检测气体的成分或浓度的气体传感器。半导体气体传感器大体可分为电阻式和非电阻式两大类。

电阻式半导体气体传感器的气敏元件是金属氧化物半导体微结晶粒子烧结体，它以金属氧化物为基体材料，添加不同物质在高温下烧结而成，在烧结体的内部还装有测定电阻的电极。由于半导体材料的特殊性质，气体在半导体材料颗粒表面的吸附可导致半导体材料的载流子浓度发生相应变化，从而改变半导体材料的电导率。气敏元件电阻的变化伴随着金属氧化物半导体表面对气体的吸附及释放而发生。为了加速这种反应，气敏元件中通常设置加热器。加热器一般为加热丝结构，有的直接烧结在金属氧化物烧结体内，有的则放在烧结体的外部。在气敏元件的外部还装有不锈钢丝网罩对元件进行保护。用半导体气敏元件组成的气体传感器主要用于工业领域，如天然气、煤气、石油化工等部门的易燃、易爆、有毒、有害气体的监测、预报和自动控制。

半导体气敏元件有 N 型和 P 型之分。金属氧化物有 SnO_2、Fe_2O_3、ZnO、TiO 等 N 型半导体材料和 CoO_2、PbO、MnO_2、CrO_3 等 P 型半导体材料。这些金属氧化物在常温下是绝缘的，在检测 N 型半导体时，其电阻随气体浓度的增大而减小；在检测 P 型半导体时，其电阻随气体浓度的增大而增大。

电阻式半导体气体传感器利用半导体表面吸附气体而引起电阻变化的特性制成，多数以可燃性气体为检测对象，但如果吸附能力很强，非可燃性气体也能作为检测对象。这类传感器具有气体检测灵敏度高、响应速度快等优点，较早地开始了开发、研究和应用。电阻式半导体气体传感器的材料多数采用氧化锡、氧化铁等较难还原的氧化物，也可以采用有机半导体材料。为了提高气体传感器对某些气体成分的选择性和灵敏度，合成材料时经常会渗入一些催化剂，如钯（Pd）、铂（Pt）、银（Ag）等。

当气敏元件被加热到稳定状态，气体接触半导体表面而被吸附时，被吸附的分子首先在表面物理自由扩散，失去运动能量，一部分分子被蒸发掉，另一部分残留分子产生热分解而固定在吸附处（化学吸附）。当半导体的功函数小于吸附分子的亲和力（气体的吸附和渗透特性）时，吸附分子将从半导体夺得电子而变成负离子吸附，半导体表面呈现电荷层。氧气等具有负离子吸附倾向的气体被称为氧化型气体或电子接收性气体。当半导体的功函数大于吸附分子的离解能时，吸附分子将向半导体释放电子，形成正离子吸附。具有正离子吸附倾向的气体有氢、碳氧化合物和醇类等，如石油蒸气、酒精蒸气、甲烷、乙烷、煤气、天然气、氢气等，它们被称为还原型气体或电子供给性气体，也就是在化学反应中能给出电子，化学价升高的气体，多属于可燃性气体。

当氧化型气体吸附到 N 型半导体上，还原型气体吸附到 P 型半导体上时，半导体的载流子将减少，从而使电阻增大。当还原型气体吸附到 N 型半导体上，氧化型气体吸附到 P 型半导体上时，半导体的载流子增多，从而使半导体电阻减小。由于空气中的含氧量大体恒定，因此氧的吸附量也是恒定的，气敏元件的电阻也相对固定。若气体浓度发生变化，气敏元件的电阻也将变化。根据这一特性，可以从电阻的变化得知吸附气体的种类和浓度。半导体气敏元件的响应时间一般不超过 1min。

SnO_2 等 N 型半导体材料在加热状态下工作，在工作温度下吸附空气中的氧，形成氧的负离子吸附，使半导体中的电子密度降低，从而其电阻增大。当遇到有能供给电子的可燃气体（如 CO）时，原来吸附的氧脱附，而由可燃气体以正离子状态吸附在金属氧化物半导体表面；氧脱附放出电子，可燃气体以正离子状态吸附也要放出电子，从而使半导体导带电子密度上升，电阻减小。可燃性气体消失，金属氧化物半导体又会自动恢复氧的负离子吸附，使电阻增大到初始状态。图 6-1 所示为 N 型半导体与气体接触时的氧化还原反应曲线。

图 6-2 所示为 P 型半导体气敏元件的电阻 – 气体浓度关系。可以看出，该气敏元件对不同气体的敏感程度不同，如对乙醚、乙醇、氢气等具有较高的灵敏度，而对甲烷的灵敏度较低。一般随着气体浓度的增加，气敏元件的电阻明显增大，在一定范围内呈线性关系。

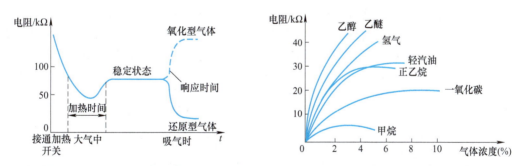

图 6-1　N 型半导体与气体接触时的氧化还原反应曲线　图 6-2　P 型半导体气敏元件的电阻 – 气体浓度关系

电阻式半导体气体传感器按结构可分为烧结型、薄膜型和厚膜型。烧结型气体传感器如图 6-3a 所示，它以多孔质 SnO_2、ZnO 等氧化物为基体材料，在氧化物材料中添加激活剂和黏结剂混合成型，采用传统制陶方法进行烧结，形成晶粒集合体后烧结而成。薄膜型气体传感器如图 6-3b 所示，它通常以石英或陶瓷为绝缘基片，在基片的一面印上加热元件，另一面镀上测量电极，并利用真空溅射、化学气相沉积等工艺在绝缘基片上制作薄膜。厚膜型气体传感器如图 6-3c 所示，它一般是将氧化物材料如 SnO_2、ZnO 等粉末与适量的硅凝胶混合，然后将这种混合物印制在事先安装有铂电极和加热元件的 Al_2O_3 基片上，待自然干燥后再经 $400 \sim 800℃$ 高温烧结 1h 制成。

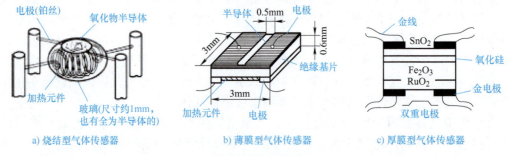

a) 烧结型气体传感器   b) 薄膜型气体传感器   c) 厚膜型气体传感器

图 6-3　电阻式半导体气体传感器的结构

烧结型气体传感器制作简单，主要用于检测还原型气体、可燃性气体和液体蒸汽，但机械强度较差，电特性误差较大。薄膜型气体传感器的敏感膜颗粒很小，具有很高的灵敏度和响应速度，有利于器件的低功耗、小型化，与集成电路制造技术兼容。厚膜型气体传感器的机械强度高，各传感器间的重复性好，适合大批量生产，而且生产工艺简单、成本低。

电阻式半导体气体传感器的加热方式一般有直热式和旁热式两种。直热式电阻式半导体气体传感器的结构如图 6-4a 所示。直热式气体传感器是将加热丝和测量电极一起直接埋入 SnO_2 材料内，当加热丝通电加热时，测量电极的电阻随气体浓度变化。它的作用是使附着在探测部分处的油雾、尘埃等烧掉，同时加速气体的氧化还原反应，从而提高气体传感器的灵敏度和响应速度，一般加热到 $200 \sim 450℃$，加热时间为 $2 \sim 3min$，加热电源一般为 5V。直热式气体传感器的优点是工艺简单、成本低、功耗小，可以在较高回路电压下使用；缺点是热容量小，测量回路与加热回路间没有隔离，互相引入附加电阻，易受环境气流的影响。国内同类产品有 QN 型和 MQ 型。

旁热式电阻式半导体气体传感器的结构如图 6-4b 所示，它的特点是在绝缘陶瓷管的管芯内放入高阻加热丝，管外涂梳状金电极作测量电极，在金电极的外面再涂 SnO_2 材料。旁热式气体传感器克服了直热式气体传感器的缺点，测量回路与加热回路隔离，加热丝不与气敏材料接触，避免了测量回路与加热回路间的相互影响，器件热容量大，降低了环境因素对其加热温度的影响，稳定性、可靠性都较直热式气体传感器好。国产 QM-N5 型，日本产 TGS#812、TGS#813 均采用旁热式结构。

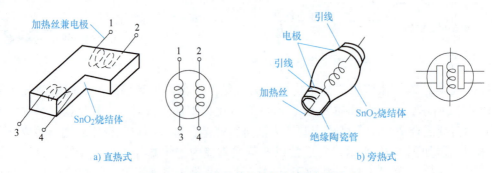

a) 直热式   b) 旁热式

图 6-4　电阻式半导体气体传感器的加热方式

由于半导体气敏元件对氧的吸附与温度有很强的依赖关系，因此，对于每个气体传感器，都存在使灵敏度最高的最佳工作温度，即峰值处温度。例如，SnO_2 气体传感器的最佳工作温度为 450℃，ZnO 气体传感器的最佳工作温度为 300℃。实际应用中，应选择工作温度低、灵敏度高的气体传感器。

2. 非电阻式半导体气体传感器

非电阻式半导体气体传感器的气敏元件利用 MOS（金属 – 氧化物 – 半导体）二极管的电容 – 电压特性、MOS 场效应晶体管（MOSFET）的阈值电压变化、肖特基二极管的势垒变化等特性制成。此类气体传感器的制造工艺成熟，便于器件集成化，因而其性能稳定且价格便宜。利用特定材料还可以使气体传感器对某些气体特别敏感。

（1）MOS 二极管气敏元件　MOS 二极管气敏元件是利用 MOS 二极管的电容 – 电压特性来检测气体的敏感元件，MOS 二极管气敏元件的结构如图 6-5a 所示。MOS 二极管气敏元件是在 P 型 Si 上集成一层 SiO_2 层，在 SiO_2 层上蒸发一层 Pd 金属膜作为电极。MOS 二极管气敏元件的等效电路如图 6-5b 所示，SiO_2 层的电容 C_a 固定不变，而 Si 片与 SiO_2 层电容 C_s 是外加电压的功函数，因此，传感器的总电容 C 也是偏压的函数，MOS 二极管的等效电容 C 随偏置电压 U 变化，电容 – 电压特性曲线如图 6-6 所示。由于 Pd 对氢气（H_2）特别敏感，当 Pd 电极有氢气吸附时，Pd 的功函数下降，使 MOS 二极管的电容 – 电压特性曲线向左平移，利用这一特性可测定氢气的浓度。

（2）MOSFET 气敏元件　MOSFET 气敏元件具有产品一致性好、体积小、质量轻、可靠性高、气体识别能力强的特点，便于大批量生产，与半导体集成电路有较好的工艺相容性，日益受到人们的重视。

MOSFET 气敏元件是利用半导体表面效应制成的一种电压控制型元件，可分为 N 沟道和 P 沟道两种，N 沟道 MOSFET 气敏元件的结构如图 6-7 所示。

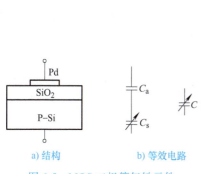

a) 结构　　　　　b) 等效电路

图 6-5　MOS 二极管气敏元件

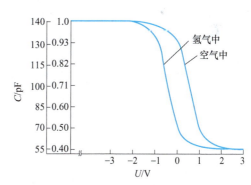

图 6-6　MOS 二极管的电容 – 电压特性曲线

Pd–MOSFET 与普通 MOSFET 相似，不同的是 Pd–MOSFET 在栅极上蒸镀了一层 Pd 金属。MOSFET 正向偏压连接如图 6-8a 所示。MOSFET 气敏元件的漏极电流 I_{DS} 由栅压控制。将栅极与漏极短路，在源极与漏极之间加电压 U_{DS}，则 I_{DS} 可表示为

$$I_{DS} = \beta (U_{DS} - U_T)^2 \tag{6-6}$$

式中，U_T 为阈值电压，是 I_{DS} 流过时的最小临界电压值；β 为常数。

当栅源电压 $U_{GS} < U_T$ 时，沟道未形成，无漏源电流，$I_{DS}=0$；当加正向偏压 $U_{GS} > U_T$ 时，栅极氧化层下的 Si 从 P 型变为 N 型，形成导电沟道，MOSFET 进入工作状态，若在源极与漏极之间加漏源电压 U_{DS}，则有电流 I_{DS} 流过，I_{DS} 随 U_{DS} 和 U_{GS} 变化。

MOSFET 阈值电压与漏源电流的关系特性即 MOSFET 的输入特性，如图 6-8b 中的

曲线 a 所示。Pd 对氢气的吸附性很强，氢气吸附在 Pd 栅上，引起 Pd 功函数的降低，从而使 MOSFET 的阈值电压 U_T 下降，特性曲线左移，如图 6-8b 中的曲线 b 所示。当渗透到 Pd 中的氢气被释放逸散时，阈值电压恢复常态。MOSFET 就是利用氢气在 Pd 栅电极吸附气体后改变功函数使 U_T 下降的原理，在栅源电压 U_{GS} 不变时改变漏源电流，实现氢气浓度的检测。

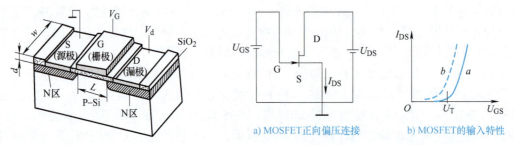

图 6-7　N 沟道 MOSFET 气敏元件的结构　　　　a) MOSFET 正向偏压连接　　b) MOSFET 的输入特性

图 6-8　MOSFET 测量气体原理

对于 MOSFET 气敏元件，U_T 会随空气中所含氢气浓度的升高而降低，因此可以利用这一特性来检测氢气，而且还能检测氨气等能够分解出氢气的气体。为了获得快速的气体响应特性，常使 MOSFET 气敏元件工作在 120 ～ 150℃温度范围内。

（3）肖特基二极管气敏元件　当金属和半导体接触时，界面会形成肖特基势垒，构成肖特基二极管。肖特基二极管加正向偏压时，从半导体流向金属的电子流将增加；加负向偏压时，从金属流向半导体的电子流几乎没有变化，这种现象称为二极管的整流作用。当金属与半导体界面处吸附某种气体时，气体将影响半导体的禁带宽度或金属的功函数，使整流特性发生变化，根据这个原理就可以制作出气体传感器。

如 Pd-TiO$_2$ 二极管，当 TiO$_2$ 和 Pd 界面吸附了还原型气体（如氢气），Pd 的功函数减小使肖特基势垒下降。在同样的正向偏压条件下，氢气的浓度增大，正向电流增大，输出负载上电压增大，测试电流或电压就可检测氢气的浓度。实验证明，Pd-TiO$_2$ 二极管在 60℃以下只对氢气有响应，因此广泛应用于常温下氢气的检测。

氢气对 Pd-TiO$_2$ 二极管整流特性的影响如图 6-9 所示。图中，空气中氢气浓度由曲线 a 到曲线 g 急剧增大，可以看出，在氢气浓度急剧增大的同时，正向偏置条件下的电流也急剧增大。

非电阻式半导体气体传感器主要用于氢气浓度的测量。对于某些危害健康，容易引起窒息、中毒或易燃、易爆的气体，最应引起注意的是这类有害气体的有无或其含量是否达到危险程度，并不一定要求精确测定其成分，因此廉价、简单的半导体气体传感器恰恰满足了这样的需求。半导体气体传感器一般不适用于对气体成分进行精确分析，而且它对气体的选择性比较差，往往只能检查某类气体存在与否，不一定能确切分辨出是哪一种气体。改变制造气敏元件时

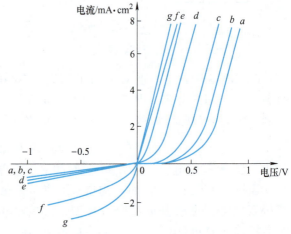

图 6-9　氢气对 Pd-TiO$_2$ 二极管整流特性的影响

的半导体烧结温度、半导体中的掺杂剂、加热器的加热温度等，将这些方法结合起来应用，能使传感器具有对各种气体的识别能力。

由于半导体气体传感器具有结构简单、价格便宜、使用方便、稳定性好、工作寿命长、对气体浓度变化响应快、灵敏度高等优点，因此多用于气体的粗略鉴别和定性分析，可制成检测仪、报警仪、自动控制仪器和测试仪器等。

3. 接触燃烧式气体传感器

一般将在空气中达到一定浓度、触及火种可引起燃烧的气体称为可燃性气体，如甲烷、乙炔、甲醇、乙醇、乙醚、一氧化碳、氢气等，均为可燃性气体。接触燃烧式气体传感器的气敏元件结构如图 6-10 所示。气敏元件一般为铂丝，也可表面涂铂、钯等稀有金属催化层。使用时，对铂丝通入电流，保持 $300 \sim 400\,^{\circ}\mathrm{C}$ 的高温，此时若与可燃性气体接触，可燃性气体就会在稀有金属催化层上燃烧，铂丝的温度会升高，铂丝的电阻也会增大，通过测量铂丝电阻变化的大小，就可以知道可燃性气体的浓度。空气中可燃性气体的浓度越高，氧化反应（燃烧）产生的反应热量（燃烧热）越多，铂丝的温度变化（升高）越大，其电阻增大得越多。

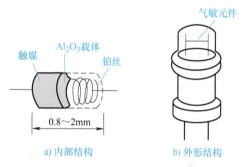

图 6-10　接触燃烧式气体传感器的气敏元件结构

也可将气敏元件接入电桥电路的一个桥臂中，调节桥路使其平衡。一旦有可燃性气体与传感器表面接触，燃烧热进一步使金属丝升温，造成电阻增大，从而破坏电桥的平衡。电桥输出的不平衡电流或电压与可燃性气体的浓度成比例，检测出不平衡电流或电压就可测得可燃性气体的浓度。

但是，使用单纯的铂丝线圈作为气敏元件，寿命较短，实际应用的气敏元件都是在铂丝线圈外涂覆一层氧化物触媒（氧化铝或氧化铝和氧化硅），这样既可以延长其使用寿命，又可以提高气敏元件的响应特性。

接触燃烧式气体传感器主要用于坑内沼气、化工厂可燃性气体量的探测，不适用于检测一氧化碳等有毒气体。接触燃烧式气体传感器的优点是对气体选择性好、线性好、受温度和湿度影响小、响应快、廉价、精度高；缺点是对低浓度可燃性气体的灵敏度低，敏感元件受到催化剂侵害后特性锐减，金属丝易断。

4. 电化学式气体传感器

电化学式气体传感器是基于化学溶剂与气体的反应产生电流、颜色、电导率的变化来工作的一种气体传感器。这类传感器的气体选择性好，但不能重复使用，通常情况下可以用它来检测一氧化碳、氢气、甲烷及乙醇等。图 6-11 所示为电化学式一氧化碳传感器的结构示意图。

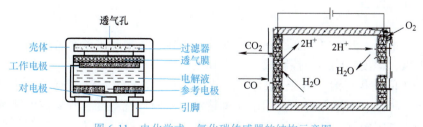

图 6-11　电化学式一氧化碳传感器的结构示意图

电化学式气体传感器一般利用液体（或固体、有机凝胶等）电解质，其输出形式可以是气体直接氧化或还原产生的电流，也可以是离子作用于离子电极产生的电动势。电化学式气体传感器包括离子选择电极气体传感器、伽伐尼电池型气体传感器、定位电解法气体传感器、热导式气体传感器等种类。

（1）离子选择电极气体传感器　这种传感器由电解液、固定参照电极和pH电极组成，通过透气膜使被测气体与外界达到平衡，在电解液中达到如下化学平衡（以被测气体 CO_2 为例）：

$$CO_2+H_2O=H^++HCO_3^-\tag{6-7}$$

根据质量守恒法则，HCO_3^- 的浓度一定与在设定范围内的 H^+ 浓度和 CO_2 分压成比例，根据 pH 值就能知道 CO_2 的浓度。适当地组合电解液和电极，就可以检测多种气体，如 NH_3、SO_2 等。

（2）伽伐尼电池型气体传感器　在这种传感器中，隔离膜、铅电极（阳极）、电解液、白金电极（阴极）组成一个伽伐尼电池，当被测气体通过聚四氟乙烯膜扩散到达阴极表面时，即可发生还原反应，在白金电极上被还原成 OH^- 离子，阳极上铅被氧化成氢氧化铅，溶液中产生电流。这时，流过外电路的电流和透过聚四氟乙烯膜的氧的速度成比例，阴极上氧分压几乎为零，氧透过的速度与外部的氧分压成比例。

（3）定位电解法气体传感器　这种传感器又称为控制电位电解法气体传感器，它由工作电极、辅助电极、参考电极及聚四氟乙烯制成的透气隔离膜组成。在工作电极与辅助电极、参考电极间充以电解液，传感器工作电极（敏感电极）的电位由恒电位器控制，使其与参考电极电位保持恒定，被测气体分子通过隔离膜到达工作电极表面时，在多孔型贵金属的催化作用下发生电化学反应（氧化反应），同时，辅助电极上的氧气发生还原反应。这种反应产生的电流大小受扩散过程的控制，而扩散过程与被测气体的浓度有关，只要测量工作电极上产生的扩散电流，就可以确定被测气体的浓度。在工作电极与辅助电极之间加一定电压后，气体发生电解，如果改变所加电压，氧化还原反应选择性地进行，就可以定量检测气体。

（4）热导式气体传感器　热导式气体传感器主要是通过测量被测气体热导率的差异转化为热敏元件电阻的变化来分析被测气体的浓度大小。传统的检测方法是将被测气体送入气室，气室的中心是热敏元件，如热敏电阻、铂丝或钨丝，加热到一定温度，当被测气体的热导率升高时，热量将更容易从热敏元件中消散，并且其电阻将减小，通过对热敏元件电阻的测量便可得知被测气体热导率的变化，从而可分析出被测气体的浓度大小。

热导式气体传感器广泛应用于需要检测高浓度甲烷、氢气、乙炔、氦气、光气、氩气、笑气等气体的场合。

6.2　湿度传感器

任何行业都离不开空气，而空气的湿度又与工作、生活、生产有直接联系。随着现代工农业的发展，湿度的检测与控制成为生产和生活中必不可少的手段。例如，在大规模集成电路生产车间，相对湿度低于 30% 时，容易产生静电，影响产品质量；仓库、军械库及农业育苗、种菜、水果保鲜、食用菌保鲜技术、室内环境湿度、气象监测等场合都需要对湿度进行检测或控制。湿度检测已广泛应用于工业、农业、国防、科技等各个领域。

湿度检测较其他物理量的检测更为困难。首先，因为空气中水蒸气含量很少，此外，液态水会使一些高分子材料和电解质材料溶解，一部分水分子电离后与融入空气中的杂质结合成酸或碱，使湿敏材料受到不同程度的腐蚀和老化，从而丧失其原有的性质；其次，湿度信息的传递必须靠水对湿度传感器的直接接触来完成，因此湿度传感器只能直接暴露于待测环境中，不能密封。

6.2.1　湿度传感器的特性参数

湿度传感器由湿敏元件和转换电路等组成，能感受被测环境湿度的变化，并通过器件材料的物理或化学性质变化将湿度值转换成电信号。

早期的湿度传感器有毛发湿度计、干湿球湿度计等，但这些传感器的响应速度、灵敏度、准确度等都不高。通常，对湿度传感器的特性有如下要求：在各种气体环境下稳定性好、响应时间短、寿命长、有互换性、耐污染和受温度影响小等。微型化、集成化及价格低廉是湿度传感器的发展方向。

湿度传感器的特性参数主要有湿度量程、感湿特性、灵敏度、感湿温度系数、响应时间、湿滞回线和湿滞回差等。

1. 湿度量程

湿度量程是指湿度传感器能够较精确测量的环境湿度的最大范围。在生产实践中，不同的生产或生活条件要求湿度传感器在不同的相对湿度范围内工作。例如，木材干燥系统中，湿度传感器工作的湿度范围主要为 0 ～ 40%RH；室内空气调节系统中，湿度传感器工作的湿度范围主要为 40% ～ 70%RH。不同环境所需湿度不同，测量方法很多，但湿度测量的精度普遍不高。由于不同湿度传感器使用的敏感材料不同，测量时会出现不同的物理反应或化学反应，导致某些敏感元件只能在某个特定的范围内进行测量，超出这个范围时，测量精度会大幅下降。目前湿度测量的精度为 ±0.01%，理想的湿度量程应是 0 ～ 100%RH 全量程，量程越大，温度传感器的实际使用价值越大。

2. 感湿特性

湿度传感器的感湿特征量（如电阻、电容、电压、频率等）随环境相对湿度（或绝对湿度）变化的关系曲线，称为湿度传感器的感湿特性曲线。图 6-12 是 TiO_2-V_2O_5 湿度传感器的感湿特性曲线，表示湿度传感器的感湿特征量随环境相对湿度的变化规律。一般每一种湿度传感器都会有自己的感湿特性曲线，从感湿特性曲线可以确定湿度传感器的最佳适用范围和灵敏度，性能良好的湿度传感器的感湿特性曲线应在整个相对湿度范围内连续变化。斜率过小则曲线平坦，灵敏度降低；斜率过大则曲线太陡，测量范围减小，都会造成测量上的困难。

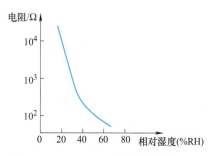

图 6-12　TiO_2-V_2O_5 湿度传感器的感湿特性曲线

3. 灵敏度

灵敏度表示湿度传感器的感湿特征量相对于环境湿度变化的程度，其定义是在某一相对湿度范围内，当相对湿度改变 1%RH 时，湿度传感器电参量的变化值或百分率。在湿度传感器的感湿特性曲线是直线的情况下，可以用直线的斜率表示灵敏度。但由于大多数湿度传感器的感湿特性曲线是非线性的，在不同的相对湿度范围内曲线具有不同的斜率，这造成了灵敏度表达上的困难，因此常用不同环境下的感湿特征量之比表示湿度传感器的灵敏度。日本生产的 $MgCr_2O_4$–TiO_2 湿度传感器的灵敏度是用一组湿敏元件的电阻比（如 $R_{1\%}/R_{20\%}$、$R_{1\%}/R_{40\%}$、$R_{1\%}/R_{60\%}$、$R_{1\%}/R_{80\%}$ 和 $R_{1\%}/R_{100\%}$），分别表示相对湿度为 20%、40%、60%、80% 和 100% 时湿度传感器的灵敏度。

不同湿度传感器对灵敏度的要求各不相同，对于低湿型或高湿型湿度传感器，它们的湿度量程较窄，要求灵敏度很高；但对于全湿型湿度传感器，灵敏度并非越高越好，因为电阻的动态范围很宽会给配置二次仪表带来不利，所以灵敏度要适当。

4. 感湿温度系数

湿度传感器除对环境湿度敏感外，对温度也十分敏感。在两个规定的温度下，湿度传感器的电阻（或电容）达到相等时，其对应的相对湿度之差与两个规定的温度变化量之比，称为感湿温度系数，表示环境温度每变化 1℃所引起的湿度传感器的湿度误差，表达式为

$$感湿温度系数 = \frac{H_1 - H_2}{\Delta T} \tag{6-8}$$

式中，ΔT 为温度 25℃与另一规定环境温度之差；H_1 为温度 25℃时湿度传感器的电阻（或电容）对应的相对湿度；H_2 为另一规定环境温度下湿度传感器的电阻（或电容）对应的相对湿度。

在不同环境温度下，湿度传感器的感湿温度系数不同，如图 6-13 所示，它直接给测量带来误差，因此在高精度测湿系统中一定要考虑感湿温度系数的问题。在图 6-13 中，纵轴表示湿度传感器的电阻或电容。

5. 响应时间

响应时间表示当环境湿度发生变化时，湿度传感器输出特征量随相对湿度变化的快慢程度，是指在规定的温度环境下，当相对湿度发生跃变时，湿度传感器的电参量达到稳态所需要的时间。一般以电参量达到稳态时的 63% 所需要的时间作为响应时间，响应时间又称为时间常数，单位为 s。响应时间分为吸湿响应时间和脱湿响应时间。大多数湿度传感器的脱湿响应时间大于吸湿响应时间，因此一般以脱湿响应时间作为响应时间。

6. 湿滞回线和湿滞回差

各湿度传感器在吸湿和脱湿两种情况下的感湿特性曲线各不相同，这种特性称为湿滞特性。一般将吸湿和脱湿特性曲线所构成的回线称为湿滞回线，湿滞回线所表示的最大差值称为湿滞回差，如图 6-14 所示。

7. 电压特性

加直流电会引起湿敏元件内水分子的电解，使电导率随时间的增加而下降，因此用湿度传感器测量湿度时，不能用直流电压，而采用交流电压。图 6-15 所示为湿度传感器的电阻与外加交流电压之间的关系。

当交流电压小于 5V 时，电压对感湿特性没有影响。

当交流电压大于 15V 时，由于产生焦耳热，对湿度传感器的感湿特性产生了较大影响，因此湿度传感器的使用电压一般小于 10V。

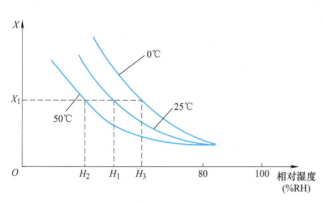

图 6-13　湿度传感器的感湿温度特性

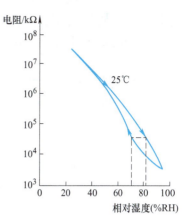

图 6-14　湿度传感器的湿滞回线

8. 频率特性

频率特性是指湿度传感器的电阻与外加电压频率的关系。在高湿的环境中，频率对电阻的影响很小；在低湿高频的环境中，随着频率的增加，电阻减小。图 6-16 所示为某湿度传感器的电阻 – 频率特性。对这种湿度传感器，当电压频率小于 $10^3 Hz$ 时，电阻不随使用频率变化，因此使用频率的上限为 $10^3 Hz$。一般湿度传感器的使用频率上限由实验确定。

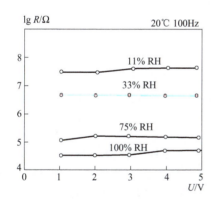

图 6-15　湿度传感器的电阻与外加交流电压之间的关系

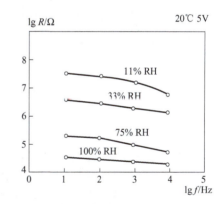

图 6-16　某湿度传感器的电阻 – 频率特性

6.2.2　湿度传感器的工作原理

湿度传感器种类繁多，按输出信号可分为电阻式、电容式和频率式等；按探测功能可分为绝对湿度型、相对湿度型、结露型和多功能型等；按材料可分为陶瓷型、有机高分子型、半导体型和电解质型等；按湿敏元件的工作机理可分为水分子亲和力型和非水分子亲和力型。下面介绍几种常见的湿度传感器的工作原理。

1. 电解质型湿度传感器

氯化锂（LiCl）湿敏电阻是典型的电解质型湿敏元件，利用吸湿性盐的潮解使离子电导率发生变化而制成。氯化锂湿度传感器的结构如图 6-17 所示，它由引线、基体、感湿层和电极组成。它是在聚碳酸酯基体上制成一对梳状铂金电极，然后浸涂溶于聚乙烯醇的氯化锂胶状溶液，其表面再涂上一层多孔性保护膜而成。氯化锂是潮解性盐，这种电解质溶液形成的薄膜能随着空气中水蒸气的变化而吸湿或脱湿。在氯化锂溶液中，Li 和 Cl 均以正负离子的形式存在，而 Li^+ 对水分子的吸引力强，离子水合程度高，溶液中的离子导电能力与浓度成正比。当环境相对湿度增加时，溶液吸收水分子，使浓度降低，导电能力下降，其电阻率上升；反之，当环境相对湿度下降时，溶液浓度升高，导电能力上升，其电阻率下降，从而实现对湿度的测量。

　　氯化锂浓度不同的湿敏电阻适用于不同的相对湿度范围。图 6-18 所示为柱状氯化锂湿度传感器的相对湿度关系曲线。氯化锂浓度低的氯化锂湿度传感器对高湿度敏感，氯化锂浓度高的氯化锂湿度传感器对低湿度敏感。一般氯化锂湿度传感器的有效敏感范围在 20%RH 以内，为了扩大湿度量程，可以将多个氯化锂浓度不同的湿度传感器组合使用。氯化锂湿度传感器的优点就是滞后小、检测精度高，几乎不受环境中风速的影响；缺点是耐热性差、寿命短，不适合露点测量，性能重复性不好。

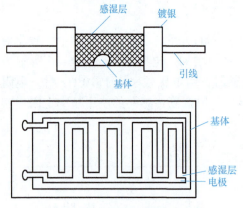

图 6-17　氯化锂湿度传感器的结构

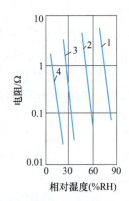

图 6-18　柱状氯化锂湿度传感器的相对湿度关系曲线

1—PVAC　2—0.25%LiCl　3—0.5%LiCl　4—1%LiCl

2. 半导体陶瓷湿度传感器

　　半导体陶瓷湿度传感器根据微粒堆集体或多孔状陶瓷体的湿敏材料吸附水分可使电导率改变这一原理来检测湿度。半导体陶瓷湿度传感器具有很多优点，主要包括测湿范围宽，基本上可实现全量程范围内的湿度测量；工作温度高，常温湿度传感器的工作温度在 150℃以下，而半导体陶瓷湿度传感器的工作温度可达 800℃；响应时间短，多孔陶瓷的表面积大，易于吸湿和脱湿；湿滞回差小，可高温清洗，灵敏度高，稳定性好等。

　　制造半导体陶瓷湿度传感器的材料主要是不同类型的金属氧化物，如 $MgCr_2O_4$–TiO_2、ZnO–Cr_2O_3、ZrO_2、LaO_3–TiO_2、SnO_2–Al_2O_3–TiO_2、LaO_3–TiO_2 –V_2O_5、NiO、MnO_2–Mn_2O_3 等。半导体陶瓷湿度传感器按制造工艺的不同可分为烧结型、涂覆膜型、厚膜型、薄膜型和 MOS 型。

　　半导体陶瓷湿度传感器有正特性和负特性两种。负特性半导体陶瓷湿度传感器的电阻随湿度的升高而减小。由于水分子中的氢原子具有很强的正电场，因此水分子在半导体陶瓷表面吸附时可能从半导体陶瓷表面俘获电子，使半导体表面带负电，相当于表面电势变负。如果表面电势下降较多，不仅会使表面层的电子耗尽，同时吸引更多的空穴达到表面层，使表面层的电阻减小。$MgCr_2O_4$–TiO_2 半导体陶瓷湿度传感器的负特性曲线如图 6-19a 所示，随着相对湿度的上升，传感器的电阻急骤减小，电阻与相对湿度近似呈线性关系。

　　正特性半导体陶瓷湿度传感器的材料结构、电子能量状态与负特性半导体陶瓷湿度传感器有所不同。当水分子附着在半导体陶瓷表面使电势变负时，表面层电子浓度下降，但还不足以使表面层的空穴浓度增加到出现表面反型层的程度，此时仍以电子导电为主。于是，表面电阻将由于电子浓度下降而增大，这类半导体陶瓷材料的表面电阻将随湿度的上升而增大。如果对某一种半导体陶瓷，它的晶粒间电阻并不比晶粒内电阻大很多，那么表面电阻的增大对总电阻并不起太大作用。不过，湿敏半导体陶瓷材料通常是多孔的，表面电导占的比例很大，因此表面电阻的增大必将引起总电阻值的明显增大；但是，由于晶体内部低阻支路仍然存在，正特性半导体陶瓷的总电阻的增大没有负特性半导体陶瓷的总电阻减小得那么明显。Fe_3O_4 半导体陶瓷湿度传感器的正特性曲线如图 6-19b 所示。

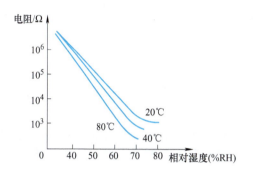

a) $MgCr_2O_4$–TiO_2 半导体陶瓷湿度传感器的负特性曲线

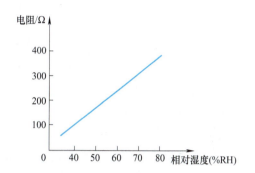

b) Fe_3O_4 半导体陶瓷湿度传感器的正特性曲线

图 6-19 半导体陶瓷湿度传感器的感湿特性曲线

（1）$MgCr_2O_4$–TiO_2 半导体陶瓷湿度传感器 $MgCr_2O_4$–TiO_2 半导体陶瓷湿度传感器是一种典型的多孔陶瓷湿度测量器件。由于它很容易吸附水分子，还能抗热冲击，具有体积小、灵敏度高、响应特性好、测量范围宽（可测量 0 ~ 100%RH）、响应速度快（响应时间可短至几秒）、高温清洗后性能稳定等优点，已商品化并得到广泛应用。

$MgCr_2O_4$–TiO_2 半导体陶瓷湿度传感器的结构如图 6-20 所示，它以 $MgCr_2O_4$ 为基础材料，加入一定比例的 TiO_2（20% ~ 35%mol/L）压制成 4mm × 4mm × 0.5mm 的薄片，在 1300℃ 左右烧成，感湿片两面涂覆氧化钌多孔电极，并于 800℃ 烧结，感湿片外附设有镍铬丝加热清洗线圈。

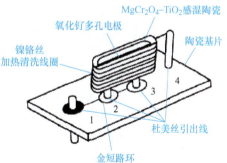

图 6-20 $MgCr_2O_4$–TiO_2 半导体陶瓷湿度传感器的结构

以高温绕结工艺制成多孔陶瓷半导体薄片，它的气孔率高达 25%，具有 1μm 以下的细孔分布，其接触空气的表面积显著增大，因此水分子极易被吸附于表层及其孔隙之中，使其电阻率下降。多孔陶瓷表面吸收水分子的情况如图 6-21 所示，可以分为三个阶段，图 6-21a 所示的第一阶段是多孔陶瓷在低湿区域或刚接触水汽时，图 6-21b 所示的第二阶段是多孔陶瓷进一步吸收水分子或在中等湿度环境中，图 6-21c 所示的第三阶段是大量水汽使晶粒界充满水分子。

多孔陶瓷置于空气中易被灰尘、油烟污染，从而堵塞气孔，使感湿面积下降。将多孔陶瓷加热到 400℃ 以上，就可使污物挥发或烧掉，使多孔陶瓷恢复到初始状态。因此必须定期给加热丝通电。陶瓷湿度传感器吸湿快（3min 左右），而脱湿要慢许多，从而产生滞后现象。当吸附的水分子不能全部脱出时，会造成重现性误差和测量误差。有时可用重新加热脱湿的办法来解决，即每次使用前应先加热 1min 左右，待其冷却至室温后，方可进行测量。陶瓷湿度传感器的误差较大，稳定性也较差，使用时还应考虑温度补偿（温度每上升 1℃，电阻减小引起的误差约为 1%RH）。多孔陶瓷应采用交流供电（如 50Hz），若长期采用直流供电，会使湿敏材料极化，吸附的水分子电离，导致灵敏度降低、性能变坏。

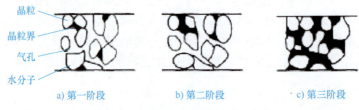

晶粒
晶粒界
气孔
水分子

a) 第一阶段　　　　　　b) 第二阶段　　　　　　c) 第三阶段

图 6-21　多孔陶瓷表面吸收水分子的情况

由于 $MgCr_2O_4-TiO_2$ 半导体陶瓷湿度传感器的电阻率和温度特性与原材料的配比有很大关系，将导电类型相反的半导体材料按不同比例烧结就能得到电阻率较低、电阻温度系数很小的复合型半导体湿度传感器。

（2）Fe_3O_4 涂覆膜型湿度传感器　除了烧结型陶瓷外，还有一种由金属氧化物通过堆积、黏结或直接在氧化金属基片上形成感湿膜的器件，称为涂覆膜型湿敏元件，其中比较典型且性能较好的是 Fe_3O_4 湿敏元件。

Fe_3O_4 涂覆膜型湿度传感器工艺简单，结构如图 6-22 所示。在陶瓷基片上先制作钯金梳状电极，然后采用丝网印制等工艺，将调制好的金属氧化物糊状物印制在陶瓷基片上，采用烧结或烘干的方法使之固化成膜。Fe_3O_4 感湿膜的整体电阻很大。当空气的相对湿度增大时，感湿膜吸湿，由于水分子的附着扩大了颗粒间的接触面，减小了颗粒间的电阻，增加了更多的导流通路，因此传感器电阻减小；当处于干燥环境中时，感湿膜脱湿，颗粒间接触面减小，传感器电阻增大。因此，这种传感器具有负特性，电阻随着相对湿度的升高而减小，反应灵敏，响应时间小于 1min。

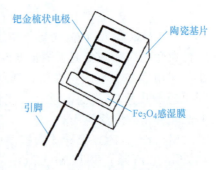

钯金梳状电极
陶瓷基片
引脚
Fe_3O_4感湿膜

图 6-22　Fe_3O_4 涂覆膜型湿度传感器的结构

需要指出的是，烧结型 Fe_3O_4 湿度传感器的电阻随湿度的增加而增大，具有正特性。

3. 高分子湿度传感器

采用高分子材料制成的湿度传感器，具有精度高、滞后小、可靠性高、响应速度快、计测简单、制造容易等特点，按其工作原理一般可分为电阻式高分子湿度传感器、电容式高分子湿度传感器和结露传感器三类。

（1）电阻式高分子湿度传感器　电阻式高分子湿度传感器主要使用高分子固体电解质材料作为感湿膜，由于膜中存在可动离子而产生导电性，随着湿度的增大，其电离作用增强，使可动离子的浓度增大，电极间的电阻减小。当湿度减小时，电离作用也相应减弱，可动离子的浓度也减小，电极间的电阻增大。这样，湿敏元件对水分子的吸附和释放情况，可通过电极间电阻的变化检测出来，从而得到相应的湿度值。高分子感湿膜可使用的材料很多，如高氧酸锂 – 聚氯乙烯、有亲水性基的有机硅氧烷和四乙基硅烷的等离子共聚膜等。

（2）电容式高分子湿度传感器　电容式高分子湿度传感器利用高分子材料（聚苯乙

烯、聚酰亚胺、醋酸纤维等）吸水后，其介电常数发生变化的特性进行工作，如图 6-23 所示。它是在绝缘衬底上制作一对平板金电极，然后在上面涂敷一层均匀的高分子感湿膜作为电介质，在表层以镀膜的方法制作多孔浮置电极（金膜电极），形成串联电容。由于高分子感湿膜上的电极是很薄的金属微孔蒸发膜，水分子可以通过两端的电极被感湿膜吸附或释放。当高分子感湿膜吸附水分子后，由于高分子介质的相对介电常数（3 ～ 6）远远小于水的相对介电常数（81），因此介质中水的成分对总介电常数的影响比较大，使传感器的总电容发生变化，只要检测出电容即可测得相对湿度。电容式高分子湿度传感器的失效模式主要有开路、短路、参数退化和机械损伤等。

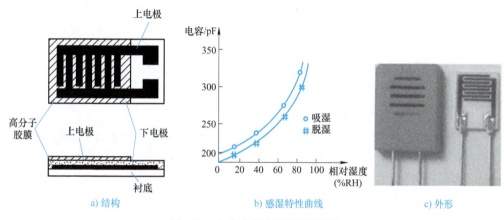

| a) 结构 | b) 感湿特性曲线 | c) 外形 |

图 6-23　电容式高分子湿度传感器

电容式高分子湿度传感器测量湿度是一个相当缓慢的过程，因为介电层吸收水分子需要时间。利用现代 MEMS 技术，通过缩小传感器的尺寸和增加介质层的暴露面积，可以显著提高测量速度。由于水蒸气容易在传感器内部冷凝，冷凝后需要较长的恢复时间，在此期间传感器不能工作，因此还需要增加一个防止冷凝的加热元件，这种设计将传感器的响应速度提高了大约 10 倍。

由于电容式高分子湿度传感器的湿度检测范围宽、线性好，因此很多湿度计都采用电容式高分子湿度传感器，其广泛应用于洗衣机、空调器、录音机、微波炉等家用电器及工业、农业等领域。

（3）结露传感器　结露传感器是一种特殊的湿度传感器，它与一般湿度传感器的不同之处在于它对低湿度不敏感，仅对高湿度敏感。因此结露传感器一般不用于测湿，而作为提供开关信号的结露信号器，用于自动控制或报警，如用于检测录像机、照相机结露及用于轿车玻璃窗结露检测与除露控制等。

结露传感器分为电阻式和电容式，目前广泛应用的是电阻式结露传感器。电阻式结露传感器是在陶瓷基片上制作梳状电极，并在其上涂一层电阻式感湿膜而制成。感湿膜采用掺入碳粉的有机高分子材料，在高湿度下，电阻式感湿膜吸湿后膨胀，体积增大，碳粉间距变大，引起电阻突变；而在低湿度下，电阻因电阻式感湿膜的收缩而变小。电阻式结露传感器的感湿特性曲线如图 6-24 所示，在 75%RH 以下，曲线很平坦，

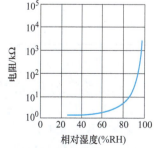

图 6-24　电阻式结露传感器的感湿特性曲线

当超过 75%RH 时，曲线陡升，利用这种现象可制成具有开关特性的结露传感器。

结露传感器的特点：响应时间短，体积较小，对高湿度敏感。它的吸湿作用位置不在感湿膜表面，而在其内部，这就使它的表面不受灰尘和其他气体的污染，因此长期稳定性好、可靠性高，且不需加热解毒，能在直流电压下工作。

6.3 声敏传感器

机械振动在空气中的传播称为声波，广义上将物体振动发生并能通过听觉产生印象的波都称为声波，因此声波是一种机械波。声敏传感器是一种将在气体、液体或固体中传播的机械振动转换成电信号的器件或装置，通常用于检测和量化周围环境中的声音，实现声学测量、环境监测、噪声检测和语音识别等功能，广泛应用于日常生活和军事、医疗、工业、航海、航天等领域中，成为现代社会发展不可或缺的部分。声敏传感器的种类很多，按测量原理可分为电阻变换型、静电变换型、电磁变换型和光电变换型等。

1. 电阻变换型声敏传感器

按照转换原理，电阻变换型声敏传感器可分为阻抗变换型和接触阻抗型两种。

1）阻抗变换型声敏传感器　阻抗变换型声敏传感器由电阻应变片或半导体应变片粘贴在感应声压作用的膜片上构成。当声压作用在膜片上时，膜片产生形变使应变片的阻抗发生变化，检测电路会输出电压信号从而完成声 – 电转换。

2）接触阻抗型声敏传感器　接触阻抗型声敏传感器通过直接接触声波，将振动转换为电阻变化进行检测。接触阻抗型声敏传感器的典型实例是炭粒传声器，其结构如图 6-25 所示，当声波经空气传播至膜片时，膜片产生振动，膜片与电极之间炭粒的接触电阻发生变化，从而调制通过传声器的电流，该电流经变压器耦合、放大器放大后输出。

2. 静电变换型声敏传感器

（1）压电声敏传感器　压电效应是指某些电介质在一定方向上受到外力的作用而变形时，其内部会产生极化现象，同时，在它的两个相对表面上出现正负相反的电荷。当去掉外力后，它又会恢复到不带电的状态，这种现象称为正压电效应。当作用力的方向改变时，电荷的极性也随之改变。相反，当在电介质的极化方向上施加电场时，这些电介质也会发生变形。去掉电场后，电介质的变形随之消失，这种现象称为逆压电效应或电致伸缩效应。

利用压电晶体的压电效应可制成压电声敏传感器，其结构如图 6-26 所示，其中，压电晶体的一个极面与膜片相连接。当声压作用在膜片上使其振动时，膜片带动压电晶体产生机械振动，使得压电晶体产生随声压大小变化而变化的电压，从而完成声 – 电转换。声敏传感器用在空气中测量声音时称为传声器，大多限制在可听频带范围（20Hz ～ 20kHz）；进而拓展研制成水听器、微音器和噪声计等。传声器的高频响应范围不够宽，且容易受温度影响，但是它的优点是体积小、结实可靠。

水听器广泛用于水中通信、探测、目标定位、跟踪及海洋环境监测和海洋资源开发，是水声测量中必不可少的设备，是被动声呐系统的核心部分。声压水听器探测水下声信号和噪声声压变化并产生与声压成比例的电压输出。根据所用声敏材料的不同，声压水听器可以分为压电陶瓷声压水听器、PVDF（聚偏二氟乙烯）声压水听器和压电复合材料声压水听器等。商业化的水听器频率范围覆盖 0.01Hz ～ 35MHz。图 6-27 所示为水听器的头部截面。其中，压电片采用压电陶瓷元件，常用半径方向被极化的薄壁圆筒形振子；由于压电陶瓷元件呈电容性，而且长输出电缆效果不理想，因此在水听器后配置场效应晶体管进行阻抗变换，以便得到电压输出。由于使用于海中等特殊环境，要求水听器必须有坚固的水密结构和耐压性，且须采用抗腐蚀材料制成不透水电缆等。

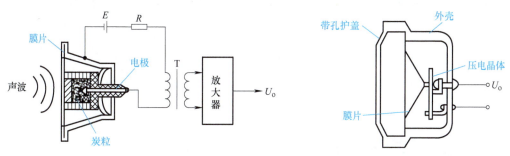

图 6-25　炭粒传声器的结构　　　　　　图 6-26　压电声敏传感器的结构

（2）电容式声敏传感器　电容式声敏传感器的结构如图 6-28 所示。它由膜片、保护壳和固定电极等组成。膜片作为一片质轻且弹性好的电极，与固定电极组成一个间距很小的可变电容器。膜片在声波作用下振动时，与固定电极间的距离发生变化，从而引起电容量的变化。如果在传感器的两极间串接负载电阻和直流电流极化电压，那么，当电容量随声波变化时，负载电阻的两端就会产生交变电压。电容式声敏传感器的输出阻抗呈容性，由于其电容量小，在低频情况下容抗很大，因此，为保证低频时的灵敏度，必须有一个输入阻抗很大的变换器与其相连，经阻抗变换后，再由放大器进行放大。

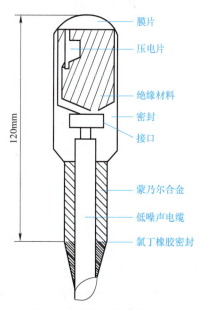

图 6-27　水听器的头部截面

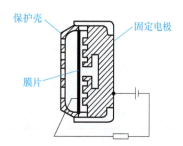

图 6-28　电容式声敏传声器的结构

电容式声敏传感器因为膜片非常轻薄，所以具有体积小、重量轻、灵敏度高的特点。它的动态范围较宽，频率特性平坦，录音细节丰富，还原度高，能提供最佳的高频音频再现，是性能比较优良的声敏传感器。电容式声敏传感器根据膜片的不同可分为大振膜、小振膜和驻极体三大类。一般认为，12mm 左右的为小振膜，24mm 或更大尺寸的为大振膜。

驻极体传声器是目前最常用的声敏传感器之一。它具有体积小、结构简单、频率范围宽、灵敏度高、耐振动和成本低的特点，在各种传声、声控和通信设备（如无线传声器、盒式录音机、声控电灯开关、电话机、手机、多媒体计算机等）中普遍应用。

图 6-29a 所示为驻极体传声器的结构。驻极体以聚酯、聚碳酸酯或氟化乙烯树脂薄膜作为基片，在其中一面蒸发上一层纯金属薄膜，然后经过高压电场"驻极"处理后，在两面形成可长期保持的异性电荷，因此称为驻极体，又称为"永久电荷体"。膜片的金属薄膜面向外（正对音孔），并与传声器的金属外壳相连，另一面靠近带有气孔的金属极板（背电极），其间用很薄的塑料垫圈隔开。这样，膜片与背电极之间就构成一个平板电容器，驻极体传声器实际上是一种特殊的、无须外接极化电压的电容式声敏传感器。

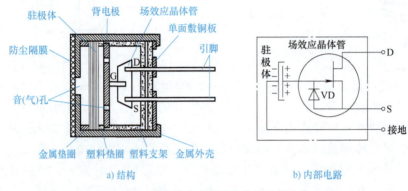

a) 结构   b) 内部电路

图 6-29 驻极体传声器的结构和内部电路

当声波引起驻极体膜片振动而产生位移时，电容器两极板之间的距离改变，使电容量发生变化，而驻极体上的电荷数始终保持恒定，因此必然引起电容器两端电压的变化（$U=Q/C$），从而输出随声波变化的交变电信号，实现声 – 电变换。

由于驻极式传声器体积小、质量小，实际电容器的电容量很小（一般为几十皮法），输出电信号极为微小，输出阻抗极高，可达数十兆欧以上，因此它不能直接与放大电路相连，通常用一个场效应晶体管和一个二极管复合组成专用的场效应晶体管阻抗变换器，变换后输出阻抗小于 2kΩ，多用于电视演讲节目。背电极与专用场效应晶体管的栅极相连，场效应晶体管的源极和漏极作为传声器的引出电极。这样，加上金属外壳，驻极体传声器一共有三个引出电极，其内部电路如图 6-29b 所示。

图 6-30 所示为驻极体传声器的电路连接方式。图中，R 是场效应晶体管的负载电阻，其取值直接关系到传声器的直流偏置条件，对传声器的灵敏度等工作参数有较大的影响，一般在 2.2 ～ 5.1kΩ 间选用。图 6-30a 所示为两端式的电路连接方式，只需两根引出线，漏极与电源正极间接漏极电阻 R，信号由漏极经电容 C 输出，有电压增益，因此传声器的灵敏度比较高，但电路动态范围略小。图 6-30b 所示为三端式的电路连接方式，是将场效应晶体管接成源极输出式，类似晶体管的射极输出电路，需用三根引出线，漏极接电源正极，源极与地之间接电阻 R 以提供源极电压，信号由源极经电容 C 输出，源极输出的电路比较稳定且动态范围大，但输出信号比漏极输出小。

无论采用哪种接法，驻极体传声器必须满足一定的偏置条件才能正常工作，即要保证内置场效应晶体管工作在合适的外加直流电压下。驻极体传声器工作电压为 1.5 ～ 12V，常用的有 1.5V、3V、4.5V 三种；工作电流为 0.1 ～ 1mA。传声器在一定的外部声压作用下所能产生音频信号电压的大小称为灵敏度，其单位通常为 mV/Pa 或 dB（1dB=1000mV/Pa），一般驻极体传声器的灵敏度在 0.5 ～ 10mV/Pa 或 –66 ～ –40dB 范围内。传声器的灵敏度越高，在相同大小的声压下所输出的音频信号幅度也越大。国产传声器分为 4 档，包括红点（灵敏度最高）、黄点、蓝点、白点（灵敏度最低）。传声器的灵敏度随声音频率变化而变化的特性称为频率响应，又称为频率特性。当声音频率超出厂家给出的上、下限频率时，传声器的灵敏度会明显下降。普通驻极体传声器产品频率响应较好（即灵敏度比较均衡）的范围在 100Hz ～ 10kHz，质量较好的传声器为 40Hz ～ 15kHz，优质传声器可达 20Hz ～ 20kHz。

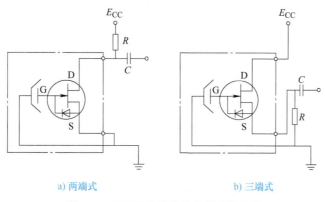

a) 两端式   b) 三端式

图 6-30 驻极体传声器的电路连接方式

3. 电磁变换型声敏传感器

电磁变换型声敏传感器由电动式芯子和支架构成，有动磁式（Moving Magnet，MM）、动铁式（Moving–Iron，MI）、磁感应式（Inductive Magnetic，IM）和可变磁阻式（Variable Reluctance，VR）等类型。大多数磁性材料广泛使用坡莫合金、铁硅铝磁合金和珀明德铁钴系高导磁合金。

（1）动圈传声器 生活中常见的声敏传感器大部分都是动圈传声器，其结构如图 6-31 所示。磁铁和软铁组成磁路，磁场集中在磁铁心柱与软铁形成的气隙中。软铁的前部装有振动膜片，后面带有由漆包线绕成的线圈（音圈），线圈套在磁铁心柱上，位于强磁场中。当振动膜片感应声波造成的空气压力变化时，带动线圈切割磁力线，产生感应电动势，从而将声信号转换为电信号输出。线圈的圈数很少，其输出端还接有升压变压器以提高输出电压，运动部分的体积相对较

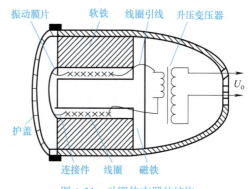

图 6-31 动圈传声器的结构

大，因此，动圈传声器在响应频率的范围（主要是高频部分）、灵敏度和瞬时响应能力方面都比电容传声器稍逊一筹。

在户外拾音或进行人声拾音时，风和人发声时的气流会冲击声 – 电转换器件的膜片，使传声器产生很大的杂音，甚至使膜片无法自由振动，这时需要进行防风，风罩就起到这个作用。它由外部的金属罩和内部的海绵体组成，金属罩可以抵抗外力的冲击，保护传声器；海绵体会减弱、阻止气流的进入。这样，人讲话时的气流运动和风的气流运动就不会影响拾音的效果。由于声音不是气流的定向运动，而是一种机械波动，因此受风罩的影响很小。若在强风的天气下，气流的干扰作用可能很大，这时需要在传声器的外壳上再加一

层防风器件（防风篮）。另外，声阻、尼龙网栅、谐振腔等都是为了改进传声器的声音质量而设立的声学处理措施。

动圈传声器能承受极高的声压，且几乎不受极端温度或湿度的影响，使用简便，噪声小，无需极化电压，频率特性良好，音色丰满，指向性好，性能稳定，经久耐用，价格较低。使用时，最好将动圈传声器放在靠近歌手或乐器的地方，因为它只能拾取近距离范围内的声音。在捕捉鼓、吉他放大器、扬声器和人声等高声压级音源时，动圈传声器比电容传声器更不容易过载和失真，而且非常适合作为现场表演的手持传声器。结合其可承受较高声压和背景杂音小的特点，动圈传声器适用于舞台演出和KTV等声音嘈杂且不需要太丰富的声音细节的场合。

（2）铝带传声器　铝带传声器（Ribbon Microphone）是一种古老的专业话筒，也是一种运用电磁感应原理的动态式传声器。1931年，美国无线电（RCA）公司生产了第一个商业铝带传声器，这是当时音响技术上的重大突破，它的频率响应、声音的清澈度与真实度明显优于当时的电容传声器，成为传声器的新基准，促成唱片录音业与广播业的大发展。在20世纪30—50年代重大广播演说的照片或影片中，经常可以看到这类铝带传声器的身影。

铝带传声器使用很薄的、通常有皱纹或波浪的铝质带状薄膜（铝带）代替了动圈传声器的线圈，将铝带置于磁铁两极之间，与磁力线平行，两端固定于绝缘架上，如图6-32所示。当铝带随声波振动时，切割磁力线而产生电磁感应电流，此电流方向与磁场方向、声波振动方向均垂直，可由铝带两端接出信号。由于铝带的阻抗低至1Ω以下，传声器通常会内建一个变压器，把阻抗转换至几百欧姆，与后边的放大电路匹配。

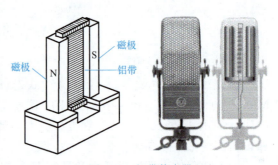

图6-32　铝带传声器

铝带长约10cm，宽约3mm，厚2～5μm，质量很小，经过退火处理，内部的应力基本消失，因此铝带传声器有良好的频响和极大的动态范围。铝带的正反两面都可接受声波振动，有8字形的拾音特性，声音温和动听。但是铝带很脆弱，怕风、易受潮，容易受到环境和振动的干扰，对录音环境要求极高，需要在使用时严格保护和处理，以免受到损坏，影响声音品质。铝带传声器恢复速度相对较慢，响应高频信号时可能比其他类型传声器要差一些，需要更准确的输入信号以避免音频杂波。铝带传声器因为设计和制作工艺相当复杂，所以往往价格不菲。

铝带传声器具有高精度、高灵敏度和低失真的优点，在录音和演奏等领域常被用来捕捉音频信号的微妙细节，提供更加透彻和精细的音频体验；频率响应范围相对较宽，能够响应很广泛的声音信号；透明度很高，具备更高的声音准确性，确保精准进行声音还原，可提供最自然的声音再现；一般线性度比较好，信噪比相对较高，在高级别的语音和乐器音频应用方面表现非常突出；结构比较简单，通常具有轻巧的体积和良好的移动性，便于携带和使用。

铝带传声器尽管在20世纪80—90年代逐渐被电容传声器取代，但2000年以后铝带技术有重大进展，到2015年前后，新式铝带传声器已能达到电容传声器的灵敏度与频率响应，同时依然保持其音色特点，价格也大幅下降。铝带传声器一直是播音界的"宠儿",录音棚中也从不缺少它的身影。随着新工艺的突破,铝带传声器已经可以在舞台上广泛使用。

4. 光电变换型声敏传感器

（1）心音计　为了诊断疾病,通常需要检测体内各个器官发出的声音,如心脏的跳动声、心杂音、由血管的狭窄部分所发出的杂音、伴随着呼吸的支气管与肺膜发出的声音、肠杂音、胎儿心脏的跳动声等。心音计可检测胸腔壁传播的心脏跳动声、心脏杂音等信号,并通过放大器和滤波器加以组合,就可获得胸部特定部位随时间而变化的波形,根据波形进行诊断。

图 6-33 为心音导管尖端式传感器,其压力检测元件（振动片）配置在心音导管端部,探头比较小。该传感器用光导纤维束传输光,将端部振动片的位移反射回来,从而引起光量的变化,然后由光电器件检测光量的变化以读出压力值,用于测定 –50 ～ 200mmHg 的血压（误差为 ±2mmHg）、检测 20Hz ～ 4kHz 的心音和心杂音的发声部位以诊断疾病。压力检测元件还有电磁式、应变片式和压电陶瓷式等类型。

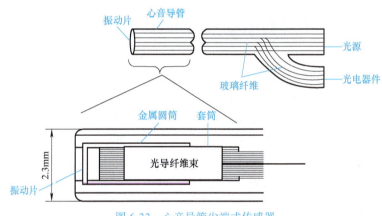

图 6-33　心音导管尖端式传感器

（2）光纤水听器　光纤水听器具有灵敏度高、频带响应宽、抗电磁干扰、耐恶劣环境、结构轻巧、易于遥测和构成大规模阵列等特点,尤其具有足够高的声压灵敏度,比压电陶瓷水听器高 3 个数量级。根据声波调制方式的原理不同,光纤水听器可分为调相型（主要指干涉型）、调幅型（即光强调制型）和偏振型三大类。图 6-34 所示为干涉型光纤水听器的原理。激光经 3dB 光纤耦合器分为两路:一路构成干涉型光纤水听器的传感臂,即信号臂,接受声波的调制;另一路构成参考臂,提供参考相位。两束波经另一个光纤耦合器合束发生干涉,干涉光信号经光电探测器转换为电信号,解调信号处理就可以拾取声波的信息。

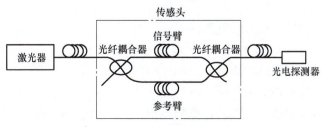

图 6-34　干涉型光纤水听器的原理

光强调制型光纤水听器利用光纤微弯损耗导致光功率变化和光纤中传输光强被声波调制的原理制成。偏振型光纤水听器或光纤布拉格光栅传感器是利用光纤光栅作为基本敏感元件，利用水声声压对反射信号光波长的调制原理制成，通过实时检测中心反射波长的偏移情况获得声压变化的信息。

光纤水听器可用于采集地震波信号，经过信号处理可以得到待测区域的资源分布信息；用于勘探海洋时光，将其布放在海底，可以研究海洋环境中的声传播、海洋噪声、混响、海底声学特性和目标声学特性等，也可以制作鱼探仪以用于海洋捕捞等作业。基于光纤水听器，声呐系统可用于岸基警戒系统、潜艇或水面舰艇的拖曳系统；水下声系统可以通过记录海洋生物发出的声音研究海洋生物，还可以实现对海洋环境的监测等。例如，HFO-660 型光纤水听器可应用于石油勘探，也可布放到高温高压的勘测井中或埋到沙漠中用于陆地勘探。

工程应用

项目 6.1　气体传感器在家用气体监控系统中的应用

一、行业背景

气体传感器俗称"电子鼻"，是一种用于检测特定气体的传感器。它将气体类型和浓度信息转换为电信号，实现对待测气体的检测、监控和报警。半导体气体传感器是最常用的类型，它利用气体吸附在半导体表面引起的电学特性（如电阻）变化来检测气体成分和浓度。气体传感器在医疗、空气净化、家用燃气、工业生产等领域广泛应用，可以检测酒精、燃气、一氧化碳、烷类气体和氧气等，主要用于保障生产和生活安全，预防突发事件。

二、项目描述与要求

1. 项目描述

本项目以半导体气体传感器和单片机技术为核心设计气体报警器，实现声光报警功能，是一种结构简单、性能稳定、使用方便、价格低廉、智能化的气体报警器，具有一定的实用价值。本项目选用 MQ-5 传感器实现对气体的检测，传感器采集到的数据经过 A/D 转换后，再由单片机处理，并对处理后的数据进行分析，判断是否大于或等于某个预设值（即报警限），若大于预设值，则自动启动报警电路，发出报警声并起动风扇；反之，则为正常状态。

2. 项目要求

要求 1：了解半导体气体传感器的工作原理。

要求 2：设计一款检测家庭燃气泄漏的报警器。

要求 3：了解 MQ-5 传感器的工作原理及适用场景。

要求 4：实现以不同颜色的指示灯表示不同的燃气浓度。

要求 5：实现当浓度达到中档时，继电器断开。

要求 6：实现当浓度达到高档时，蜂鸣器报警，风扇起动，疏散燃气。

三、项目分析与计划

项目名称	气体传感器在家用气体监控系统中的应用
序号	项目计划
1	
2	
3	

四、项目内容

1. 系统设计

本系统由 STC89C51 单片机、MQ–5 传感器接口电路、A/D 采样电路、LED 指示灯电路、蜂鸣器报警电路、风扇控制电路、继电器控制电路和电源电路组成。

MQ–5 传感器实时检测燃气浓度，燃气浓度分为低、中、高三档，分别用绿灯、黄灯和红灯指示。当浓度到达相应的档位时，相应的指示灯亮；当浓度达到中档时，继电器断开。当浓度达到高档时，蜂鸣器报警，风扇起动，疏散煤气。

系统原理框图如图 6-35 所示。

2. 模块电路的设计

（1）风扇控制电路设计 由于单片机无法直接驱动振动风扇，因此，选择晶体管实现对风扇的控制。电阻 R13 为限流电阻，起限流作用，以保护晶体管。当单片机的相关控制引脚为低电平时，晶体管导通，风扇正常工作；否则，风扇不工作。风扇控制电路原理图如图 6-36 所示。

（2）蜂鸣器报警电路设计 本系统采用的蜂鸣器是一种一体化结构的电子讯响器，采用直流电压供电，广泛应用于电子产品中，作为发声器件。本系统采用的报警模块为 5V 有源蜂鸣器模块，电路采用晶体管驱动，只要单片机控制引脚为低电平，蜂鸣器就会鸣叫报警；反之，则不鸣叫，可以通过控制单片机引脚的方波输出形式控制蜂鸣器的鸣叫方式。蜂鸣器报警电路原理图如图 6-37 所示。

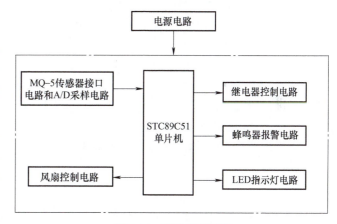

图 6-35 系统原理框图

（3）继电器控制电路设计 继电器是一种电控制器件，是通过电磁效应实现小电流控制大电流的自动开关，由铁心、线圈、衔铁和触点组成。当给线圈通电时，产生的电磁力使衔铁动作，触点闭合，实现电路导通；线圈断电时，衔铁返回原位，触点分离，实现电路断开。继电器广泛应用于自动控制、通信、安全保护和电力电子设备中。在某些系统中，继电器通过晶体管驱动，可实现单片机控制和限流保护功能。继电器控制电路原理图如图 6-38 所示。

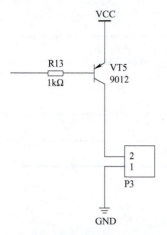

图 6-36　风扇控制电路原理图

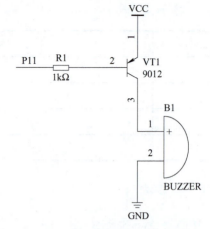

图 6-37　蜂鸣器报警电路原理图

（4）A/D 采样电路设计　本系统选择 PCF8591 作为 A/D 采样芯片。PCF8591 是一个单片集成、单独供电、低功耗的 8 位 CMOS 数据获取器件。PCF8591 具有 4 个模拟输入、1 个模拟输出和 1 个串行 I^2C 总线接口。PCF8591 的 3 个地址引脚 A0、A1 和 A2 可用于硬件地址编程，允许在同一个 I^2C 总线上接入 8 个 PCF8591，而无需额外的硬件。在 PCF8591 上输入和输出的地址、控制、数据信号都通过双线双向 I^2C 总线以串行方式进行传输。

A/D 采样电路原理图如图 6-39 所示，其中两个电阻为上拉电阻，可以使数字信号的读取更稳定。

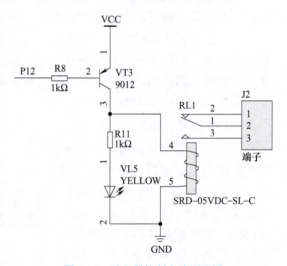

图 6-38　继电器控制电路原理图

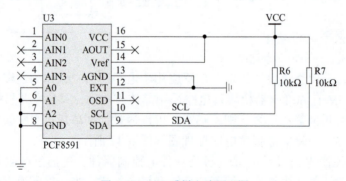

图 6-39　A/D 采样电路原理图

（5）MQ-5 传感器接口电路原理图　MQ-5 传感器简要说明如下：

1）MQ-5 传感器使用二氧化锡（SnO_2）作为气敏材料，通过高低温循环检测可燃气体和一氧化碳的浓度。

2）MQ-5 传感器内部的加热元件分别使用 1.5V 和 5.0V 电源进行低温和高温加热。

3）MQ-5 传感器的电导率随着待测气体浓度的增加而增大，这种变化可以通过电路进行转换和处理。

4）简单的电路设计将 MQ-5 传感器输出的电导率变化转换为与气体浓度相对应的输出信号。

5）MQ-5 传感器对一氧化碳、甲烷和液化气的灵敏度较高，适用于多种应用，且成本低。

MQ-5 传感器接口电路原理图如图 6-40 所示。

MQ-5 传感器实物如图 6-41 所示。

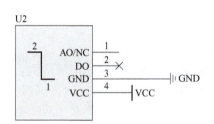

图 6-40　MQ-5 传感器接口电路原理图

图 6-41　MQ-5 传感器实物

核心代码如下：

```
UART_Init();
DelayMs(120);
uartSendStr("ready ok!",9);
while(1)                                // 主循环
{
        midVolt=ReadADC(0)*99/255;// 读取 ADC 检测到的结果并转换为数值
        sprintf(dis0,"NongDu:%2d\n",(unsigned int)midVolt);// 发送
        uartSendStr(dis0,10);
        if(midVolt<30)
        {
                fengshan = 1;           // 关风扇
                buzzer = 1;             // 关蜂鸣器
                relay = 1;              // 关继电器
                LED_GRE = 0;            // 开绿灯
                LED_YEL = 1;            // 关黄灯
                LED_RED = 1;            // 关红灯
        }
        else if(midVolt<50)
        {
                fengshan = 1;           // 关风扇
                buzzer = 1;             // 关蜂鸣器
                relay = 0;              // 开继电器
                LED_GRE = 1;            // 关绿灯
```

```
        LED_YEL = 0;                // 开黄灯
        LED_RED = 1;                // 关红灯
    }
    else
    {
        fengshan = 0;               // 开风扇
        buzzer = 0;                 // 开蜂鸣器
        relay = 0;                  // 开继电器
        LED_GRE = 1;                // 关绿灯
        LED_YEL = 1;                // 关黄灯
        LED_RED = 0;                // 开红灯
    }
    for(i=0;i<5;i++)
    DelayMs(100);
}
```

五、项目小结

气体传感器在医疗、空气净化、家用燃气和工业生产等领域得到了广泛应用。常见的气体传感器有半导体气体传感器、接触燃烧式气体传感器和电化学式气体传感器，其中，半导体气体传感器是最常用的类型。气体传感器的主要作用是保障生产和生活安全，防止各种突发事件。它可以检测酒精气体、一氧化碳、烷类气体及氧气等。这些传感器的应用为智能家居系统增加了可行性，并提供了更多的安全保护功能。

六、拓展实践

请根据所学内容独立设计一款天然气泄漏报警器，并绘制原理图。

项目 6.2 温湿度传感器在工厂温湿度监控系统中的应用

一、行业背景

温湿度传感器广泛用于各个领域，如工业、农业、仓储和冷链运输等。它们可以实时记录温湿度变化，通过对记录数据科学有效地分析，为管理者提供决策支持。

随着传感器技术的成熟和社会需求的增加，工业级温湿度传感器在信息技术、工业和农业等领域得到广泛应用。

二、项目描述与要求

1. 项目描述

温湿度传感器可广泛应用于各种环境下的温湿度测量，并提供多样化的外壳和功能选项，以适应不同需求。温湿度传感器具有长期稳定性好、漂移小、测量精度高、互换性强、多种探头组合方便、实用、耐腐蚀性高等特点。

本项目设计一款小型系统的温湿度传感器，以实现监测和管理的目的。

2. 项目要求

要求 1：了解 DHT11 传感器的工作原理。

要求 2：设计一款检测工厂温湿度的报警器。

要求 3：实现以不同数值表示湿度的状态。

要求 4：实现当湿度达到中档时，继电器断开。

要求 5：实现当湿度达到高档时，蜂鸣器报警，风扇起动。

三、项目分析与计划

项目名称	温湿度传感器在工厂温湿度监控系统中的应用
序号	项目计划
1	
2	
3	

四、项目内容

1. 系统方案

选择 DHT11 传感器设计温湿度检测模块。DHT11 传感器是一款集成型的数字温湿度一体传感器。它采用专用的数字模块采集技术和温湿度传感技术，确保产品具有极高的可靠性与卓越的长期稳定性。DHT11 传感器包括一个电阻式感湿元件和一个NTC测温元件，并与一个高性能 8 位单片机相连接，因此该产品具有品质卓越、响应速度快、抗干扰能力强、性价比极高等优点。

2. 主控模块设计

本系统的硬件主要包括 51 单片机、LCD1602 液晶显示器、DHT11 传感器、按键、继电器、蜂鸣器和 LED 指示灯。

本系统的主要功能：设置温度和湿度的报警上下限，并具有掉电保存功能，数据保存在 51 单片机内部，上电无须重新设置；当 DHT11 传感器测出来的温湿度超出设置的范围时，蜂鸣器报警，同时对应的 LED 指示灯点亮。

DHT11 传感器的湿度测量范围为 10% ～ 95%RH，温度测量范围为 0 ～ 50℃，实物如图 6-42 所示。

DHT11 传感器原理图如图 6-43 所示。

图 6-42　DHT11 传感器实物

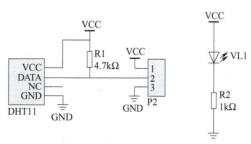

图 6-43　DHT11 传感器原理图

系统仿真图如图 6-44 所示。

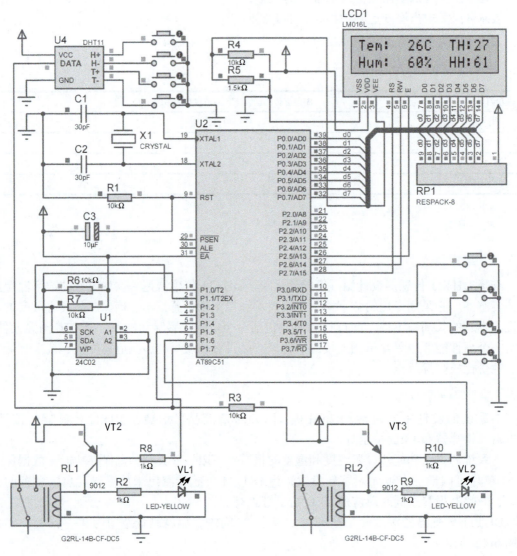

图 6-44　系统仿真图

核心程序如下：

```
/*** 读温湿度传感器程序 ***/
#include <stdint.h>
#define uchar uint8_t
extern volatile uchar dht11;          //DHT11 的数据引脚,声明为 volatile 以确
                                       // 保每次访问都直接从引脚读取
extern void delay_ms(uint16_t ms);    // 延时函数,ms 为毫秒数
extern void delay_us(uint8_t us);     // 延时函数,us 为微秒数
uchar table_dht11[5] = {0};           // 存储从 DHT11 读取的数据(包括湿度整数、
                                       // 湿度小数、温度整数、温度小数、校验和)


/****** 读取 DHT11 数据,返回值为 0 表示成功,非 0 表示失败 ******/
```

```
uchar dht11_read(void)
{
    uchar i,j,checksum = 0;
    uchar last_state = 1;                   // 用于检测信号跳变的变量
    dht11 = 0;                              // DHT11 端口复位，发出起始信号
    delay_ms(18);                          // 延时至少 18ms
    dht11 = 1;
    delay_us(30);      // 延时等待 DHT11 响应（具体时间根据 DHT11 的数据手册确定）

    /****** 等待 DHT11 拉低响应 ******/
    while(dht11 == 1);
    while(dht11 == 0);
    /****** 读取 40 位数据（5 字节）******/
    for(i = 0;i < 5;i++){
        table_dht11[i] = 0;                // 初始化字节
        for(j = 0;j < 8;j++){
            while(dht11 == 1);
            while(dht11 == 0);
            delay_us(30);                  // 延时 30μs 以跳过低电平部分
            /****** 读取数据位 ******/
            last_state = dht11;
            delay_us(30);                  // 等待可能的高电平（对于数据位 0，这里只
                                           // 是延时）
            if(dht11 == 1){
                table_dht11[i] |=(1 <<(7 - j));
                                           // 数据左移后，在对应位置 1
            }
            while(dht11 == last_state);
        }
        checksum += table_dht11[i];    // 累加校验和
    }
if(table_dht11[4]!= checksum)          // 检查校验和
{
        return 1;                          // 校验和不匹配，返回错误
    }
    return 0;                              // 成功读取数据
}
```

五、项目小结

1）工业温湿度传感器可以实现更精确的温湿度测控，从而保证产品质量，提高生产效率，节约能源以及保证生产安全等。

2）当测量值超过报警值上限时，工业温湿度传感器可以自动报警。此外，还可以用手机远程实时查询温湿度值，轻松实现无人值守。

3）工业温湿度传感器外壳防水，具有良好的防结露性能，能够在恶劣环境下正常工作而不受影响。

4）普通温湿度传感器只能用来测量温湿度，而温湿度监测系统可以安装多个工业温湿度传感器，并与各种环境监测系统集成，实现超限电话、短信、邮件报警等远程控制功能。

5）温湿度监控系统可以实时了解温湿度的变化，让管理者能采取有效措施保证企业利益。

六、拓展实践

工业温湿度传感器通常用于对温湿度要求较高的场所，这使得工业温湿度传感器具有通用性。请思考工业温湿度传感器有什么优点。

项目 6.3　声敏传感器在声光双控路灯中的应用

一、行业背景

在学校、机关、厂矿企业等单位的公共场所及居民区的公共楼道中，长明灯十分常见，这造成了能源的极大浪费。另外，由于频繁开关或人为因素，墙壁开关的损坏率很高，增大了维修量、浪费了资金。随着电子技术的发展，尤其是数字技术的发展，用数字电路技术实现灯的自动点亮，可节能节电，延长灯的使用寿命。同时，为了加强对模拟电子技术和数字电子技术的理解和巩固，本项目设计一种电路新颖、安全节电、结构简单、安装方便、使用寿命长的声光双控白炽灯节能路灯。

二、项目描述与要求

1. 项目描述

本项目设计一款声光双控路灯，其节电效果十分明显，同时也大大减少了维修量、节约了资金，使用效果良好。白天光照好，不管过路者发出多大声音，路灯都不会点亮；夜晚光暗，只要声敏传感器检测到声响，路灯就会自动点亮，为行人照明，过后自动熄灭，节约了电能。

2. 项目要求

要求 1：自动采集光照、声音数据。
要求 2：根据声音分贝值和光线强弱自动控制路灯开与关。
要求 3：路灯点亮，人走后 3s 自动熄灭。

三、项目分析与计划

项目名称	声敏传感器在声光双控路灯中的应用
序号	项目计划
1	
2	
3	

四、项目内容

1. 系统设计

系统运行时，LCD1602 显示采集的光照强度值与声音分贝值，当声音分贝值大于

45dB 时，表示有人经过，此时，根据光照强度值判断是否点亮路灯。若光照强度值小于 1000lx，则表示光线暗，需要点亮路灯，否则关闭。路灯点亮后，当声音分贝值小于 45dB 时，表示人离开，此时，路灯点亮 3s 后自动熄灭。声音分贝值小于 45dB，表示无人，此时若光照强度值小于 1000lx，路灯依然熄灭。

2. 系统硬件组成

（1）51 单片机

① 内部程序存储器 ROM（只读存储器）：4KB 的 flash 程序存储器。

② 寄存器区：4 个寄存器区，每个区有 R0～R7 共 8 个工作寄存器。

③ 8 位并行 I/O 口：P0～P3。

④ 定时 / 计数器：2 个 16 位的定时 / 计数器 T0、T1。

⑤ 串行口：全双工串行端口（RXD 为接收端，TXD 为发送端）。

⑥ 中断系统：设有 5 个中断源（T0、T1、INT0、INT1、ES）。

⑦ 系统扩展能力：可外接 64KB 的 ROM 和 64KB 的 RAM。

⑧ 堆栈：设在 RAM 单元，位置可以浮动，通过指针 SP 确定堆栈在 RAM 中的位置，系统复位时，SP=07H。

⑨ 布尔处理器：配合布尔运算指令进行各种逻辑运算。

⑩ 指令系统：共有 111 条指令。按功能可分为数据传送、算术运算、逻辑运算、控制转移和布尔操作五大类。

51 单片机系统如图 6-45 所示。

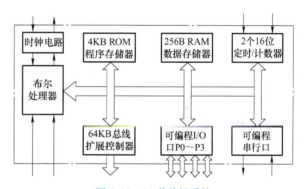

图 6-45　51 单片机系统

（2）PCF8591 模块　PCF8591 模块电路图如图 6-46 所示。

PCF8591 模块是具有 I²C 总线接口的 8 位 A/D 和 D/A 转换器，有 4 路 A/D 转换输入和 1 路 D/A 转换输出，信息传输仅靠时钟线 SCL 和数据线 SDA 就可以实现。

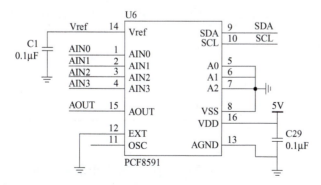

图 6-46　PCF8591 模块电路图

光敏电阻的电压输入电路图如图 6-47 所示。

光敏电阻的改变，影响该模拟电压通道的输入值。

在配置 PCF8591 模块时，通过 I²C 总线以 0x90（或根据实际 A0、A1 或 A2 引脚配置计算得到的地址）作为起始字节进行通信。对于 D/A 转换器，发送 0x43 作为模拟电压控制字以设置输出。对于 A/D 转换器，发送 0x41 以指定光敏电阻或其他模拟信号输入通道进行读取。这些操作需遵循 I²C 协议，包括起始、停止条件及应答位检查，确保数据的准确传输。同时，封装通信函数和添加错误处理可提升代码的稳定性。

（3）LCD1602 模块　LCD1602 模块电路图如图 6-48 所示，包括 LCD1602 液晶显示器和电位器等，LCD1602 模块可以与单片机进行通信，并显示字符信息。

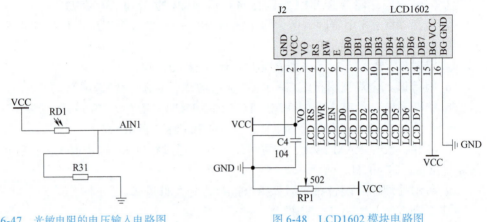

图 6-47　光敏电阻的电压输入电路图　　　　图 6-48　LCD1602 模块电路图

（4）路灯控制开关模块　路灯控制开关模块包含用于控制路灯的硬件组件，如继电器、传感器、开关按钮等。该模块可实现根据环境条件或用户需求自动或手动控制路灯的开启与关闭，提供了便捷且智能化的路灯管理功能，从而节省能源并提高安全性。路灯控制开关模块电路图如图 6-49 所示。

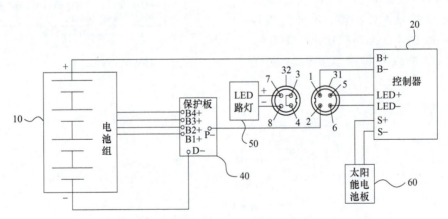

图 6-49　路灯控制开关模块电路图

（5）光传感器和声敏传感器　传感器模块电路图如图 6-50 所示，它显示了传感器与其他元件之间的连接方式，包括电阻、电容等元件，并标示了相应的引脚接线。光传感器会根据光照强度产生变化的电阻，声敏传感器会基于声音信号的强度输出不同的电压信号，这些信号经过处理后可以被微控制器或其他电路模块读取并做出响应，实现对光照和声音的监测与控制。

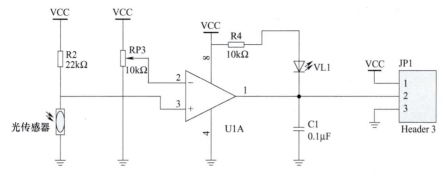

图 6-50 传感器模块电路图

3. 系统软件设计

核心代码如下：

```c
#include <reg52.h>
#include <intrins.h>

sbit RS = P1^0;
sbit RW = P1^1;
sbit EN = P1^2;

unsigned int light_intensity = 0;
unsigned int sound_level = 0;
bit isSomeonePassing = 0;
bit isLightOn = 0;

void initLCD();
void writeCommand(unsigned char cmd);
void writeData(unsigned char dat);
void delay(unsigned int t);
void readLightIntensity();
void readSoundLevel();
void checkAndControlLight();

void main(){
initLCD();

while(1){
readLightIntensity();
readSoundLevel();
checkAndControlLight();
    }
}
void initLCD() {
    writeCommand(0x38);            // 设置为 8 位数据模式 , 2 行显示 , 5×7 点阵字体
    writeCommand(0x0c);            // 显示开启 , 光标关闭
    writeCommand(0x06);            // 自动递增光标
```

```
        writeCommand(0x01);                    // 清除显示内容
}

void writeCommand(unsigned char cmd){
    RS = 0;
    RW = 0;
    P0 = cmd;
    EN = 1;
    _nop_();
    EN = 0;
delay(5);
}

void writeData(unsigned char dat){
    RS = 1;
    RW = 0;
    P0 = dat;
    EN = 1;
    _nop_();
    EN = 0;
delay(5);
}

void delay(unsigned int t){
    unsigned int i,j;
for(i=0;i<t;i++)
for(j=0;j<125;j++);
}
void readLightIntensity() {
    // 在此处实现光照强度读取
    // 将值存储到'light_intensity'中
}

void readSoundLevel() {
    // 在此处实现声音分贝值读取
    // 将值存储到'sound_level'中
}

void checkAndControlLight() {
    if (sound_level > 45) {
        isSomeonePassing = 1;              // 标记有人经过
        if (light_intensity < 1000) {      // 如果光照强度低于1000
            isLightOn = 1;                 // 标记路灯已点亮
            // 开启路灯
        }
    } else {
        isSomeonePassing = 0;              // 标记没有人经过
    }
```

```
    if (isLightOn && !isSomeonePassing) {        // 如果路灯已点亮，且没有人经过
        delay(3000);                             // 延迟 3s
        isLightOn = 0;                           // 标记路灯熄灭
        // 熄灭路灯
    }
}
if(light_intensity< 1000 &&sound_level< 45)
isLightOn = 0;
}
```

五、项目小结

声敏传感器带有 1 路模拟输出，用于配合物联网控制设备的使用。该传感器通过提供的外部电源，可独立于控制设备进行操作。声敏传感器的输出信号送入控制面板、图表记录仪、数据记录仪或带有合适输入的 PLC，主要应用于固体流量探测，也可用于水泵汽蚀和液体泄漏的检测。

六、拓展实践

调研声敏传感器除了在照明行业中的应用，是否还有其他行业中的典型应用，并给出调研报告。

思考与练习

6-1　湿度传感器的主要参数有哪些？（至少写出 5 个）

6-2　说明电容式高分子湿度传感器如何检测湿度。

6-3　说明氯化锂湿敏电阻的工作原理。

6-4　半导体气体传感器中的加热器起什么作用？有哪些类型？特点是什么？

6-5　炭粒传声器的工作原理是什么？

第7章

新型传感器应用项目案例

工程应用

项目 7.1　智能传感器在车联网中的应用

一、行业背景

根据 2024 年中国汽车工业协会及多方权威数据，2024 年，中国新能源汽车产销量分别完成 1288.8 万辆和 1286.6 万辆，同比分别增长 34.4% 和 35.5%，连续 10 年位居全球第一。新能源汽车新车销量占汽车总销量的 40.9%，较 2023 年提升 9.3 个百分点，标志着新能源汽车进入规模化发展阶段。

以比亚迪为例，其全年销量遥遥领先，占中国品牌乘用车总销量的 25.8%。在轿车领域，前 10 企业共销售 791.5 万辆，占比 68.7%，其中比亚迪、吉利等企业销量同比两位数增长。

二、引导案例

某新能源汽车品牌的纯电动乘用车，采用承载式车身设计，保证安全性；零排放；提供静音驾驶和乘坐环境；高压系统在设计时充分考虑了安全因素，以保护乘客；电池管理单元监控电池性能，避免问题发生，确保电池正常工作，如图 7-1 所示。

图 7-1　某新能源汽车品牌的纯电动乘用车宣传图

三、职业能力素养

1）职业道德：坚持诚实守信的原则，讲信用、信誉，守承诺，忠实履行义务。
2）职业技能：通过参加物联网技能大赛，学习理论知识、熟练操作步骤，掌握技能。
3）职业行为习惯：遵守社会规范和行为准则。
4）职业意识：意识到自己的职责和角色。

四、项目描述与要求

1. 项目描述

比亚迪海豹汽车功能丰富多样，有光感天幕、DiLink 智能网联系统、手机 NFC

（Near Field Communication，近场通信）车钥匙、电池管理单元等。请问光感天幕中涉及哪些传感器和技术原理呢？

2. 项目要求

要求 1：了解汽车应用中的光感天幕技术发展历程。

要求 2：掌握汽车应用中的光感天幕技术基本原理。

要求 3：掌握电致变色技术基本原理。

要求 4：掌握光照传感器的工作原理。

要求 5：掌握光照传感器产品类型。

要求 6：了解光照传感器的应用场景。

五、项目分析与计划

项目名称	智能传感器在车联网中的应用
序号	项目计划
1	
2	
3	

六、项目内容

1. 汽车应用中的光感天幕技术

汽车车顶发展可分 4 阶段：无天窗车顶、小天窗车顶、大天窗车顶和全景天幕。特斯拉的 MODEL 3 采用全景天幕后，引领了全景天幕潮流。国内车企如蔚来 EC6、小鹏 P7、荣威 ER6 等已量产车型，以及比亚迪、吉利控股、理想汽车、赛力斯等车企也推出了全景天幕，如图 7-2 所示。

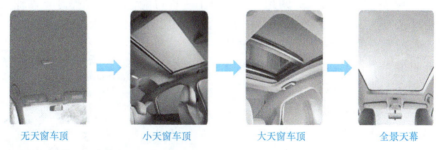

无天窗车顶　　　　小天窗车顶　　　　大天窗车顶　　　　全景天幕

图 7-2　汽车车顶的发展历程

在智能化和电动化的趋势下，汽车正朝着"第三生活空间"转变，对安全、智能、美学和舒适性提出更多要求。类似选择房屋时喜欢采光好、通风的特点，汽车车顶也借鉴这些概念。一体化的全景天幕设计成为理想选择，它简约透明，增强了科技美学，提供更开阔的视野和采光效果，带来敞篷车般的空间感和舒适体验。此外，电动车的底盘电池较厚，压缩了车内垂直空间，传统天窗可能会进一步减小空间，因此制造商选择全景天幕以获得更多头部空间，如图 7-3 所示。

早在 2005 年，汽车行业就已经开始了对车顶光线调节进行了尝试和探索，法拉利

Superamerica 成为首款应用调光技术的车型，但是因为技术和成本的原因，调光技术之后并没有得到大量的应用。

智能化和电动化推动全景天幕兴起，玻璃应用增加。主机厂关注调光技术以提升智能座舱和光线控制。比亚迪海豹采用 EC 调光技术，通过电压改变材料的光学特性，如图 7-4 所示。第三代电致变色技术使用柔性薄膜基底和高效生产工艺，实现更大尺寸和曲面产品。天窗隔热性能重要，全景天幕占据车顶空间，这导致大量热量进入车内。

图 7-3　全景天幕

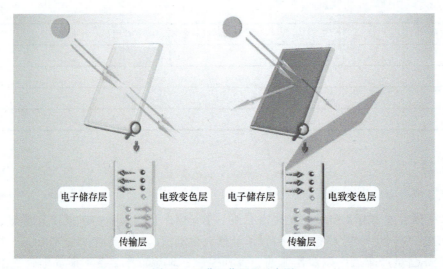

电子储存层　电致变色层　　电子储存层　电致变色层

传输层　　　　　　　　　　传输层

图 7-4　天幕工作原理示意图

汽车智能电动化趋势下，EC 调光天窗提供了一种可能性：既能提升车辆外观和视野，又能在需要时遮光隔热，省去遮阳帘，并获得更多车顶空间的舒适体验。比亚迪海豹是首款搭载 EC 调光天窗的车型，可根据需求调节光线，并阻隔紫外线和红外线，保护眼睛和皮肤，如图 7-5 所示。这种技术还能为汽车打造多样的生活空间，如沐浴阳光房、浪漫星空房和私人影院。

2. 基本原理

光感天幕是一种可以感应光线并改变颜色的天窗，使用电致变色技术（EC）实现。与光致变色和热致变色技术不同，电致变色技术的产品能够提供给用户更多自主权和调控方式。光感天窗能根据外界光线自动调节透明度，让视野无遮挡，享受宽广的视野和

图 7-5　电控光感天幕控制前／后对比图

周围景物。电致变色技术通过在外加电场下进行氧化还原反应来改变材料的颜色。

光感天幕利用传感器采集太阳光强度，并通过控制电压的变化来调节玻璃透明度。常

用的传感器类型包括光传感器和光照传感器。光照传感器基于热电效应原理，使用高反应性部件来检测太阳光照强度，并将其转换为电信号输出。

3. 光照传感器产品类型

（1）BH1750 光照传感器简介　BH1750 是一种数字光照传感器，适用于两线式串行总线接口。它可以根据收集的光照强度数据来调整液晶或键盘背景灯的亮度。它具有高分辨率，能够探测广泛范围的光照强度变化。BH1750 内部包含光电二极管、运算放大器、ADC 采集组件和晶振等组件。其特点包括使用 ROHM 原装芯片，支持广泛的输入光范围，无须复杂计算，可与多种单片机连接，并适用于室内光照检测，实物如图 7-6 所示。

图 7-6　BH1750 光照传感器实物

BH1750 通过 I^2C 接口输出数字信号，可以测量 1 ～ 65535lx 的光照强度。BH1750 的引脚说明见表 7-1。

1）VCC 引脚：电源正极，为传感器提供工作电压。

2）ADDR 引脚：地址端口，通过这个引脚可以设置传感器的 I^2C 地址。若 ADDR 引脚接地，则默认使用 7 位 I^2C 地址 0x23；若接 VCC，则地址为 0x5C。

3）GND 引脚：电源负极，提供地线连接。

4）SDA 引脚：I^2C 数据线，用于传输 I^2C 通信的数据。

5）SCL 引脚：I^2C 时钟线，用于 I^2C 通信的时钟信号。

在实际应用中，BH1750 的 ADDR 引脚通常接地，使用默认的 I^2C 地址进行通信。传感器的 VCC 和 GND 分别连接到系统的 3.3V（或 5V）电源和地线上。SCL 和 SDA 引脚连接到微控制器的相应 I^2C 引脚上，通常需要在 SCL 和 SDA 线上接上适当的上拉电阻，以确保通信稳定。

此外，BH1750 支持不同的测量模式，包括高分辨率和低分辨率模式，以及连续测量和单次测量模式。在编程时，可以通过发送相应的命令来设置传感器的工作模式，并读取测量结果。

表 7-1　BH1750 的引脚说明

引脚号	名称	说明
1	VCC	电源正极
2	SCL	I^2C 时钟线，时钟输入引脚，由 MCU 输出时钟
3	SDA	I^2C 数据线，双向 I/O 口，用来传输数据
4	ADDR	I^2C 地址线，接 GND 时，器件地址为 0x23；接 VCC 时，器件地址为 0x5C
5	GND	电源负极

（2）MAX44009 简介　MAX44009 是一款低成本的光照传感器模块，工作电压范围为 3 ～ 5V，体积小、功耗低。它具有 22 位超宽动态范围，可测量 0.045 ～ 188000lx 的光照强度。该传感器适用于智能手机、笔记本计算机和工业传感器等便携式应用。它采用 I^2C 数字输出接口，具有低功耗特性，工作电流小于 1μA。此外，MAX44009 通过优化光电二极管的光谱响应，能够模拟人眼对环境光的感知，并具备红外线和紫外线阻挡能力。

它还具有自适应增益模块，可以自动选择合适的光照强度范围以优化计数。MAX44009 在温度范围为 –40～85℃内工作，提供了设备地址选项以满足不同需求。MAX44009 实物如图 7-7 所示，原理图如图 7-8 所示。

图 7-7　MAX44009 实物

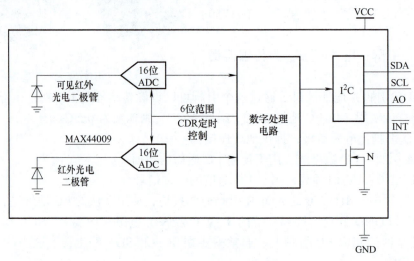

图 7-8　MAX44009 原理图

七、项目检查与评价

任务名称	评价分数	学生自评	小组互评	教师评价	综合评价等级
车联网行业的发展背景调查					
汽车应用中的光感天幕技术的应用					
MAX44009 的应用					

八、项目小结

　　智能传感器技术的快速发展为光感天幕提供了一种可能性：既能提升车辆外观和视野，又能在需要时遮光隔热，省去遮阳帘，并获得更多车顶空间的舒适体验。光感天幕能根据外界光线自动调节透明度，让视野无遮挡，享受宽广的视野和周围景物，主要原理是电致变色技术，利用传感器采集太阳光强度，通过控制电场电压的大小来调节玻璃透明度。常用的传感器类型包括光传感器和光照传感器。

九、拓展实践

请调查一下我国当前的新能源汽车发展状况。请列举至少 3 个汽车品牌阐述并写调研报告。

项目 7.2　运动传感器在人体体态中的应用

一、行业背景

2024 年，全球运动传感器市场销售额达到了 8390 亿元人民币。该市场已按照技术和传感器类型进行分类，包括红外线、微波、双重技术、超声波、区域反射型和振动等。根据类型的不同，市场分为加速度计、陀螺仪、磁力计和组合传感器。在 2014—2024 年间，中国的运动传感器市场呈逐年增长趋势。2025 年，中国运动传感器市场规模预计将达到 4147 亿元人民币。

二、引导案例

Dexmo 是全球首款商业化便携式双手无线力反馈手套，结合手部动作捕捉和力反馈功能，可广泛应用于航空、工业培训、教育科研、医疗康复、仿真建模和游戏社交等领域，如图 7-9 所示。它具有轻便无线的特点，质量仅约 300g，无须繁琐的数据线，并且采用可充电电池。手套能够同时感知双手的动作，提供真实、直觉和自然的交互体验。此外，手套还具备多层刚度和可变力反馈，使用户获得真实的触觉反馈。

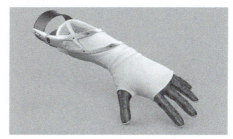

图 7-9　力反馈手套

三、职业能力素养

1）职业道德：坚持诚实守信的原则，讲信用、信誉，守承诺，忠实履行义务。

2）职业技能：通过参加物联网技能大赛，学习理论知识、熟练操作步骤，掌握技能。

3）职业行为习惯：遵守社会规范和行为准则。

4）职业意识：意识到自己的职责和角色。

四、项目描述与要求

1. 项目描述

Dexta Robotics 是一家致力于利用先进机器人技术为 VR/MR 创造下一代交互界面的公司。他们的力反馈手套利用力传感器、位移传感器和触觉传感器来检测手部的压力、力量、位置变化和触觉信息。通过数据传输技术将这些信息传输给计算机或虚拟现实设备，并结合反馈控制算法计算和实施适当的力反馈，使用户能够感受到虚拟环境中物体和操作的力量。这些手套可用于机舱模拟、机械臂 / 机械手远程操控系统、高危环境作业流程训练和外科手术模拟等应用场景。

2. 项目要求

要求 1：了解力反馈手套技术发展历程。

要求 2：掌握力反馈手套技术基本原理。

要求 3：掌握九轴惯性传感器技术基本原理。

要求 4：掌握弯曲传感器的技术工作原理。

要求 5：掌握振动反馈传感器的技术工作原理。

要求 6：掌握振动反馈传感器、九轴惯性传感器产品类型。

要求 7：了解振动反馈传感器、九轴惯性传感器的应用场景。

五、项目分析与计划

项目名称	运动传感器在人体体态中的应用
序号	项目计划
1	
2	
3	

六、项目内容

1. 虚拟现实新趋势

Oculus Rift 作为一款头戴式显示器，通过提供广角、低延迟的沉浸体验，可能改变未来人们玩游戏的方式，如图 7-10 所示。虚拟现实技术是当今世界的前沿科学之一，尽管军事等领域已有类似设备存在，但面临着造价昂贵、体积庞大和重量过重的问题。而Oculus 计划以更可接受的价格将虚拟现实带给大众。

2. 基本原理

力反馈技术是一种新型的人机交互技术，允许用户触碰、操纵虚拟环境中的物体，并感受相应的力反馈信息。它通过结合其他虚拟现实技术，提供了更自然、真实的交互体验。

（1）设计力反馈计算模型　实现力反馈系统需要解决关键问题，如力反馈计算模型、碰撞检测、视觉与力觉同步渲染等，需要开发相应的算法和接口。力反馈技术的引入使交互更自然，增强用户对虚拟环境中物体的触感感知。

图 7-10　头戴式显示器

（2）实现碰撞检测　碰撞检测在虚拟环境中实时检测物体之间的碰撞情况，为后续的图形绘制和力反馈计算提供基础。常用的碰撞检测算法采用包围盒技术，首先进行模糊碰撞检测，检测物体的包围盒是否相交。若包围盒相交，则进行精确碰撞检测，判断物体是否真正相交。若包围盒不相交，则可以确定物体间无碰撞，结束碰撞检测。

视觉与力觉同步渲染保持了较低帧率的视觉信息（30～60fps）和较高帧率的力觉信息（1000fps）之间的一致性。主流的力反馈接口 OpenHaptics 和 CHAI3D 支持视觉与力觉融合的应用开发。OpenHaptics 提供了针对 Phantom 系列力反馈设备的开发工具包，包括不同层次的接口库，满足不同用户需求。CHAI3D 是斯坦福大学人工智能实验室开发的开源工具包，支持多种力反馈设备，具有可扩展性，并允许用户根据需要设计新的渲染算法或添加驱动支持新设备。

3. 传感器类型

九轴惯性传感器是手机、平板计算机、游戏机等电子产品中常用的运动感测元器件，由三种传感器组成：加速传感器、陀螺仪和电子罗盘，如图 7-11 所示。加速传感器测量各方向的加速度，通过压力转换成电信号来判断设备的加速方向和速度。陀螺仪测量角度和维持方向，可实现游戏中手部位移监测和操作效果。地磁传感器是电子罗盘的核心部件，为电子罗盘提供地磁场数据，电子罗盘则通过处理这些数据来确定方向，两者相辅相成，共同实现了高精度的方向测量和导航功能。这些传感器相互配合，用于交互控制和游戏中的运动追踪。

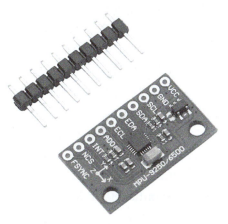

图 7-11　九轴惯性传感器

（1）MPU9250 传感器　MPU9250 是一款集成了三轴陀螺仪、三轴加速度计和三轴磁力计的九轴运动跟踪装置。关于 MPU9250 的内部时钟源，它拥有两个内部时钟源和一个 PLL（锁相环）。这两个内部时钟源见表 7-2。

表 7-2　内部时钟源

时钟源	说明
内部振荡器	功耗低，但时钟精度略差
X、Y 或 Z 方向的 Gyro	MEMS 时钟，功耗较高，但时钟精确的选择需要综合平衡时钟精度和功耗两个因素，所以从 MPU9250 的性能参数可以看到，一旦 Gyro 开启，功耗都是在 mA 级别，而加速度计和磁力计都是在 μA 级别的功耗

1）内部振荡器：具有较低的功耗，但相对的时钟精度略差。

2）X、Y 或 Z 方向的 Gyro：作为 MEMS 时钟，虽然功耗较高，但提供了更精确的时钟源。

值得注意的是，一旦陀螺仪被启用，MPU9250 就会自动使用这个时钟源。

时钟的选择需要在时钟精度和功耗之间做出权衡。例如当陀螺仪开启时，设备的功耗会达到毫安级别，而加速度计和磁力计的功耗则在微安级别。这种设计允许用户根据应用需求选择最合适的时钟源，以满足对精度和能耗的不同要求。

通过硬件寄存器配置和使能硬件特性。初始上电时高级硬件特性均默认关闭，必须要单独打开和配置。

MPU9250 传感器硬件特性见表 7-3。

1）Low Power Quaternion（低功耗四元数）：四元数是一种数学工具，用于表示和计算三维空间中的旋转，相比欧拉角具有更少的奇异性。

MPU9250 的 DMP（数字运动处理器）可以在低功耗模式下运行，提供四元数输出，表示传感器相对于某个参考方向的旋转状态。

这种模式适用于需要长时间运行而对能耗有严格要求的应用，如可穿戴设备和移动设备。

2）Android Orientation（Android 屏幕旋转算法低功耗实现）：这个特性指的是

MPU9250 能够在低功耗条件下实现类似于 Android 设备屏幕旋转的算法。

通过使用加速度计和陀螺仪数据，传感器能够检测设备在空间中的方向变化，并将这些数据用于屏幕的相应旋转。

这对于增强现实（AR）应用和游戏等需要实时屏幕反馈的场景非常有用。

3）Tap（敲击手势检测）：MPU9250 能够检测快速敲击或双击动作，这通常通过加速度计的数据来实现。

敲击检测可以用于用户界面的交互，例如在智能手表或健身追踪器上通过敲击来更改设置或浏览菜单。

4）Pedometer（计步）：计步功能是通过分析加速度计的数据来实现的，特别是当传感器佩戴在用户的腰部或手腕上时。

MPU9250 可以识别步行时的特定模式，并计算步数，这对于健康和健身应用非常重要。

5）Significant Motion Detection（有效动作检测）：这是一种能够检测到显著运动变化的功能，比如从一个静止状态到运动状态的转变。

这种检测可以用于安全应用，例如在车辆中检测到碰撞或突然的移动，或者在智能家居中检测到异常活动。

这些特性展示了 MPU9250 的多功能性和灵活性，使其能够适应各种不同的应用场景，从健康监测到用户界面交互，再到安全和监控系统。通过利用 MPU9250 的 DMP 和传感器融合算法，开发者可以创建节能且响应灵敏的应用程序。

表 7-3　MPU9250 传感器硬件特性

硬件特性	说明
Low Power Quaternion	三轴 Gyro 和六轴 Gyro+Accel
Android Orientation	Android 屏幕旋转算法低功耗实现
Tap	敲击手势检测
Pedometer	计步
Significant Motion Detection	有效动作检测

（2）弯曲传感器　CP102 柔性微压力传感器是一种新型的电子器件，广泛应用于人机交互、医疗健康和机器人触觉等领域，如图 7-12 所示。它采用薄而柔软的材料，具有良好的生物相容性和力学匹配性。该传感器注重提高灵敏度、响应时间、稳定性等性能指标，并扩展了压力范围和分辨率。利用高灵敏度的纳米功能材料，它可以感知微小压力信号和触觉信号，实现仿人类皮肤感知功能。

该产品具有高灵敏度、快速响应、低功耗、良好的柔韧性、广泛的检测范围和出色的抗干扰性能。主要应用领域包括人机交互、智能机器人、电子医疗器械、可穿戴设备以及生理健康检测（如脉搏和心率）等。

CP102 柔性微压力传感器是一款设计用于检测微小压力变化的高灵敏度设备，技术指标见表 7-4。它具备 DC 0.1～4V 的宽电压工作范围和 10μA～30mA 的输出电流能力。它拥有 3～5kΩ 的初始阻值，能在 0～55℃和

图 7-12　CP102 柔性微压力传感器

低于 80%RH 相对湿度的环境中稳定工作。该传感器展现出卓越的稳定性，通过 50 万次的疲劳测试，并且具有快速的响应时间（小于 100ms）。它具有广泛的测量压力范围（5 ～ 10000mN），适用于多种应用场景，如人机交互、智能机器人、医疗设备和可穿戴技术等。

表 7-4　CP102 技术指标

项目	参数
测试电压	DC 0.1 ～ 4V
输出电流	10μA ～ 30mA
初始阻值	3 ～ 5kΩ
温度范围	0 ～ 55℃
相对湿度范围	<80%RH
稳定性	疲劳测试 50 万次
响应时间	<100ms
测量压力范围	5 ～ 10000mN

传感器尺寸：外观尺寸为 100mm × 8mm，其中敏感区的面积为 6.4mm²，如图 7-13 所示。

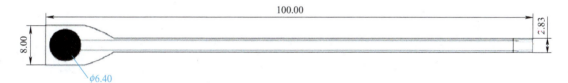

图 7-13　传感器结构图

CP102 外接电路如图 7-14 所示。

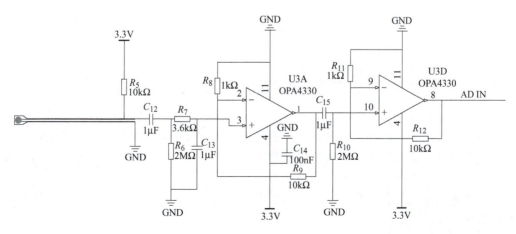

图 7-14　CP102 外接电路

CP102 电阻率随压力变化曲线如图 7-15 所示。

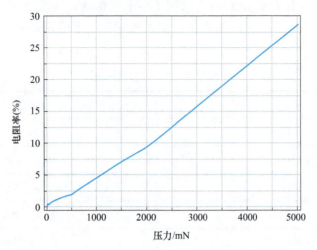

图 7-15　CP102 电阻率随压力变化曲线

七、项目检查与评价

任务名称	评价分数	学生自评	小组互评	教师评价	综合评价等级
1. 运动传感器的行业背景调研					
2. 力反馈手套技术的工作原理					
3. MPU9250 原理分析					

八、项目小结

随着科学技术的发展，国产传感器的功能将逐步增强，它将利用人工神经网、人工智能、信息处理技术（如传感器信息融合技术、模糊理论等），使传感器具有更高级的智能，具有分析、判断、自适应、自学习的功能，可以完成图像识别、特征检测、多维检测等复杂任务。

1. 向高精度发展

随着自动化生产程度的提高，对传感器的要求也在不断提高，必须研制出具有灵敏度高、精确度高、响应速度快、互换性好的新型传感器以确保生产自动化的可靠性。

2. 向高可靠性、宽温度范围发展

传感器的可靠性直接影响到电子设备的抗干扰等性能，研制高可靠性、宽温度范围的传感器将是永久性的方向。发展新兴材料（如陶瓷）传感器将很有前途。

3. 向微型化发展

各种控制仪器设备的功能越来越强，要求各个部件体积越小越好，因而传感器本身体积也是越小越好，这就要求发展新的材料及加工技术，目前利用硅材料制作的传感器体积已经很小。如传统的加速度传感器是由重力块和弹簧等制成的，体积较大、稳定性差、寿命也短，而利用激光等各种微细加工技术制成的硅加速度传感器体积非常小、互换性和可靠性都较好。

4. 向微功耗及无源化发展

传感器一般都是非电量向电量的转化，工作时离不开电源，在野外现场或远离电网的地方，往往是用电池供电或用太阳能等供电，开发微功耗的传感器及无源传感器是必然的发展方向，这样既可以节省能源又可以提高系统寿命。目前，低功耗的芯片发展很快，如T12702 运算放大器，静态功耗只有 1.5A，而工作电压只需 2 ～ 5V。

国产传感器是物联网发展的最重要的技术之一，在为传统行业注入新鲜血液的同时也引领了传感器产业的潮流，在医学、工业、海洋、航天、军事、农业等领域均发挥着核心作用，随着国产传感器技术的发展，新一代国产传感器将结合人工神经网络、人工智能等技术不断完善其功能，具有十分可观的发展前景。

九、拓展实践

在人体体态监测中，运动机器人可以发挥重要作用，并且有多种应用拓展实践，包括以下几个方面：

康复辅助：运动机器人可以用于康复治疗，帮助恢复中风、受伤或手术后的患者，通过监测患者的体态和运动，定制个性化的康复计划，并提供必要的物理支持和指导。

姿势纠正：对于需要长时间保持正确姿势的工作人员（如办公人员、医护人员等），运动机器人可以监测其体态并提醒他们进行姿势调整，减少因不正确姿势导致的身体问题。

运动训练：在体育训练领域，运动机器人可以帮助运动员改进动作技巧、优化训练姿势，同时监测运动员的运动状态，为教练提供更全面的数据支持。

健康管理：通过运动机器人监测用户的体态、运动量和姿势等数据，可以帮助用户实现健康管理目标，提醒他们保持良好的体态和运动习惯。

请结合人工智能和机器人技术，从上述应用中挑选一个方面，说说国产运动机器人取得了哪些技术变革。

项目 7.3　无线传感网在智能农业中的应用

一、行业背景

智慧农业和精准农业推动了 5G 通信、智能感知芯片和移动嵌入式系统在农业中的应用。传统农业获取农田信息有限，依赖人工测量消耗大量人力。无线传感网络通过连接多个节点形成分布式系统，实现对作物环境和信息的精确获取，并降低人力消耗。该技术融合了传感器、数据处理、通信和能源单元，是备受关注的研究领域。智慧农业系统架构如图 7-16 所示。

二、引导案例

无线通信技术在农业中广泛应用，但大多采用基站星形结构，非真正的无线传感网络。智能农业系统通过大量传感器节点构建监控采集网络，帮助农民了解作物生长情况，并发现问题。这种转变将农业从人力为中心、机械依赖的生产模式转向信息和软件为中心的模式，使用自动化、智能化设备。国家农业农村部规划提升智慧农业发展，重点发展智慧农业、农田、种植、畜牧、渔业、农机和农垦。例如，北京建成首个 5G 高架无土栽培草莓智能温室，实现真正的云端种植，创造新空间和景观。

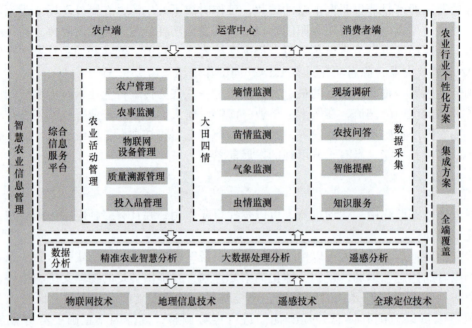

图 7-16　智慧农业系统架构

无线传感网的三种应用如下：

（1）无线传感网络应用于温室环境信息采集和控制　温室可以成为无线传感网络的测量控制区，利用不同的传感器节点和简单执行机构来测量土壤湿度、成分、温度等参数，优化作物生长条件，如图 7-17 所示。温室数据采集通过标准化和数字化传感器和执行机构，并实现控制装置的网络化，方便组网、提高产量和品质，调节生长周期，增加经济效益。

图 7-17　温室数据采集

（2）无线传感网络应用于节水灌溉　无线传感网络自动灌溉系统利用传感器感应土壤水分，与接收器通信控制灌溉阀门，实现自动节水灌溉，如图 7-18 所示。系统采用多跳路由、自组网络和时间同步特性，不受限于灌区面积和节点数量，可灵活调整轮灌组。结合测量装置、通信网关、RS 和 GPS 技术构建高效、低能耗、低投入的农业节水平台。它适用于温室、庭院、公路隔离带、农田等地，推动节水农业发展，并实现定量化、规范化、模式化、集成化的农业与生态节水技术。

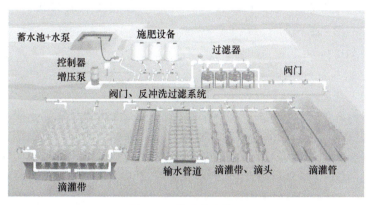

图 7-18　自动节水灌溉

（3）无线传感网络应用于环境信息和动植物信息监测　通过多层无线传感网络检测系统，可以观测牲畜、家禽、水产养殖和稀有动物的生活习性、环境、生理状况及种群复杂度，比如图 7-19 的智慧渔场水产养殖云服务平台。此外，该系统还可用于森林环境监测和火灾报警，在节点随机分布的情况下，定期报告环境数据，一旦发生火灾，节点会协同合作，并迅速将火源位置、火势大小等信息传送给相关部门。对于精准农业，该系统可监测农作物中的害虫、土壤酸碱度和施肥状况。

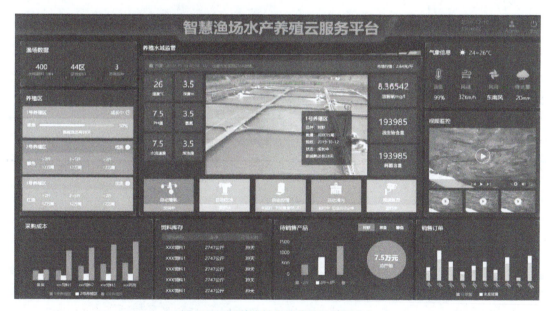

图 7-19　智慧渔场水产养殖云服务平台

三、职业能力素养

1）职业道德：培养学生利用所学知识，履行智慧农业行业的社会责任和义务。

2）职业技能：通过无线传感方向的职业技能鉴定及 1+X 证书（无线传感网方向）来掌握相关岗位技能。

3）职业行为习惯：积极参与乡村振兴活动，运用所学知识为乡村农业信息化建设提供支持。

4）职业意识：在实践工作中积极认同自己作为职业人的身份，并具备强烈的责任感。

四、项目描述与要求

1.项目描述

无线技术的发展促使许多应用方案采用无线传感器网络进行数据采集和通信。无线传感器节点小巧、成本低、功耗低，适用于智慧农业、环境监测和目标追踪等领域。考虑到节点电池供电、恶劣工作环境和大量数量的特点，低功耗设计至关重要。学生需要深入了解不同无线传感网的工作环境、特点和内容，并设计可靠耐用的软硬件系统。

2.项目要求

要求1：了解智慧农业和传统农业的区别。

要求2：理解种植业、渔业、畜牧业中动植物对环境要求的区别。

要求3：掌握三种环境中不同无线传感网的特点以及其工作基本原理。

要求4：在学习过程中重点利用信息化工具拓展所学内容。

3.拓展要求

了解"十四五"规划对智慧农业中提出的具体要求，结合要求调研行业先进技术和产品，形成相应的报告

五、项目分析与计划

项目名称	无线传感网在智能农业中的应用
序号	项目计划
1	
2	
3	

六、项目内容

1.无线传感网在渔业中的应用

水产养殖常用的无线传感网包括无线溶解氧传感器、无线温度传感器和无线氨气传感器，它们是水产养殖水体检测中必不可少的节点传感器。溶解氧是指水中溶解的氧气含量，对于水产养殖来说非常重要。水中溶解氧充足时，有机物能够正常分解，而溶解氧不足会导致有害物质产生并影响生物生长。因此，保持水中适当的溶解氧含量对于养殖动物的健康至关重要。水中溶解氧的含量受大气压力、水温和盐度等因素影响。在评估水质污染程度时，测定溶解氧是必要的。

（1）无线溶解氧传感器　目前市场上溶解氧传感器的检测原理是膜电极法，常用的有两类：极谱（Polarography）型和原电池（Galvanic Cell）型。还有一种光学溶解氧传感器：荧光法溶解氧传感器。

针对原电池原理的溶解氧传感器，介绍一款具有代表性的传感器 KDS-25B，如图 7-20 所示。

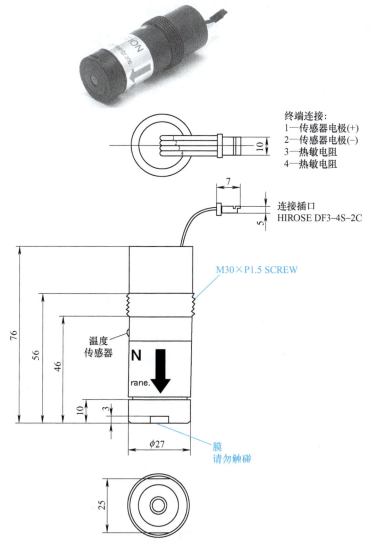

终端连接：
1—传感器电极(+)
2—传感器电极(−)
3—热敏电阻
4—热敏电阻

连接插口
HIROSE DF3–4S–2C

M30×P1.5 SCREW

温度
传感器

膜
请勿触碰

图 7-20　KDS–25B 溶解氧传感器（单位：mm）

KDS-25B 是一款独特的原电池型传感器，是专门为水质控制而开发的。这款传感器最显著的特点就是使用寿命长，不受二氧化碳的影响。

KDS-25B 溶解氧传感器的特点如下：

1）预期寿命很长（2 ～ 3 年）。

2）测量范围宽至 $0.2 \times 10^{-6} \sim 80 \times 10^{-6}$。

3）压力高达 1kPa，传感器可用于 10m 水深。

4）气体的选择性很高，传感器几乎不受影响。

氧气的消耗量与存在的氧含量成正比，而氧是通过可透膜扩散进来的。传感器与专门设计的监测溶氧的测量电路或计算机数据采集系统相连。

溶解氧传感器可以用空气校准法校准，一般校准所需时间较长，在使用后要注意保养。如果在养殖水中工作时间过长，就必须定期地清洗膜，对其进行额外保养。

在很多水产养殖中，每天测几次溶氧就可以了解溶氧情况。对池塘和许多水槽养殖系统，溶氧水平不会变化很快，池塘一般每天检测 2 ～ 3 次。

对于较高密度养殖系统，增氧泵故障发生可能不到1h就会造成鱼虾等大面积死亡。这些密度高的养殖系统要求有足够多的装备或每小时多次自动测量溶氧。

（2）无线氨气传感器　氨气在化工行业中是重要的原料，但也具有危害性和易燃易爆性。因此，在化学工业中监测氨气很重要。水产养殖系统中需要定期测量氨气浓度。对于潜在泄漏的地方，应安装固定式或便携式氨气检测设备以预防事故发生。无线氨气传感器使用电化学或半导体原理，可通过吸入或扩散方式进行采样，并将浓度转化为电子信号显示在监视器上，如图7-21所示。

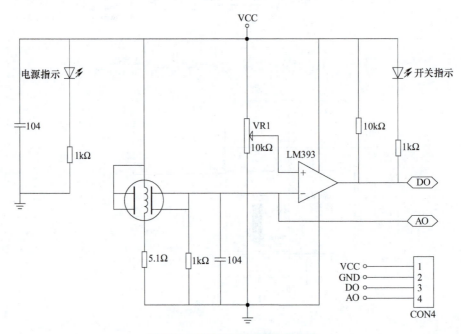

图7-21　无线氨气传感器工作电路

工作原理：通过扩散薄膜，空气和待测气体扩散到感应电极。控制电路维持一定电压，使感应器和放电极发生电化学反应。被测气体引起的反应会产生电流，该电流与气体浓度成正比，且可逆。控制电路还在感应器和基准电极之间产生无电流的偏压。此传感器响应迅速，能够实时、连续地监测环境空气。

目前，用于工业氨气监测的传感器共有以下三种大的分类：

1）光学类氨气传感器。

2）金属氧化物传感器。

3）导电聚合物氨气传感器。

2. 无线传感网在畜牧业中的应用

智能化养殖是畜牧业的主流趋势，通过精准管理和信息化经营，养殖户可以获得有益数据，随时通过智能设备进行养殖管理、牲畜监控和健康查看，实现大规模精细化养殖，及时处置疫病和突发情况。

1）传统畜牧业问题：管理粗放、人力投入多、效率低、监管困难、追溯困难和食品安全问题。

无线物联网技术用于畜牧业，包括 RFID、低功耗蓝牙、NB-IoT 和 LoRa。RFID 适用于身份识别和统计，无须电池供电。低功耗蓝牙、NB-IoT 和 LoRa 需要电池供电，能传输大量数据，适用于即时上传关键数据，适合中小规模围栏养殖，如图 7-22 所示。

2）LoRa 优势：相比于 NB-IoT，LoRa 基于 Sub-GHz 的频段使其更易以较低功耗远距离通信，可以使用电池供电或者其他能量收集的方式供电。

LoRa 信号的波长较长，决定了它的穿透力与避障能力。

LoRa 大大地改善了接收的灵敏度，超过 –148dBm 的接收灵敏度使其可视通信距离可达 15km。

LoRa 降低了功耗，其接收电流仅 14mA，待机电流为 1.7mA，这大大延迟了电池的使用寿命。

LoRa 基于终端和集中器 / 网关的系统支持测距和定位，如图 7-23 所示。LoRa 对距离的测量是基于信号的空中传输时间而非传统的 RSSI，其定位精度可达 5m（假设 10km 的范围）。

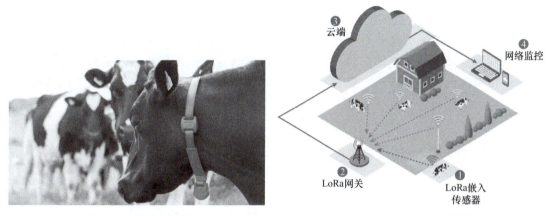

图 7-22　有源无线电通信　　　　　　　　图 7-23　基于 LoRa 的畜牧业

3）NB-IoT 优势：广覆盖，将提供改进的室内覆盖，在同样的频段下，NB-IoT 比现有的网络增益 20dB，覆盖面积扩大 100 倍。

NB-IoT 具备支撑海量连接的能力。NB-IoT 一个扇区能够支持 10 万个连接，支持低延时敏感度，具有超低的设备成本、低设备功耗和优化的网络架构。

NB-IoT 有更低功耗，NB-IoT 终端模块的待机时间可长达 10 年，例如，如果终端每天发送一次 200B 报文，5Wh 电池寿命可达 12.8 年。基于 NB-IoT 的畜牧业如图 7-24 所示。

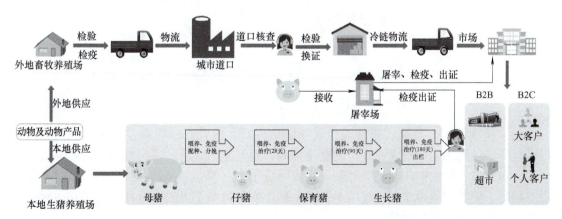

图 7-24　基于 NB-IoT 的畜牧业

因应用于不同场景，所以有源无线通信技术加传感器的组合，在畜牧养殖领域就形成了各种无线传感应用，比较常见的有如下三种：

（1）实时监测支持牲畜健康　养殖户每年因动物疾病会损失大量收入，尤其动物瘟疫传播会带来灾难性后果。通过无线传感技术，可以及时监测牲畜或家禽的关键生命体征，避免不必要的损失。穿戴设备记录动物的体温、消化状况等数据，并上传至上位机或云端进行分析，帮助养殖户准确了解动物的健康状况，指导智慧养殖管理策略。例如，在智慧养猪场中，这种技术可以快速发现体温异常的生猪，实施隔离和治疗，避免疫情传播和大规模死亡。

（2）实时动态定位监测　蓝牙、NB-IoT 和 LoRa 是可用于动物定位的通信技术。养殖户可以根据需要选择适合的技术。动物定位的作用主要包括确定活动范围、防止走失、突发状况下进行个体定位。

养殖户可以设定动物的活动范围，并使用特殊装置进行警示或干预；在种群中发现危险迹象时，可以及时定位相关个体，实施精准干预和排除风险。

（3）畜种繁育　为提升畜种性能，应广泛应用最新育种技术，逐代选取优良畜种培育。通过体重筛选核心育种群和选择核心母本，同群动物具有最佳生长和肉用性能。无线技术在动物选种中的应用主要是自动记录体重和种代信息，有助于确定优质品种进行繁殖。

3. 无线传感网在种植业中的应用

随着社会的发展，种植业对于不断提升的发展形式有着更高要求。在这种背景下，精准农业得以实现并迅速发展。为了取得更好的成果，现代化技术尤其是无线传感网络技术在种植业中扮演重要角色，如图 7-25 所示。作为农业技术人员，应合理应用无线传感网络，推动种植业实现更好发展。

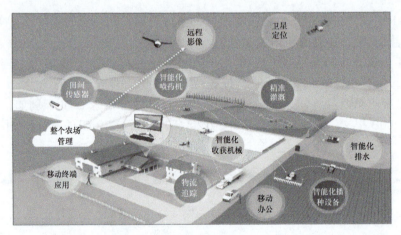

图 7-25　无线传感网在种植业的应用

（1）精准农业　精准农业是现代农业的新模式，符合新时代农业发展趋势。通过应用科技和信息技术，实现农业生产的精确控制，提高生产效果。采用精准农业能够提升生产质量和效率，对农业产业发展有利。在实际应用中，需要加强信息技术和网络技术的应用。同时，传统农业模式已无法满足需求，精准农业改变了人工种植和管理方式，降低了成本，具有经济利益和价值。

（2）在精准农业中无线传感网络的应用

1）无线传感网络在农业灌溉中的应用。精准农业模式对农业灌溉有较高要求，传统的灌溉技术无法满足需求，因此需要应用无线传感网络技术。通过无线传感网络，可以实现对农业灌溉过程中的速度、量和时间进行精确控制，确保合理灌溉，避免过多或过少的情况发生，使灌水量更加合理。应用无线传感网络监测整个灌溉过程，在保证充足灌水的同时，避免水资源浪费，降低农业生产成本，满足精准农业要求。精准灌溉示意如图 7-26 所示。

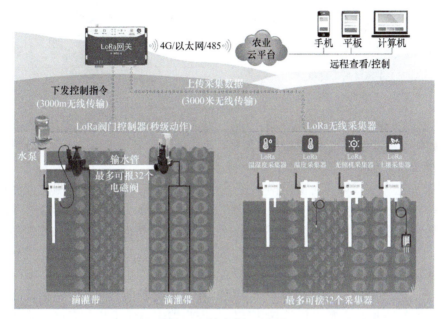

图 7-26 精准灌溉示意图

土壤墒情监测站利用 FDR 原理测量土壤湿度和温度，设备轻巧易安装，测量准确。它采用精密传感器和智能芯片，包括土壤水分传感器和土壤温度传感器。默认测量 10cm、20cm、30cm、40cm 土层的温度和湿度（可定制），如图 7-27 所示。设备内置 DTU 和锂电池，通过无线网络传输数据至物联网平台，可实时查看数据，方便快捷。

2）无线传感网络在施肥管理中的应用。为了提高农业生产质量，精准农业模式在施肥作业方面有更高要求。应用无线传感网络能够实现对施肥量的合理控制，并根据作物的生长情况和营养需求选择适当的肥料种类和施用量。通过上传农作物的营养需求数据到传感器系统中，可以自动选择肥料并确定施肥量。施肥作业人员根据传感器内的信息进行合理施肥，以保证营养满足实际需求。

在线实时监测土壤中的氮磷钾含量可以增进对土壤肥力与作物生长之间关系的了

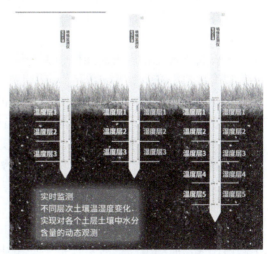

图 7-27 管式土壤墒情传感器

解，提高农业生产效率。若将土壤氮磷钾传感器插入土壤，浇灌浓食盐溶液，可观察得到氮磷钾含量飙升，如图 7-28 所示。所谓的"土壤氮磷钾传感器"实际上是通过测量土壤电导率来估算氮磷钾含量，是根据常规土壤含量制定的系数将电导率值转换为氮磷钾含量，如图 7-29 所示。由于不同土壤性质的差异，这类传感器无法准确测量现场土壤中的氮磷钾含量，因此这类传感器测量结果与氮磷钾含量无关，而是与土壤电导率相关。

图 7-28　土壤氮磷钾传感器

图 7-29　土壤氮磷钾传感器电导率

以上实验充分验证了此类传感器的性能，实际无法测量土壤中的氮磷钾真实含量。

到底如何正确测量土壤中氮磷钾的含量？许多科学工作者提出了许多新的测量方法，并对测量方法不断改进，具体有以下四种：

① 联合测定方法：可同时测定两种或三种元素。其中磷、钾联合测定方法包括碳酸钠熔融法和氢氧化钠熔融法，它们利用高温下与土壤共熔的方式将磷和钾化合物转变为可溶性化合物。碱熔法可以使土壤充分分解，尤其是碳酸钠熔融法准确度较高，但需要昂贵的铂坩埚，实验室难以操作。氢氧化钠熔融法在土壤分解方面稍逊于碳酸钠熔融法，但准确度较好且无需铂坩埚，因此被广泛应用。

② 原子吸收光谱法：通过稀释并加入铯盐作电离抑制剂后测定。使用该方法直接测定高含量的钾较少见，通常采用稀释和其他处理步骤来消除干扰，但这可能增加分析手续、试剂消耗和误差。

③ 分光光度法：通过氢氧化钠熔融法消解土壤样品，调节 pH 值并加入显色试剂，以测定土壤中的总磷含量。该方法简便可靠，并满足环境监测对土壤总磷分析的需求。

④ 高氯酸 – 硫酸快速消化和扩散定氮法：通过硫酸消化土壤样品，在高氯酸存在下，将有机氮转化为氨，并与硫酸结合成硫酸铵。然后利用硼酸吸收氨，并用标准碱进行滴定。

随着农业现代化进程的加快，未来将涌现更多类型的传感器，为农业带来更多便利，并得到国家的支持。

3）无线传感网络在农业病虫害防治中的应用。在精准农业中，病虫害防治至关重要。为提高效率和有效性，需要科学合理地进行病虫害防治。无线传感网络在农业病虫害防治中发挥着积极作用，能够提升防治效率和质量。利用该网络可以分析病虫害种类和程度，并制定有针对性的防治措施，以取得满意的效果。此外，通过利用无线传感网络监测农作物的生长情况，可以及时发现和防治病虫害，确保农业产量不受影响。

叶面湿度传感器可以防治作物病虫害，如图 7-30 所示。

植物叶表面的水含量不仅是生理特征，对病菌感染也有重要影响。湿润的叶表面有利于病菌侵染，而病菌侵染则会破坏叶面结构。在农药喷洒中，需考虑润湿性对农药液滴持留的影响。智慧农业叶面湿度传感器可以监测植物叶面湿度，当湿度过高时，增加了病菌滋生和侵染风险。该传感器能准确测量叶片表面的含水量，并通过最佳喷雾时间的估算指导病害防治工作，提高效果、避免损失，保证作物健康生长。

图 7-30　叶面湿度传感器

七、项目检查与评价

任务名称	评价分数	学生自评	小组互评	教师评价	综合评价等级
无线传感网在渔业中的应用					
无线传感网在畜牧业中的应用					
无线传感网在种植业中的应用					

八、项目小结

在农田、果园等大规模生产方面，如何把农业小环境的温度、湿度、光照、降雨量等，土壤的有机质含量、温湿度、重金属含量、pH 值等，以及植物生长特征等信息进行实时获取、传输并利用，对于科学施肥、灌溉作业来说具有非常重要的意义。

在生鲜农产品流通方面，需要对储运环境的温度和农产品的水分进行控制，环境温度过高可能会发生大批农产品的腐烂，水分不足品质会受到影响，在这个环节要借助物联网的帮助。

还有一类具有典型意义的应用是工厂化健康养殖作业，需要通过物联网技术实现畜禽、水产养殖环境的动态监测与控制。

九、拓展实践

阅读材料：

中国推进双碳战略，为全球的可持续发展贡献中国力量，这不仅仅是作为大国的责任担当，也是中国从高速发展转向高质量发展的重大转折。中国现在的碳排放每年 126 亿 t，占全球碳排放量的 50% 左右，已经成为全球第一的碳排放大国，对中国来说，还需认真推动双碳战略。

除了二氧化碳，双碳战略还包括氮氧化物、甲烷等气体的减排。在日常生活中，人们的衣食住行会在无形中排碳，在农业生产中，有的也是排碳的，比如水稻种植、畜禽养殖等。双碳战略分碳减排、碳中和，光伏发电实际上是碳减排，碳中和的路径其实非常少，主要包括湿地、森林以及部分农业。如果从森林固碳的最高标准看，按照每一公顷一年固碳 8.76t 左右来计算，中国一年排放的二氧化碳，需要近两个中国的面积来种树。因此，中国迫切需要新的路径实现碳中和。

IPCC 单独做了一份国家温室气体清单，关于农业、林业和其他土地利用，已经给出了明确的农业类排放数据。从全球来看，农业排放约占总排放量 14%，煤化工等的排放量更高。

　　据相关调查数据报告显示，普通蛋白和蔬菜生产过程中，会排放不同量的温室气体，人们每消费 1kg 羊肉就相当于排放 39.2kg 二氧化碳，每消费 1kg 猪肉相当于排放 12.1kg 二氧化碳，每消费 1kg 大米相当于排放 2.7kg 二氧化碳。根据人们的不同习惯综合来看，吃肉食多排碳也更多。在食品供应链中不难发现，除了农业生产以外，还有加工存储、运输售卖等各个环节，都可以发现碳足迹，据相关数据分析，全球每年食品加工的损耗和浪费约产生 44 亿 t 二氧化碳。

　　纵观农业产业链，在生产、加工、运输、售卖等环节中，售卖环节排碳损耗较多，农业全产业链减排，还需要聚焦减少损耗、减少化学物、减少用水等。此前，中国农业农村部发布了农业碳减排和碳中和的实施路径，此外，全球很多国家都在推进相关的工作。

　　请同学们利用互联网工具调研未来农业的发展趋势，形成相应的书面报告。

思考与练习

　　7-1　运动传感器在人体体态中的应用是什么？如何实现这些应用？

　　7-2　智能传感器在车联网中的应用有哪些？它如何提高驾驶安全性和车辆管理效率？

　　7-3　无线电传感器在智能农业中的应用是什么？它如何帮助农民进行精确农业管理？

　　7-4　运动传感器如何帮助人们进行运动训练？它提供哪些功能和数据？

　　7-5　智能传感器在车联网中的安全监测功能有哪些？它如何提高驾驶安全性？

　　7-6　无线电传感器如何帮助农民进行精确灌溉管理？它监测哪些关键参数？

　　7-7　运动传感器如何应用于健身监测？它提供哪些数据和功能？

　　7-8　智能传感器在车联网中的实时定位和导航功能是如何实现的？它如何提高驾驶体验？

　　7-9　无线电传感器在智能农业中除了监测土壤湿度和温度外，还可以用于哪些方面的数据收集和管理？

　　7-10　运动传感器如何评估人体姿势的变化？它在人体运动分析中有哪些实际应用？

第8章

传感器综合应用项目案例

工程应用

1. 引言

传感器应用综合实践是指将传感器技术与实际应用场景相结合，通过设计、搭建和测试传感器系统来解决现实问题的实践活动。这种实践旨在利用传感器技术对环境、物体或事件进行监测和测量，并将获取的数据用于控制、判定、诊断、预警等目的。

在传感器应用综合实践中，通常会涉及以下步骤：

1）问题定义：明确需要解决的问题或实现的目标，确定所需的传感器类型和性能指标。

2）传感器选择：根据问题定义和需求，选择最适合的传感器类型，并考虑测量范围、分辨率、精度、响应时间等因素。

3）硬件设计：根据传感器特性和应用需求，设计电路或硬件系统，包括信号调理、放大、滤波等电路。

4）软件开发：开发用于读取、处理和解释传感器数据的软件程序，可能涉及数据采集、滤波、校准、算法开发等。

5）系统集成：将传感器和相关硬件与软件组合成一个完整的系统，并进行调试和验证。

6）实验测试：在实际应用场景中进行测试和验证，收集传感器数据并分析结果。

7）数据分析与应用：对采集的数据进行分析和解释，以获得对问题或目标的洞察，并将结果应用于实际决策或控制系统中。

传感器应用综合实践可以涵盖各种领域，如工业自动化、环境监测、医疗诊断、智能交通等。通过实践，可以进一步推动传感器技术的发展和应用创新，提高生产效率、优化资源利用、改善生活质量等。

2. 职业能力目标

1）工作能力：具备适应不同工作环境的能力，熟练掌握所需的专业知识和技能，遵守职业道德规范，具备良好的沟通和协作能力。

2）组织能力：制定合理的计划和目标，优化工作流程，合理分配和利用资源，高效地处理多个任务和项目。

3）应变能力：面对挑战、变化和压力时，灵活适应并寻找解决方案，调整策略，适应新环境，积极应对变化和困难，保持乐观和自信的心态。

4）创新能力：发现问题，思考不同的方法和途径，提出创新的解决方案，勇于尝试新的观点和方法来改进工作和实现目标。

项目 8.1　可穿戴电子产品中的传感器综合应用

一、行业背景

随着便携指夹式血氧仪需求的增加，使其价格不断上涨。血氧仪本身成本并不高，尤其是芯片部分，采用的是成熟方案，成本可控，指夹式血氧仪原理图如图 8-1 所示。

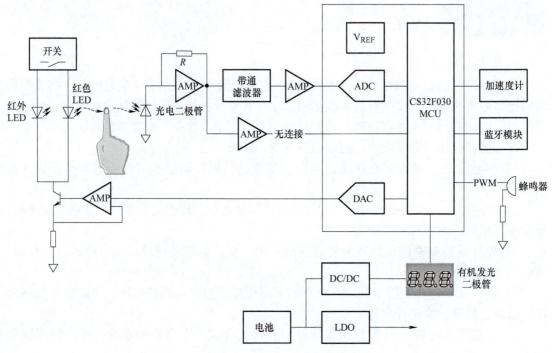

图 8-1　指夹式血氧仪原理图

典型的指夹式血氧仪方案包括核心 MCU，内部集成了 ADC 和 DAC，用于数模信号转换。外围电路包括放大器（AMP）、带通滤波器等，用于处理传输给 MCU 的信号。此外，两个 LED 负责向指尖照射红光和红外光。通过计算这两种光线被血红蛋白和氧合血红蛋白吸收的差异，可以推算出血氧饱和度数值。

二、项目描述与要求

1. 项目描述

结合案例，动手设计并制作一款简单的指夹式血氧仪。

2. 项目要求

要求 1：依据项目描述设计并绘制系统原理框图。

要求 2：绘制 MAX30100 生物传感器的模块电路原理图。

要求 3：绘制指夹式血氧仪软件系统运行流程图。

要求 4：MAX30100 生物传感器模块程序编写。

要求 5：硬件组装与项目调试。

要求 6：培养细致操作、遵循流程的大师素养。

要求 7：培养追求探索、永不放弃的精神。

三、项目分析与计划

项目名称	可穿戴电子产品中的传感器综合应用
序号	项目计划
1	
2	
3	

四、项目内容

1. 血氧仪简介

指夹式血氧仪主要测量指标为脉率、脉博血氧饱和度、灌注指数（Perfusion Index，PI）。血氧饱和度是指在全部血容量中被结合 O_2 容量占全部可结合的 O_2 容量的百分比，是临床医疗上重要的基础数据之一。

2. 指夹式血氧仪如何工作

氧气通过呼吸道进入肺部，然后进入血液，血红蛋白是主要的携氧分子。指夹式血氧仪使用红光和红外光作为射入光源，在手指、耳垂或脚趾上测定通过的光传导强度，以计算血红蛋白浓度和脉博血氧饱和度，如图 8-2 所示。正常情况下，人体动脉血的血氧饱和度应大于或等于 98%，大于 95% 被认为是正常的，90% 以下表示供氧不足。

光束穿过手指中的血液，测量氧气量。它通过测量含氧或脱氧血液中光吸收的变化来实现这一点，如图 8-3 所示。

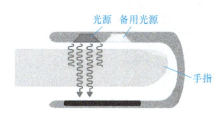

图 8-2　指夹式血氧仪工作原理图

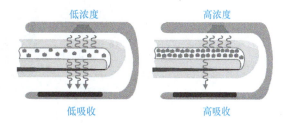

图 8-3　指夹式血氧仪氧含量对比图

3. 系统总体结构设计

（1）系统功能

1）可测量人体脉率。

2）可测量人体血氧饱和度。

3）显示屏实时显示测量的各项指标。

（2）系统原理框图　本系统由 STM32 单片机核心板电路、MAX30100 生物传感器电路、温湿度传感器和显示电路组成，如图 8-4 所示。

1）通过 MAX30100 生物传感器检测人手指，近红外光作为入射光源，测定光传导强度，计算出血液中的血红蛋白浓度及脉搏血氧饱和度。

2）通过 MAX30100 生物传感器检测人手指，使血液中的血氧受光的照射而吸收，称为红外光吸收法。当光吸收器吸收血里的红外光时，血中就会形成瞬时电位，这一电位就是一次心跳，记录和监测心律的变化，从而知道心跳的频率。

3）LCD1602 实时显示血氧浓度、心率以及环境温湿度。

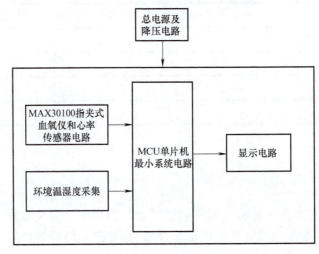

图 8-4　系统原理框图

实践练习：现增加一个 WiFi 模块，请参考图 8-4，绘制出新的系统原理框图。

4. STM32F103C8T6 简介

（1）STM32F103C8T6 简介　STM32F103C8T6 是一款由意法半导体（ST）公司推出的基于 Cortex-M3 内核的 32 位微控制器，硬件采用 LQFP48 封装，属于 ST 公司微控制器中的 STM32 系列。除了被人们熟知的 STM32，ST 公司还有 SPC5X 系列、STM8 系列等。

（2）STM32F103C8T6 实物图　STM32F103C8T6 实物图如图 8-5 所示。

图 8-5　STM32F103C8T6 实物图

（3）STM32F103C8T6 核心板原理图　STM32F103C8T6 核心板原理图如图 8-6 所示。

实践练习：参考图 8-6，利用 Altium Designer 软件绘制出 STM32F103C8T6 主控电路。

5. MAX30100 生物传感器简介

（1）简介　MAX30100 是一款集成了脉搏血氧和心率监测功能的生物传感器模块。它具有 660nm 红光 LED、880nm 红外光 LED、光电检测器和低噪声电子电路，同时具备环境光抑制功能。该模块可通过软件关断以降低功耗，在待机状态下消耗零电流，并能持续供电。它常用于佩戴在手指、耳垂或手腕等部位的可穿戴设备，用于采集心率和血氧数据。其实物图如图 8-7 所示。

（2）产品参数 MAX30100 采用一个 1.8V 电源、一个独立的 3.3V 用于内部 LED 的电源和标准 I2C 兼容的通信接口。市面很多都将 MAX30100 芯片集成在一个 PCB 模块上，内部增加一个 1.8V 和 3.3V 低压差线性稳压器（Low-DropOutregulator，LDO）稳压电路，可对模块单独供 5.0V 电源，方便开发者进行开发。

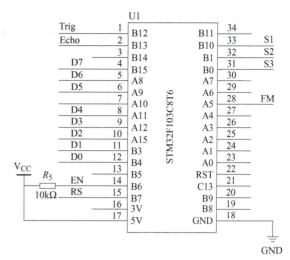

图 8-6 STM32F103C8T6 核心板原理图

（3）原理说明 光电容积脉搏波描记法（Photoplethysmography，PPG）：利用人体组织在血管搏动时造成透光率不同来进行脉搏和血氧饱和度测量。

光源：采用对脉动血中氧合血红蛋白（HbO₂）和血红蛋白（Hb）有选择性的特定波长的发光极管。

从式（8-1）可以看出，透光率转化为电信号：动脉搏动导致血液充盈、体积变化，进而使得光束的透光性发生改变。此时，光电变换器接收经过人体组织反射的光线，将其转变为电信号并进行放大输出。

$$SaO_2 = \frac{C_{HbO_2}}{C_{HbO_2} + C_{Hb}} \times 100\% \tag{8-1}$$

式中，SaO_2 为血氧饱和度，C_{HbO_2} 为氧合血红蛋白浓度；C_{Hb} 为脱氧血红蛋白浓度。

（4）引脚名称 MAX30100 生物传感器如图 8-8 所示。

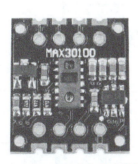

图 8-7 MAX30100 生物传感器实物图

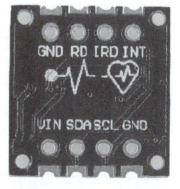

图 8-8 MAX30100 生物传感器

1）VIN：主电源输入端，1.8～5V。

2）SDA：接 I2C 总线的数据。

3）SCL：接 I2C 总线的时钟。

4）GND：接地线。

5）RD：MAX30100 芯片的红色 LED 接地端，一般不接。

6）IRD：MAX30100 芯片的红外 LED 接地端，一般不接。

7）INT：MAX30100 芯片的中断引脚。

在 3 位焊盘中选择总线上的拉电平，取决于引脚主控电压，可选 1.8V 端或者 3.3V 端（此端包含 3.3V 及以上）。

（5）电路原理图　MAX30100 生物传感器电路原理图如图 8-9 所示。

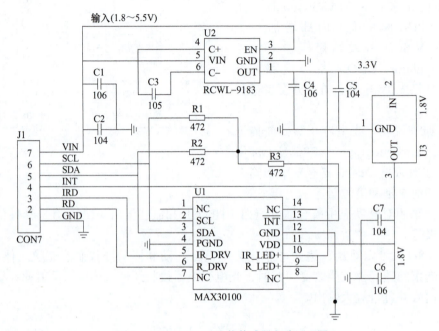

图 8-9　MAX30100 生物传感器电路原理图

（6）芯片内部框图　MAX30100 生物传感器芯片内部框图如图 8-10 所示。

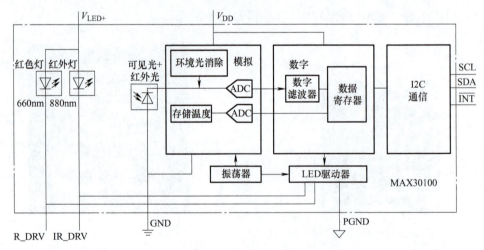

图 8-10　MAX30100 生物传感器芯片内部框图

从图 8-10 看出，芯片可分为两部分：一部分为模拟信号采集电路，通过红色灯和红外灯发出特定波长的光，采集人体反射回来的光，经过光电二极管将光信号转化为电信号，最终通过 ADC 转化为数字信号；另一部分为数字处理电路，将 ADC 转换出来的原始数据进行滤波处理后放置于缓冲区内，单片机通过 I2C 接口读写芯片内部寄存器，读取出相应的数据。

（7）程序　工程文件中使用的 delay.h、sys.h、usart.h、myiic.h 为 STM32F103 单片机对应的源码。下面是 MAX30100.c 程序部分代码，是用于与 MAX30100 传感器通信的驱动程序，通过 I2C 协议写入传感器寄存器的值，以便配置和控制传感器的功能。

MAX30100.c 程序如下：

```cpp
/** \file MAX30100.cpp
*
Project:MAXREFDES117#
Filename:MAX30100.cpp
Description:This module is an embedded controller driver for the
MAX30100
*
Revision History:
*\n 1-18-2016 Rev 01.00 GL Initial release
*\n
*/
#include "MAX30100.h"
#include "myiic.h"
#define MAX30100_WR_address 0xAE
bool maxim_MAX30100_write_reg(uint8_t uch_addr,uint8_t uch_data)
/**
\brief       Write a value to a MAX30100 register
\par         Details
             This function writes a value to a MAX30100 register
*
\param[in]   uch_addr   - register address
\param[in]   uch_data   - register data
*
\retval      true on success
*/
{
    /*第 1 步：发起 I2C 总线启动信号 */
IIC_Start();

    /*第 2 步：发起控制字节，高 7 位是地址 ,bit0 是读写控制位 ,0 表示写 ,1 表示读 */
IIC_Send_Byte(MAX30100_WR_address | I2C_WR);       /* 此处是写指令 */
    /*第 3 步：发送 ACK */
    if(IIC_Wait_Ack()!= 0)
    {
gotocmd_fail;                              /* EEPROM 无应答 */
    }

    /*第 4 步：发送字节地址 */
IIC_Send_Byte(uch_addr);
    if(IIC_Wait_Ack()!= 0)
    {
gotocmd_fail;                              /* EEPROM 无应答 */
```

```
    }

    /* 第 5 步：开始写入数据 */
    IIC_Send_Byte(uch_data);

    /* 第 6 步：发送 ACK */
    if(IIC_Wait_Ack()!= 0)
    {
        goto cmd_fail;                              /* EEPROM 无应答 */
    }

    /* 发送 I2C 停止信号 */
    IIC_Stop();
    return true;                                   /* 执行成功 */

cmd_fail:/* 命令执行失败后，切记发送停止信号，避免影响 I2C 上其他设备 */

    /* 发送 I2C 停止信号 */
    IIC_Stop();
    return false;
}
```

6. 硬件与软件调试

（1）JTAG/SWD 调试原理　STM32F10×× 使用 Cortex-M3 内核，该内核内含硬件调试模块，支持复杂的调试操作。硬件调试模块允许内核在取值（指令断点）或访问数据（数据断点）时停止。内核停止时，内核的内部状态和系统的外部状态都是可以查询的。完成查询后，内核和外设可以被复原，程序将继续执行。当 STM32F10×× 微控制器连接到调试器并开始调试时，调试器将使用内核的硬件调试模块进行调试操作。它支持两种调试接口：串行线调试（Serial Wire Debug，SWD）接口（2 根数据线）和 JTAG（国际标准测试协议）调试接口（5 根数据线）。

（2）SWJ 调试端口　STM32F10×× 内核集成了串行 /JTAG 调试接口 SWJ（Serial Wire and JTAG）-DP。这是标准的 ARM CoreSight 调试接口，包括 JTAG-DP 接口（5 个引脚）和 SW-DP 接口（2 个引脚）。

JTAG 调试接口（JTAG-DP）为 AHP-AP 模块提供 5 针标准 JTAG 接口。串行调试接口（SW-DP）为 AHP-AP 模块提供 2 针（时钟 + 数据）接口。

在 SWJ-DP 接口中，SW-DP 接口的 2 个引脚和 JTAG 接口的 5 个引脚中的一些引脚是复用的，如图 8-11 所示。

（3）JTAG/SWD 接口硬件图　JTAG/SWD 接口硬件图如图 8-12 所示。

（4）软件仿真调试　在开始软件仿真前，单击 "Options for Target"（目标选项）按钮，在 Target 选项卡中确认芯片型号和晶振频率，如图 8-13 所示。

在 Debug 选项卡中，选择 Use Simulator，勾选 Run to main ()，同时在最后一行的两组 Dialog DLL 和 Parameter 下分别输入 DARMSTM.DLL 和 -pSTM32F103ZE，TARMSTM.DLL 和 -pSTM32F103ZE，如图 8-14 所示。

先编译工程，然后单击 Start/Stop Debug Session 开始仿真（退出仿真也是单击 Start/Stop Debug Session）。

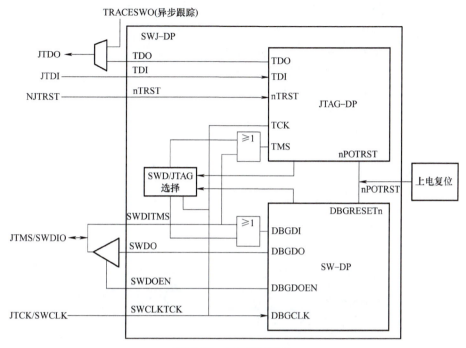

图 8-11　SWJ 调试端口

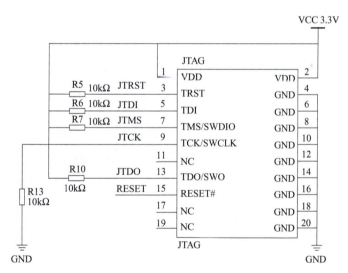

图 8-12　JTAG/SWD 接口硬件图

（5）ST-Link 硬件仿真调试　硬件连接：ST-Link 仿真器一端连接在开发板上，另一端通过 USB 连接到计算机上（用于下载程序至开发板）；另用一根 USB 一端连接在开发板串口上，另一端连接在计算机上（用于串口调试数据查看）；在 Debug 选项卡，选择 Use 为 ST-Link Debugger，其他选项与软件仿真设置相同，如图 8-15 所示。

在 MDK 软件中，单击 Download 将程序下载到开发板中，单击 Start/Stop Debug Session 开始仿真调试；打开串口调试助手，单击"Run to Breakpoint"（执行到断点）处（若没有设置断点，则程序一直运行），此时可以在串口调试助手上观察到相应数据。

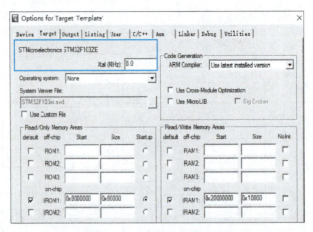

图 8-13　软件仿真调试 1

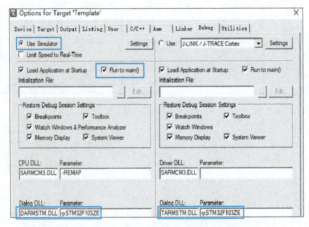

图 8-14　软件仿真调试 2

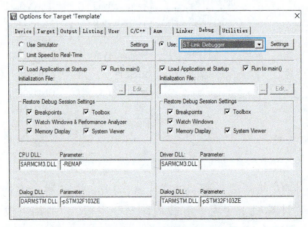

图 8-15　硬件仿真调试

（6）仿真中的逻辑分析模块　逻辑分析模块只对软件仿真有效，对硬件仿真无效。若在程序中定义了一些 GPIO 引脚，可在逻辑分析窗口中设置，观察该引脚的高、低电平。以跑马灯为例，在软件仿真模式下运行一个跑马灯程序，在"Setup Logic Analyzer"（设置逻辑分析）窗口中新建逻辑分析信号 PORTB.5，可以观察到 PB5 的电平变化情况，如图 8-16 所示，包括高电平（逻辑 1）和低电平（逻辑 0）的切换，从而了解程序是如何控制 PB5 引脚的。这有助于分析程序的逻辑是否正确，以及信号的时序是否符合预期。

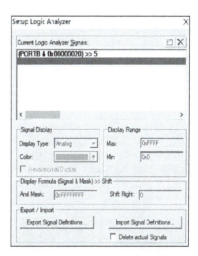

图 8-16 软件仿真调试 3

（7）菜单栏中的 Peripherals 模块 该函数模块下可查看相关寄存器的值，以跑马灯为例，单击 Peripherals → General Purpose I/O B → GPIOB，选择 PB.5，则在仿真单步调试时，可观察 GPIOB_ODR 的值变化，如图 8-17 所示。

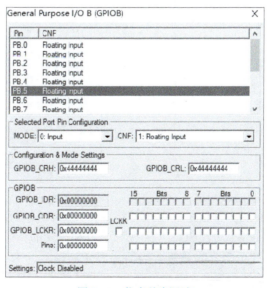

图 8-17 仿真单步调试

五、项目实施

1. 硬件连接
由原理图分析电路的连接关系。

2.传感器输出

（1）血氧饱和度（SaO$_2$）记录

（2）心率记录

3.故障现象记录与分析

六、项目检查与评价

任务名称	评价分数	学生自评	小组互评	教师评价	综合评价等级
依据项目描述设计并绘制系统原理框图					
绘制 MAX30100 生物传感器的模块电路原理图					
绘制指夹式血氧仪软件系统运行流程图					
编写 MAX30100 生物传感器的模块程序					
硬件组装与项目调试					

七、拓展实践

可穿戴传感器可以实现多种信号的采集与传导。比如，利用金属导体和离子导体上的双电层（Electrical Double Layer，EDL）实现对压力和应变的精确检测。检测的灵敏度要比传统的介电电容传感器高 3 个数量级。当使用离子液体作为 EDL 的电解质时，还可以实现电化学信号检测。

根据信号类型，可穿戴传感器可以分为电生理、物理和化学传感器 3 种。电生理传感器可以实现心、脑和肌肉等组织和器官的检测。物理传感器测量机械、温度或光学刺激下的电特性变化。化学传感器通过活动电极识别或量化分析物（包括离子、分子、蛋白质等），这些活动电极可以根据特定的化学物质进行定制。

调研：利用网络调研电生理传感器、物理传感器、化学传感器这 3 种传感器的厂家、产品型号、价格、实物图、电路图、应用案例，并写一篇调研报告。

项目 8.2　AI 机器人中的传感器综合应用

一、行业背景

近些年，我国机器人市场规模持续快速增长，已经初步形成完整的机器人产业链，同时"机器人 +"应用不断拓展深入。《中国机器人产生发展报告（2022 年）》显示，预计未来，中国机器人市场规模将达到 1000 亿美元，五年年均增长率达到 22%。

在国内密集出台的政策和不断成熟的市场等多重因素驱动下，工业机器人数量增长迅猛，除了汽车、3C 电子两大需求最为旺盛的行业，化工、石油等应用市场逐步打开。根据国际机器人联合会（International Federation of Robotics，IFR）统计数据测算，近五年我国工业机器人市场规模始终保持增长态势，近年来市场规模将继续保持增长。而在服务机器人领域，由于建筑、教育领域的需求牵引，我国服务机器人存在巨大市场潜力和发展空间。

2023 年 1 月 6 日，我国火星探测任务科学研究成果首次发布，"祝融号"火星车如图 8-18 所示。

截至 2023 年 1 月 16 日，"祝融号"已行驶 1900 多米，留下了近 4000 个"中"字。火星探测器副总设计师贾阳介绍，这样的设计不只有纪念意义，也有技术含义：根据字间距，可判断火星车是否出现打滑等风险。

祝融号原计划在火星工作 3 个火星月，大概 92 个地球日，但它工作超过 2 年，说明这个火星车的可靠性很高。

图 8-18　"祝融号"火星车

火星距离地球大概几亿公里，其周围环境尤其微观环境是非常陌生的，那么火星车是怎样走起来的呢，怎样才能避免各种突发事故呢？就跟人一样，假如把你放到一个特殊的陌生环境，你该怎么运动呢？双眼的作用至关重要。

火星车上在两处非常显眼的位置安装了双目，这是"祝融号"上非常重要的传感器。这里主要介绍双目为什么能够支持机器人在陌生环境中行走以及双目有哪些特点。

素质元素：点燃中国星际探测的火种

"从古代神话而来，正向火星而去。"

《礼记》有云："其帝炎帝，其神祝融。"这里"祝融"是中国上古神话中的火神，三皇五帝时掌火之官。千百年后的今天，"祝融"有了新含义——2021 年 4 月 24 日，在第六个中国航天日，中国首辆火星车公布其新名称为"祝融号"，寓意点燃中国星际探测的火种。

"从航天精神中获得启发，汲取力量。"

从中国第一枚探空火箭发射升空，到杨利伟乘坐"神舟五号"飞船进入太空，再到嫦娥四号实现人类首次月背软着陆，一幕幕画面令人心潮澎湃。古人追逐的飞天之梦，终于在时间的见证下渐成现实，中国航天事业走过了近 70 年风云岁月，从无到有，从弱到强，一代代航天人接续奋斗，铿锵前行。

我们仰望苍穹，永远保持着好奇心，怀抱着星空梦。中国航天人不会停下探索的脚步，致敬那些向未知不断追寻的中国人。我们脚踏同一片土地，仰望同一片星空。如今

"上九天揽月"的梦想已经实现，未来中国航天的成就更令人期待！

航天精神是中华民族精神、时代精神与航天实践相结合的产物，是中国航天事业之魂。

二、项目描述与要求

1. 项目描述

结合案例，动手组装一辆带双目视觉的机器人"祝融号"小车。

2. 项目要求

要求 1：绘制"祝融号"小车系统原理框图。

要求 2：了解双目视觉计算物体深度技术原理。

要求 3：在 ubuntu 系统下完成对 lib realsense 的支持库安装。

要求 4：在移动平台网关平台测试双目摄像头是否正常工作。

要求 5：掌握基于 ROS 构建 Inter Realsense 双目摄像机的功能包。

要求 6：发展细致思考和追求卓越的素养。

要求 7：强化系统思维和合规执行的素养。

三、项目分析与计划

项目名称	AI 机器人中的传感器综合应用
序号	项目计划
1	
2	
3	

四、项目内容

1. 双目立体视觉介绍

双目被认为是一种仿生学的技术。那么双目摄像头如何得到空间信息？其原理是双目三角测量技术。左右两个摄像机对于同一对象在水平方向的像素差异称为视差（Disparity），视差是立体视觉领域一个关键、核心的术语，视差和距离（空间中 Z 方向的值）一一对应，距离越远视差越小。通过 $Z=BF/D$（B 为双目目距，F 为镜头焦距，D 为视差）可以得到物体距离，有了距离（Z 值）之后还可以算出 x 和 y 的值，因此基于双目就可以得到一个空间信息，如图 8-19 所示。

2. 单目和双目检测比较

在很多应用里，单目对世界的认知首先要通过先验知识的学习，就是说我认识这是一辆车、一个人或者其他物质，有了这个先验知识并且知道这个物质的实际尺寸，那么当看到这个物质时，基于先验知识就可以产生空间信息的判断。所以我们如果在一个熟悉的环境里把一只眼睛闭上，可能会觉得这跟双目看到的内容差不多，但如果是在一个陌生的环境里，单目就无法分辨，而利用双目则可以直接获得我们所看到的环境里的视差信息，或者说所观察对象的空间数据，这个数据是直接得到的而不是依据很多经验来得到的，所以双目是一个很直接的技术。

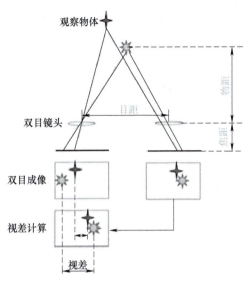

图 8-19　双目立体视觉原理图

这也就是为什么祝融号在火星上要利用双目感知。火星上非常微观的事物我们根本看不到，没有先验知识，而通过双目计算可直接得到空间信息。一些自动驾驶的事故也是同样的道理，当道路上出现了一些平常很少出现的物体，深度学习或者机器训练很少碰到的物体时，单目很有可能无法识别，另外还有一些驾驶员没有集中精力导致撞上限高杆等情况，都可以通过双目测量技术来解决。

可移动机器人及自动驾驶系统的主要构成如下：

可移动机器人及自动驾驶系统的核心组件包括环境感知模块、行为决策模块和执行控制模块等。环境感知模块要知道所处周边环境的情况，对周边环境有所认知，然后做出行为决策，如向前走、向后退或转圈，这些行为决策会被传递到执行控制系统，从而带动机器人行走。在这个核心组件中环境感知模块是最基础的输入部分，是整个移动机器人非常重要的一个前置条件。

3. 实验原理

（1）双目视觉　立体视觉是利用两个或者更多摄像机来计算物体深度的技术。

双目立体视觉的深度摄像机对环境光照强度比较敏感，它非常依赖图像本身的特征，在光照不足、缺乏纹理的情况下很难提取到适合做匹配的特征，即左右两幅图像的对应关系不容易确定。

提到双目视觉就不得不提视差图：双目立体视觉融合两个相机获得的图像并观察它们之间的差别，获得明显的深度感，建立特征间的对应关系，将同一空间物理点在不同图像中的映像点对应起来，这个差别称作视差图像。

视差可以这样理解：将手指放在离眼睛不同距离的位置，并轮换睁、闭左右眼，可以发现手指在不同距离的位置，视觉差也不同，且距离越近，视差越大。

那么提到视差图，就有深度图，深度图像也叫距离影像，是指将从图像采集器到场景中各点的距离（深度）值作为像素值的图像。获取深度图像的方法有激光雷达深度成像法、计算机立体视觉成像、坐标测量机法、莫尔条纹法及结构光法。

这里引申一下深度图像与点云的区别。当一束激光照射到物体表面时，所反射的激光会携带方位、距离等信息，若将激光束按照某种轨迹进行扫描，便会边扫描边记录到反射的激光点信息，由于扫描极为精细，则能够得到大量的激光点，因而就可形成激光点云。

深度图像经过坐标转换可以计算为点云数据；有规则及必要信息的点云数据可以反算为深度图像。两者在一定条件下是可以相互转化的，如图 8-20 所示。

图 8-20 所示为空间中一点 P 在左右摄像机中的成像点 $P_{left}=(x_{left}, y_{left})$，$P_{right}=(x_{right}, y_{right})$。将两摄像机固定在同一平面上，则点 P 在 Y 方向的坐标是相同的，即 $y_{left}=y_{right}=y$。根据三角原理，可得

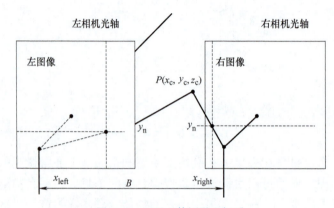

图 8-20 双目立体视觉坐标系

$$\begin{cases} x_{left} = f\dfrac{x_c}{z_c} \\[2mm] x_{right} = f\dfrac{(x_c - B)}{z_c} \\[2mm] y = f\dfrac{y_c}{z_c} \end{cases} \tag{8-2}$$

式中，f 为焦距。

视差被定义为相同点在左右摄像机 X 方向的偏差，即 $D=x_{left}-x_{right}$，则点 P 在左摄像机坐标系下的位置可以表示为

$$\begin{cases} x_c = \dfrac{Bx_{left}}{D} \\[2mm] y_c = \dfrac{By}{D} \\[2mm] z_c = \dfrac{Bf}{D} \end{cases} \tag{8-3}$$

式中，B 为基线序长度。

（2）Inter RealSense D415　2018 年 1 月 19 日，英特尔公司宣布更新 RealSense 深度摄像头产品线，带来两款全新的产品：D415 和 D435。新型深度摄像头非常适合硬件原型设计者和软件开发者，设备采用了即用型 USB 供电形式，并且搭载了 D400 系列深度模块，具备完整光学深度解决方案。

RealSense D415 提供卷帘快门感应器和窄视野的小镜头。英特尔公司表示，D415 搭载 D410 深度传感器，狭窄视野提供了高深度分辨率，这是"精确测量的理想选择"。D415 摄像机是"机器人导航和物体识别等应用的首选解决方案"。这两款 RealSense D400 系列摄像机的捕捉最远距离可以达到 10m，而且新款摄像头在户外阳光下也可以使用，均支持输出 1280×720 分辨率的深度画面，更普通的视频传输方面可以达到 90f/s，如图 8-21 所示。

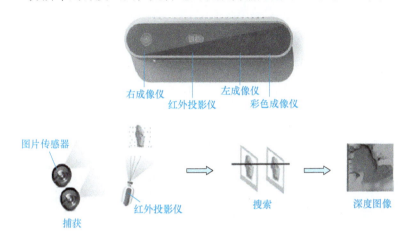

图 8-21　D415 双目摄像机

（3）支持库部署

1）打开 ubuntu 终端，运行下列命令，安装所需的依赖软件包。

```
sudo apt-get update &&sudo apt-get upgrade &&sudo apt-get dist-upgrade
sudo apt-get install git cmakelibssl-dev libusb-1.0-0-dev pkg-config
libgtk-3-dev
sudo apt-get install libglfw3-dev libgl1-mesa-dev libglu1-mesa-dev
```

2）下载 RealSense SDK。

```
git clone https://github.com/IntelRealSense/librealsense.git
```

3）或者直接在上述地址下载 zip 包，解压备用，然后准备编译。

```
mkdir build && cd build
cmake ../ -DCMAKE_BUILD_TYPE=Release -DBUILD_EXAMPLES=true
-DFORCE_RSUSB_BACKEND=ON
-DBUILD_WITH_TM2=false
-DIMPORT_DEPTH_CAM_FW=false
```

–DFORCE_RSUSB_BACKEND=ON 为必选，强制 LIBUVC 后端，否则要自己给内核打补丁。–DBUILD_WITH_TM2=false 集成 T265 的固件。–DIMPORT_DEPTH_CAM_FW=false 集成摄像机的固件。

4）编译安装。

```
sudo make uninstall && make clean && make &&sudo make install
```

5）一切顺利且散热良好的情况下，一般在嵌入式移动开发平台上耗时约 1h，然后设计 udev 规则，如下：

```
./scripts/setup_udev_rules.sh
```

（4）Inter RealSense 与 ROS

1）本实验已提供适配本系统的 ROS 功能包，如希望自行安装，可参考下列步骤镜像安装，在 https://github.com/IntelRealSense/realsense-ros.git 下载 RealSense 的 ROS 包的源代码，并执行下列命令创建工作空间。

```
mkdir -p ~/catkin_ws/src&& cd ~/catkin_ws/src
```

2）下载源码，并检查依赖。

```
mkdir -p ~ git clone https://github.com/IntelRealSense/realsense-ros.
git
cd realsense-ros/realsense2_camera git checkout git tag | sort -V |
grep -P "^\d+\.\d+\.\d+" | tail -1
sudo apt-get install ros-kinetic-ddynamic-reconfigure/catkin_ws/src&& cd
~/catkin_ws/src
```

3）按照下列命令编译完成后即可完成功能包的安装。

```
cd ~/catkin_ws
catkin_make -DCATKIN_ENABLE_TESTING=False -DCMAKE_BUILD_TYPE=Release
catkin_make install
echo "source ~/catkin_ws/devel/setup.bash" >> ~/.bashrc
source ~/.bashrc
```

4. 实验步骤

（1）测试摄像机

1）正常连接小车的各个模块设备，特别是双目摄像机的蓝色 USB 3.0 口要接在移动平台网关的蓝色 USB 3.0 接口上。令移动平台正常上电，等待网关 ubuntu 系统启动，等待启动完成，触摸屏显示进入桌面环境，如图 8-22 所示。

图 8-22　ubuntu 系统

2）打开网关 ubuntu 系统的终端，输入 realsense-viewer 命令，该命令将启动 RealSense 查看器，展示连接的 RealSense 摄像机捕获的实时视频流。用户可以通过图形界面选择不同的视图并调整摄像机设置。如果没有检测到摄像机或安装出现问题，程序可能会显示错误消息。如果一切正常，用户可以通过这个查看器实时监控摄像机数据，并在需要时保存记录。

3）图形界面启动后，单击 RGB Camera，即可看到摄像头的彩色图像，正面摄像头工作正常。

（2）ROS 功能包编译

1）在移动平台出厂系统中已包含本次实验的源代码，在 /home/fy/realsense_ws 中，如没有找到该工作空间，将光盘 src\ 基于 ROS 的智能设备驱动 \ 双目视觉模块 ROS 驱动功能包构建下的 realsense_ws.tar.bz2 通过 xshell 下载到用户目录 /home/fy，在终端输入如下命令进行解压。

```
tar jxvf realsense_ws.tar.bz2
```

2）在终端输入如下命令进行编译源代码，系统编译反馈如图 8-23 所示。

```
cd realsense_ws
catkin_make
```

```
[ 50%] Built target realsense2_camera_generate_messages_lisp
[ 50%] Built target realsense2_camera_generate_messages_nodejs
Scanning dependencies of target realsense2_camera_generate_messages_cpp
[ 56%] Generating EusLisp manifest code for realsense2_camera
[ 62%] Generating C++ code from realsense2_camera/IMUInfo.msg
[ 68%] Generating C++ code from realsense2_camera/Extrinsics.msg
[ 75%] Generating Python msg __init__.py for realsense2_camera
[ 75%] Built target realsense2_camera_generate_messages_cpp
[ 75%] Built target realsense2_camera_generate_messages_py
Scanning dependencies of target realsense2_camera
[ 81%] Building CXX object realsense-ros-2.2.20/realsense2_camera/CMakeFiles/realsense2_camera.di
-/src/base_realsense_node.cpp.o
[ 87%] Building CXX object realsense-ros-2.2.20/realsense2_camera/CMakeFiles/realsense2_camera.di
-/src/t265_realsense_node.cpp.o
[ 93%] Building CXX object realsense-ros-2.2.20/realsense2_camera/CMakeFiles/realsense2_camera.di
-/src/realsense_rode_factory.cpp.o
[ 93%] Built target realsense2_camera_generate_messages_eus
Scanning dependencies of target realsense2_camera_generate_messages
[ 93%] Built target realsense2_camera_generate_messages
[100%] Linking CXX shared library /home/fy/realsense_ws/devel/lib/librealsense2_camera.so
[100%] Built target realsense2_camera
```

图 8-23　系统编译反馈

3）在终端输入如下命令设置环境变量。

```
source devel/setup.sh
```

（3）启动节点

1）在终端输入如下命令启动相关节点。

```
roslaunch realsense2_camera rs_camera.launch
```

下面介绍启动参数，可帮助扩展更丰富的功能。

包装器提供以下参数：

① serial_no：将连接到给定序列号（serial_no）的设备。默认值，随机附加到可用的实感设备。

② usb_port_id：将连接到设备与给定的 USB 端口（即 usb_port_id= 4–1、4–2 等默认情况下，在选择设备时忽略 USB 端口）。

③ device_type：将附加到其名称包含给定的 device_type 表达式模式的设备。默认情况下，忽略设备类型。例如，device_type=d435 将匹配 d435 和 d435i，device_type=d435 将匹配 d435，但不是 d435i。

④ rosbag_filename：将发布 rosbag 文件的主题。

⑤ initial_reset：有时设备未正确关闭，由于固件问题需要重置，如果设置为 true，设备将在使用前重置。

⑥ align_depth：如果设置为 true，将发布与深度图像对齐的所有图像的其他主题。

⑦ 主题的形式：/camera/aligned_depth_to_color/image_raw。

⑧ 筛选器：以下任何选项，用逗号分隔。

⑨ colorizer：将着色的深度图像。在深度主题上，将发布 RGB 图像，而不是 16 位深度值。

⑩ pointcloud：将添加一个点云主题。可以在一个角度 rqt_reconfigure 使用参数修改点云的纹理，运行 rqt_reconfigure 以查看这些参数的可用值。

深度视野范围（Field of View，FOV）和纹理 FOV 并不相似。默认情况下，点云仅限于包含纹理的深度部分。通过设置为 true，可以具有从点云到点云的完整深度，用零对纹理以外的区域着色。/camera/depth/color/pointspointcloud_texture_streampointcloud_texture_indexallow_no_texture_points

⑪ Disparity：在应用其他滤镜和背面之前，将深度转换为差异。

⑫ Spatial：以空间顺序过滤深度图像。

⑬ Temporal：以时间顺序过滤深度图像。

⑭ hole_filling：应用孔填充过滤器。

⑮ Decimation：降低深度场景复杂性。

⑯ enable_sync：收集最接近的不同传感器帧、红外线、颜色和深度，发送相同的时间标记。当启用点云等滤镜时，会自动发生这种情况。

⑰ <stream_type>_width、<stream_type>_height、<stream_type>_fps：<stream_type>可以是任何颜色、鱼眼、深度、陀螺仪、眼镜、姿势。设置设备所需的格式。如果设备不可用指定的参数组合，则不会发布流。将值设置为 0，将在内部列表中选择第一种格式（即运行之间一致但未定义）。注意：对于陀螺仪和姿势，_fps 选项才有意义。

⑱ enable_<stream_name>：选择是否启用指定的流。默认值为 true。<stream_name>可以是任何红外线 1、红外线 2、颜色、深度、鱼眼、鱼眼 1、鱼眼 2、陀螺仪、accel、姿势。

⑲ tf_prefix：默认情况下，所有帧的 ID 具有相同的前缀，这允许更改每个摄像机。

⑳ base_frame_id：定义 frame_id 转换引用的参数。

㉑ odom_frame_id：定义 ROS 约定中的原点坐标系（x– 前进、y– 左、z–UP）。姿势主题定义相对于该系统的姿势。

所有其余内容存在 frame_ids 模板启动文件 nodelet.launch.xml 中。

㉒ unite_imu_method：D435i 和 T265 摄像机内置的惯性测量单元（Inertial Measurement Unit，IMU）组件产生 2 个不相关的流，即 gyro（角速度）和 accel（线性加速度）。这两个流有不同的频率，gyro 流的频率通常高于 accel 流。通过设置 unite_imu_ method 参数，可以将两个流合并成一个 imu 主题发布出去，该主题以陀螺仪的频率发布，并且包含完整的 sensor_msgs：Imu 消息字段。

㉓ linear_interpolation：每个陀螺消息都附有一个陀螺仪的时间戳的加速消息。

㉔ "副本"模式：系统会将每个陀螺仪消息与上一个加速度（accel）消息进行关联附加，以满足不同用户对数据组合和使用的需求。

㉕ clip_distance：从深度图像中删除给定值（米）上方的所有值，通过给出负值（默认值）禁用。

㉖ linear_accel_cov、angular_velocity_cov：设置给出的 Imu 读数的方差。对于 T265，这些值由内部置信值修改。

㉗ hold_back_imu_for_frames：图像处理需要时间，因此图像到达包装器的那一刻和将图像发布到 ROS 环境时存在时间差距。在此期间，Imu 消息继续到达并创建一种情况，其中具有较早的时间戳的图像在 Imu 消息与后期时间戳发布后发布。如果这是一个问题，hold_back_imu_for_frames 设置为 true 将保留 Imu 消息，同时处理图像，然后以突发状态将它们全部发布，从而保持发布顺序作为到达顺序。请注意，在这两种情况下，每条消息标题中的时间戳都反映其来源时间。

㉘ topic_odom_in：对于 T265，通过本主题添加车轮测光信息。代码仅引用消息中的扭曲线性字段。

㉙ calib_odom_file：T265 要包括测评输入，必须赋予它一个配置文件，解释可以在这里找到。校准在 ROS 坐标系统中完成。

㉚ publish_tf：布尔型参数，用于决定是否发布坐标变换（TF）信息，默认值为 True，即默认情况下会发布这些信息。

㉛ tf_publish_rate：双正值表示具有指定速率的动态变换发布，其他值均表示静态变换发布，默认值为 0。

㉜ publish_odom_tf：如果为 True（默认），将 TF 从 odom_frame 发布到 pose_frame。

㉝ infra_rgb：当设置为 True（默认值为 False）时，该参数会配置红外摄像机以 RGB（颜色）模式进行流式传输，从而允许与深度图像在同一帧中使用 RGB 图像，从而避免帧转换相关的错误。当需要此功能时，还需要启用红外流。enable_infra：=true

2）等待程序加载完成，启动新终端，输入如下命令：

```
rostopic list
```

3）可看到图 8-24 所示的 topic 列表，即当前程序功能包的主题。

4）输入如下命令查看 topic 发布的图像。

```
rqt_image_view
```

5）rqt_image_view 界面启动后，切换不同的平面图像 topic，即可在界面显示，如图 8-25 所示。

6）使用 <Ctrl+C> 结束 1）的程序，运行下列命令，启动摄像机节点并使其使用点云选项发布点云。

```
roslaunch realsense2_camera rs_camera.launch filters:=pointcloud
```

7）启动新终端，输入 rviz 命令，启动 rviz，等待界面启动，设置如图 8-26 所示。

```
fy@ubuntu:~/realsense_ws$ rostopic list
/camera/color/camera_info
/camera/color/inage_raw
/camera/color/inage_raw/compressed
/camera/color/inage_raw/compressed/parameter_descriptions
/camera/color/inage_raw/compressed/parameter_updates
/camera/color/inage_raw/compressedDepth
/camera/color/inage_raw/compressedDepth/parameter_descriptions
/camera/color/inage_raw/compressedDepth/parameter_updates
/camera/color/inage_raw/theora
/camera/color/inage_raw/theora/parameter_descriptions
/camera/color/inage_raw/theora/parameter_updates
/camera/depth/camera_info
/camera/depth/inage_rect_raw
/camera/depth/inage_rect_raw/compressed
/camera/depth/inage_rect_raw/compressed/parameter_descriptions
/camera/depth/inage_rect_raw/compressed/parameter_updates
/camera/depth/inage_rect_raw/compressedDepth
/camera/depth/inage_rect_raw/compressedDepth/parameter_descriptions
/camera/depth/inage_rect_raw/compressedDepth/parameter_updates
/camera/depth/inage_rect_raw/theora
/camera/depth/inage_rect_raw/theora/parameter_descriptions
/camera/depth/inage_rect_raw/theora/parameter_updates
/camera/extrinsics/depth_to_color
/camera/realsense2_camera_manager/bond
/camera/rgb_camera/auto_exposure_roi/parameter_descriptions
```

图 8-24　当前程序功能包的主题

图 8-25　调试画面 1

8）单击左下角的 Add 按钮，找到 PointCloud2，单击 Ok，然后将图 8-27 中的 Topic 选择为点云的 topic，即可在中间的视图中看到彩色的点云图，如看不清楚，可进行缩放显示。

9）使用 <Ctrl+C> 结束 5）的程序，运行下列命令，启动摄像机节点并将其将对齐的深度流发布到其他可用流（如颜色或红外线），然后采用 4）中的 rqt_image_view 或 7）中的 rviz 即可看到深度图像，如图 8-28 所示。

```
roslaunch realsense2_camera rs_camera.launchalign_depth:=true
```

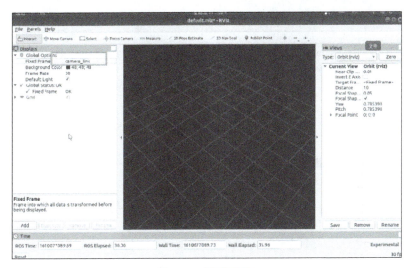

图 8-26 调试画面 2

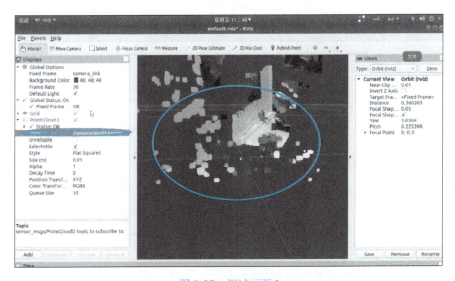

图 8-27 调试画面 3

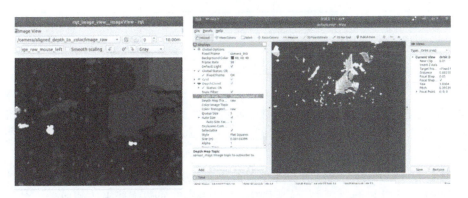

图 8-28 调试画面 4

五、项目实施

1. 请绘制出智能小车的系统原理框图

2. 在移动端和服务端测试双目摄像头的工作情况

3. 故障现象记录与分析

六、项目检查与评价

任务名称	评价分数	学生自评	小组互评	教师评价	综合评价等级
绘制"祝融号"小车系统原理框图					
了解双目视觉计算物体深度技术原理					
在 ubuntu 系统下完成对 lib realsense 的支持库安装					
在移动端和服务端测试双目摄像头的工作情况					
基于 ROS 构建 Inter RealSense 双目摄像机的功能包					

七、拓展实践

1）环境建模与定位：利用传感器数据构建环境地图，并通过定位算法确定机器人在该地图中的位置。这种综合应用可以帮助机器人实现自主导航和路径规划，使其能够在复杂环境中自主移动。

2）姿态估计与运动控制：借助传感器的测量数据，对机器人的姿态进行估计，并基于此实现精确的运动控制。例如，使用陀螺仪和加速度计传感器来监测机器人的旋转和加速度，从而实现平稳的运动和姿态调整。

结合上述内容，想想机器人的这些功能可以用在哪些场景，并完成一篇调研报告。

思考与练习

8-1　可穿戴电子产品中常见的传感器有哪些？它们的应用是什么？

8-2　AI 机器人中常见的传感器有哪些？它们的应用是什么？

8-3　可穿戴电子产品中的心率传感器是如何工作的？

8-4　AI 机器人中的摄像头传感器有哪些应用？

8-5　可穿戴电子产品中的加速度传感器有什么作用？

8-6　AI 机器人中的声音传感器有哪些应用？

8-7　可穿戴电子产品中的光传感器有什么作用？

8-8　可穿戴电子产品中的 GPS 传感器有什么作用？

8-9　AI 机器人中常见的温度传感器有哪些应用？

8-10　可穿戴电子产品中的压力传感器有什么作用？

8-11　AI 机器人中的陀螺仪传感器有哪些应用？

8-12　可穿戴电子产品中的血氧传感器有什么作用？

8-13　AI 机器人中常见的红外传感器有哪些应用？

8-14　可穿戴电子产品中的湿度传感器有什么作用？

参考文献

[1] 叶湘滨 . 传感器与检测技术 [M]. 北京：机械工业出版社，2022.

[2] 梁森，王侃夫，黄杭美 . 自动检测技术及应用 [M]. 4 版 . 北京：机械工业出版社，2019.